兰州大学教材建设基金资助

天气诊断分析与数值预报产品释用

尚可政　程一帆　李旭　曾晓青　编

内容简介

本书首先简要介绍了天气分析和预报中各种常用物理量场如涡度、散度、垂直速度、水汽通量散度、能量场、$\boldsymbol{Q}$矢量、位涡度、条件性对称不稳定、粗Ri数、螺旋度、能量一螺旋度指数、雷暴大风指数等的诊断分析方法；其次阐述了数值预报产品及其释用的方法与技术以及在天气预报中的应用；接着概述了相似预报的原理与方法及其应用；最后概述了综合集成预报方法及其应用。全书约26万字，共分12章。可作为高等院校大气科学专业本科生的教材，也可供相关专业的教师、研究生及气象台站预报人员参考。

图书在版编目(CIP)数据

天气诊断分析与数值预报产品释用 / 尚可政等编. —北京：气象出版社，2016.3（2018.7重印）

ISBN 978-7-5029-6157-2

Ⅰ. ①天… Ⅱ. ①尚… Ⅲ. ①天气分析一研究 Ⅳ. ①P458

中国版本图书馆CIP数据核字(2016)第035344号

Tianqi Zhenduan Fenxi yu Shuzhi Yubao Chanpin Shiyong

天气诊断分析与数值预报产品释用

尚可政 程一帆 李旭 曾晓青 编

出版发行：气象出版社

地　　址：北京市海淀区中关村南大街46号　　**邮政编码**：100081

电　　话：010-68407112(总编室)　010-68408042(发行部)

网　　址：http://www.qxcbs.com　　**E-mail**：qxcbs@cma.gov.cn

责任编辑：张锐锐　刘瑞婷　　**终　　审**：章澄昌

责任校对：王丽梅　　**责任技编**：赵相宁

封面设计：博雅思企划

印　　刷：三河市百盛印装有限公司

开　　本：720 mm×960 mm　1/16　　**印　　张**：14

字　　数：260千字

版　　次：2016年3月第1版　　**印　　次**：2018年7月第2次印刷

定　　价：48.00元

序　言

天气预报是大气科学研究的重要内容和目标之一，准确的天气预报是搞好气象服务工作的前提。近十几年来，随着大气科学自身以及计算机、气象卫星、雷达等相关学科和技术的迅速发展，天气预报方法和技术有了长足的进步，已从传统的手工、主观、定性、单一的预报方法逐步向自动、客观、定量、综合的方向发展，有力地推动了天气预报业务现代化的进程，促进了预报保障能力的不断提高。

诊断分析方法是大气科学研究和天气分析预报业务中常用的一种方法。日常天气分析与预报中关注的一些十分重要的物理量，如涡度、散度、垂直速度和水汽通量散度以及各种能量场等等，它们与一般的气象要素（气温、气压、风速、湿度等）不同，通常是无法由观测仪器直接获得的，必须通过相关气象要素计算而间接获得，这些物理量在某时刻的空间分布被称为“诊断场”。诊断场和预报场是不同的，表征它的物理量方程中不含有其对时间的微商项，仅仅是反映各气象要素场之间关系的“诊断方程”。研究这些物理量的计算方法、分析其空间分布特征，以及它们和天气系统发生、发展之间的关系被称为诊断分析。

诊断分析虽说不能直接制作出天气预报，但它却是一种加深认识天气系统及其发生、发展过程的重要方法和途径，已在大气科学领域中被广泛应用，如气候诊断分析、大气环流诊断分析以及各种物理量场的诊断分析等等，随着计算机的发展和普及，诊断分析方法也已在气象台站业务预报及服务中得到广泛应用，并且越来越受到广大气象工作者的重视。

现代天气预报方法是以数值天气预报产品为基础，综合应用多种气象信息和预报技术的综合预报方法。这就要求预报员不但要了解数值预报模式中所包含的基本物理过程、性能特点以及误差分布规律等，而且还要熟悉有关诊断量的物理意义，能够借助这些天气诊断分析结果，加深理解大气中正在发生的以及数值模式所模拟的大气中动力学、热力学过程。在实际气象业务工作中，首先应当通过对当前天气形势的诊断分析来了解天气系统的现状及其未来发展的潜在趋势；其次，需要将这些诊断结果与数值预报进行比较分析，从而使预报员不仅可以利用其主观的经验而且还能够运用客观的诊断方法对大气中的物理过程做出独立于数值模式的判断。事实上，使用数值预报产品的经验和综合分析判断能力的高低，已经成为衡量现代气象预报员技术水平高低的一个重要标志。

该书既展示了比较成熟的一些诊断分析方法，又归纳总结了近年来国内外天气诊断分析研究的新成果，是一部有特色、实用性强的大气科学专业相关分支学科的教材和教学参考书，也可作为新预报员上岗学习的参考书。相信该书的问世，将有助于诊断分析的教学及其相关知识和方法的普及与推广应用。

王式功

2015 年 12 月

前　言

诊断分析方法是大气科学研究中常用的一种方法，是加深认识天气系统及其发生、发展过程的一种重要途径。数值预报产品释用是以数值天气预报产品为基础，综合应用多种预报技术的综合预报方法。目前，天气诊断分析方法和数值预报产品释用技术，已在气象台站业务中得到广泛应用，并且越来越受到广大气象工作者的重视。

天气诊断分析和数值预报产品释用是大气科学专业课。编者根据多年的工作经验及教学实践，从基础和应用出发，力求该教材简洁实用、浅显易懂、便于自学，为大气科学专业的学生学习专业课程提供必要的基础知识和技能。

本书共分 12 章。第 1 章介绍了地图投影的种类、选择及正形投影的基本关系；第 2 章介绍了气象资料的分类、资料预处理、客观分析和资料同化；第 3 章至第 6 章详细介绍了热力学量、运动学量、垂直速度、水汽通量、水汽通量散度、水汽净辐合、降水率、总降水量、降水效率、稳定度和能量的概念和计算方法；第 7 章介绍了 $\boldsymbol{Q}$ 矢量、位涡、条件性对称不稳定以及强对流天气分析预报中新近引入的几个参数的基本概念及其分析应用方法；第 8 章至第 11 章介绍了数值预报产品、产生数值预报误差的主要原因、数值预报误差的分析和订正方法、数值预报产品的定性应用方法和统计释用方法、逐步回归方法、卡尔曼滤波方法、神经网络方法、动态相似统计和逐步过滤相似方法；第 12 章介绍了综合集成方法的基本思路和技术。

参加本书编写的人员有：程一帆、李旭、曾晓青、靳立亚、陈录元、张兰慧。全书由尚可政统稿。限于编者的知识和经验，书中难免有不少缺点和错误，热诚欢迎读者批评指正。

本书的出版得到王式功教授和张文煜教授的热情关心和指导，得到气象出版社张锐锐主任和刘瑞婷编辑的全力帮助，王健同志帮助完成了插图的绘制工作，在此表示衷心的感谢。本教材编写过程中，参考了国内外相关教材、专著和发表论文，这些著作和论文中许多精辟的论述，都融入到了本教材，参考书目中列出了这些著作和论文，在此谨向上述作者们一并致以深切的谢意！

作　者

2015 年 12 月于兰州大学

目　　录

第1章　地图投影

诊断分析中需要计算某些物理量(如涡度、散度等)的空间导数,如何计算涉及坐标的选取问题。考虑地球为球形,若研究全球或半球范围内的大气运动当然最好用球坐标,但诊断分析一般都是在有限区域内进行的,因此多采用直角坐标系,即把各物理量的表达式转换成直角坐标系中的形式,将取定的区域画成正方形网格,用差分近似来计算某些量的导数。

天气图上的直角坐标系我们称之为地图坐标。地图坐标中的空间导数项和局地直角坐标系的形式基本一样,只是要在一阶空间导数项前乘以地图放大系数 M 即可。这是因为在地图上的同一长度,在不同纬度上所对应的地球上的实际距离并不相等,因此,我们有必要先简单介绍一下地图投影的原理。

人们的长期实践发现,只有采用几何透视和数学解析两种办法,才能把地球球面变到地图平面而又使其变形最小。如何把地球球面转换为地图平面的问题就是地图投影所要解决的科学问题。球面到平面转换是核心,其次是变形大小。地图投影的科学内涵是研究把地球椭球面上的经纬网按照一定数学法则转换到平面上的方法及其变形的科学问题。地图投影构成了新编地图的控制骨架,是制图的数学法则,也是分析使用地图的基础和依据。地图用户只有具备一定地图投影知识,才能正确地选择和使用地图。所以,制图和用图前都必须先搞清楚地图投影。

地图投影具有悠久的历史,公元前 3 至前 2 世纪,希腊的埃拉托色尼(Eratosthenes,公元前 276—前 194 年)就应用经纬网绘制地图了;而希帕恰斯(Hipparchos,公元前约 190—前 125 年)则创立极射投影和正射投影;荷兰地图学家托勒密(Claudius Ptolemaeus,公元 90—168 年)拟定了伪圆锥投影及简单的圆锥投影。德国数学家高斯(Gauss,1777—1855 年)发明了横轴圆柱投影——高斯投影。高斯投影、墨卡托投影、兰勃特投影等,至今沿用。

1.1　地图投影的变形

1.1.1　地图投影变形的概念

投影不能同时保持平面与球面之间在长度/距离、角度/形状和面积等方面是完全不变的,只能在一个方面较准确。

我们可以从地球仪和地图上经纬线网格比较后看出来,球面上的经纬网经过投影之后,其几何特征受到了扭曲,即在投影后的地图上发生了变形,或者说产生了误差。这种变形/误差主要表现在长度/距离、角度/形状和面积上,也就是说投影变形主要有长度变形、角度变形和面积变形三种不同特征性质的类型。

1.1.2 地图投影变形的性质分析

(1)长度变形

是地面上实际长度按主比例尺缩小后与图上相应长度之差。长度比是投影面上一微小线段和椭球体面上相应线段长度之比。

(2)面积变形

是地面上实际面积按主比例尺缩小后与图上相应面积之差。面积比是投影面上一微小面积与椭球体面上相应的面积之比。

(3)角度变形

是投影后平面上任意两方向线夹角与椭球体面上相应两方向线夹角之差。形状变形是地图上物体轮廓形状与相应地面物体轮廓形状的不相类似。实际上角度如果没变形,形状变形也就不会发生。一定点上方位角的变形随不同方向而变化,所以在一定点上不同方向角的角度变形是不同的。

1.2 地图投影的种类及选择

1.2.1 地图投影种类

地图投影的种类多达数百种,一般按三种分类方式进行分类:

(1)按投影的内在条件——投影的变形性质分类;

(2)按投影的外在条件——正轴投影经纬网的形状分类;

(3)按投影的外在条件——投影面与地球椭球间的相对位置关系分类。

表1.1列举了地图投影的分类方式及不同投影分类方式的特性。

表1.1 地图投影的分类方式

分类方式	类型	特性
按变形特性	等面积投影(Equal-area Projection)	投影前后保持面积不变
	等角投影(Equal-angle Projection)	投影前后保持角度不变
	任意投影(Arbitrary Projection)	投影前后面积和角度均发生微小变化

续表

分类方式	类型	特性
按相对应的投影面	圆锥投影(Conical Projection)	投影面为圆锥面
	方位投影(Azimuthal Projection)	投影面为平面
	圆柱投影(Cylindrical Projection)	投影面为圆柱面
按投影面与地球椭球体的相对位置关系	正轴投影(Normal Projection)	投影面轴线与地球椭球体旋转轴重合
	横轴投影(Transverse Projection)	投影面轴线与赤道面重合
	斜轴投影(Oblique Projection)	投影面轴线既不与地球椭球体旋转轴重合，也不与地球椭球体的赤道面重合

1.2.2　怎样选择地图投影

由于不同投影具有不同的变形特点，因此对地图投影类型的选择使用是否恰当会直接影响地图的精度和实用价值。衡量地图所选择的投影是否适当，一般应考虑的主要因素有以下三方面。

(1)地图的内容和主题

不同内容和不同用途的地图，对地图投影各有不同的要求。凡是要求方向正确的地图则应选择等角投影；凡是要求面积没有变形的则应选择等面积投影；凡是要求各种变形不大的则应选择任意投影。从地图用途考虑，经济地图应选用等面积投影，军事地图应选用等角投影，教学地图应选用任意投影。

(2)制图区域的大小

制图区域愈大，选择投影愈复杂。最常见的主要有以下三种：正圆柱、伪圆柱和广义多圆锥投影。半球地图的投影主要在方位投影中选择，中国大陆部分地图投影主要在各类圆锥投影中选择。

(3)制图区域的地理位置和形状

一般是投影的标准点或线应该位于制图区域的中心部分，等变形线尽量与制图区域轮廓的形状一致。如果是极地及其附近地区，一般选用正轴方位投影；位于赤道及其附近地区，一般选用横柱方位、正轴圆柱投影；位于中纬度地区的地图，一般选用正圆锥、伪圆锥、斜方位投影等。

制图区域轮廓形状和延伸主向也影响地图投影的选择，如方位投影等变形线为同心圆，适合于表示轮廓近似图形的区域；正轴圆锥投影等变形线与纬线一致，适合于沿纬线伸展的中纬度国家和地区；正轴圆柱投影的等变形线与纬线一致，离赤道愈远变形愈大，所以适合于表示沿纬线伸展的低纬地区。除此以外，还有地图的出版方式和图面配置等也影响地图投影的选择。

为了进行天气分析、预报和资料处理，常常需要把地球大气中观测的气象要素的分布画在地图上，这就需要把地球表面表示在一个平面上。所谓地图投影就是用投影的方法，把地球表面投影到预先规定的投影面上所对应的地球上的实际，然后把投影面沿某一指定的方向切开展成平面。

投影之后，地球上地理区域的距离、方向、面积、形状等特征都会变形。我们自然希望使这些特征都保持不变，但每一种投影都只能使其中的某些特征不变，距离保持不变的投影叫等距投影，两条交线间角度保持不变的投影叫正形投影，还有等面积投影、等方位投影等。

通常使用的地图投影有墨卡托圆柱投影、兰勃特圆锥投影和极射赤平投影，它们都近似于正形投影，而且要求所谓“标准纬圈”附近是等距的。图 1.1 为这几种地图投影的例子。

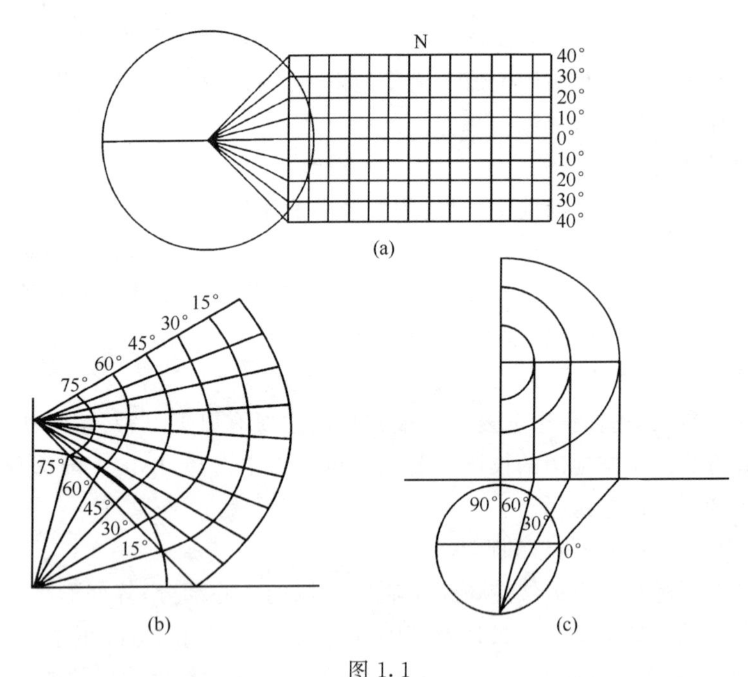

图 1.1

(a)墨卡托圆柱投影，标准纬线 22.5°；(b)兰勃特圆锥投影，标准纬线 30°和 60°；(c)极射赤平投影，标准纬线 90°

地图投影中，映象面和地面可以相切于一个纬度，也可以相割于两个纬度，在相切(或相割)的纬度上，映象面上的距离精确地等于地球上的距离，这个纬度叫标准纬度。在其他纬度上，映象面上的距离被放大或缩小。映象面上的距离与地球上相应距离的无量纲比值称为放大倍数，以 M 表示。正形投影中，在每一个点，各个方向的放大倍数都相等，在同一个纬度上各点的 M 值相同，但 M 值随纬度而变化，在标准纬度 $M=1$，在其他纬度，在地面处于映象之上时 $M<1$，当地面位于映象面之下时 $M>1$。另外，M 值的变化情况也因投影类型而异。

1.3 正形投影的基本关系

现代地图具有以下三个基本性质：

(1)由数学确定结构；

(2)以专门符号系统标识空间信息；

(3)以缩小概括的方式反映地球(或其他星体)表面的客观实际。

其中首要的一条是地图的数学结构，即地图的经纬网、地图配置和比例尺等。没有数学基础的地图，不能称之为现代地图，因为它失去了地图的严密科学性和当代实用价值。从这种没有数学基础的地图上，是不可能获得正确的方位、距离、面积等数据以及各要素的空间关系和形状。在实际应用中，是把地球表面当作一个扁率很小的旋转椭球面来处理的。旋转椭球面上点的相互位置是以三角测量和天文测量求得并以经纬度表示的。

我们日常所用的极射赤平、兰勃特和墨卡托三种投影都是正形投影，由于极射赤平和墨卡托投影都可以看成兰勃特投影在圆锥角 180°和 0°时的极限情形。因此，我们可以通过讨论圆锥投影得到正形投影的一些基本关系。

图 1.2 是包围北半球的圆锥投影的剖面图，图 1.3 是映象面切开展成的映象平面。令 l 为映象面上点与图中圆锥顶点 A 间的距离。φ 为纬度，θ 为余纬，地球上经度为 λs，映象的经度为 λ。

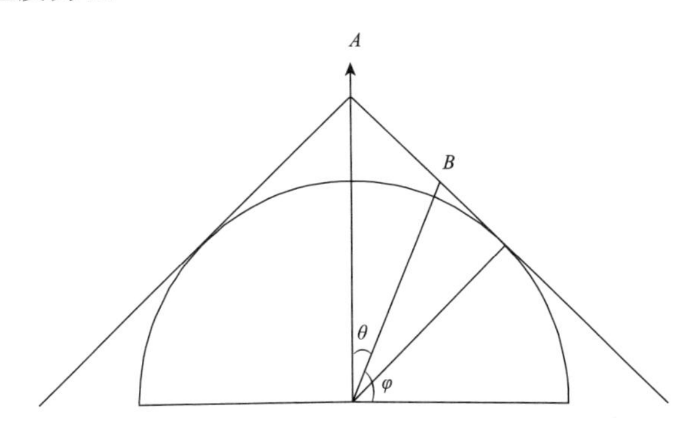

图 1.2 包围北半球的圆锥投影的剖面图

先来计算放大倍数 M，地球上纬度 φ 处纬圈长度 L_s 为：

$$L_s = 2\pi R = 2\pi a\cos\varphi = 2\pi a\sin\theta$$

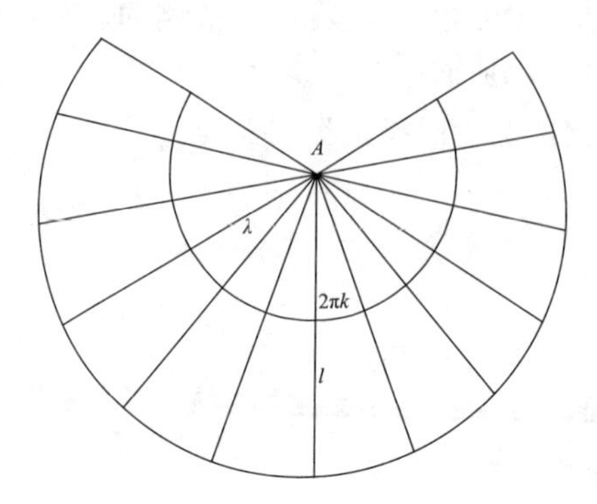

图 1.3　映象面切开展成的映象平面

其中 a 为地球平均半径。假定单位经度圆锥面所张开的平面角为 k 弧度。则整个纬圈所张开的平面角为 $2\pi k$。因此,映象面上同一纬度处纬圈的长度 L 为 $2\pi kl$,根据放大倍数的定义,有

$$M=\frac{L}{L_s}=\frac{2\pi kl}{2\pi a\cos\varphi}=\frac{kl}{a\cos\varphi}=\frac{kl}{a\sin\theta} \tag{1.1}$$

为了确定不同纬度的放大倍数,需要确定 k 和 l。由于在标准纬度 φ_0,放大倍数为 1 则由(1.1)式得

$$l_0=\frac{a\cos\varphi_0}{k}=\frac{a}{k}\sin\theta_0 \tag{1.2}$$

其中 l_0 为映象面上标准纬度离圆锥顶点 A 的距离,要利用(1.1)式计算放大倍数,必须把 l 的函数形式确定出来。

由于正形投影中要求在每一点各个方向的放大倍数相等,因此(1.1)式虽然是根据纬圈长度比确定的纬向放大率,在正形投影中它也是经向的放大率。因而有

$$\mathrm{d}l=m\mathrm{d}l_s=ma\,\mathrm{d}\theta=akl\,\mathrm{d}\theta/a\sin\theta$$

将上式积分,并利用 $\int\frac{\mathrm{d}\theta}{\sin\theta}=\ln\mathrm{tg}\,\frac{\theta}{2}$,则求得映象面上的经向距离为

$$l=c\,(\mathrm{tg}(\theta/2))^k \tag{1.3}$$

其中 c 为待定积分常数,可由标准纬度的值确定。把 $\theta=\theta_0$、$l=l_0$ 代入(1.3)式得 $c=\frac{l_0}{(\mathrm{tg}(\theta_0/2))^k}$。利用(1.2)式 $l_0=\frac{a}{k}\sin\theta_0$ 可得

$$l=l_0\left(\frac{\mathrm{tg}(\theta/2)}{\mathrm{tg}(\theta_0/2)}\right)^k=\frac{a}{k}\sin\theta_0\left(\frac{\mathrm{tg}(\theta/2)}{\mathrm{tg}(\theta_0/2)}\right)^k \tag{1.4}$$

根据(1.4)式,知道 l 与 l_0 后可计算出 θ

$$\mathrm{tg}\,\frac{\theta}{2}=\left(\frac{l}{l_0}\right)^{\frac{1}{k}}\mathrm{tg}\,\frac{\theta_0}{2},\quad \sin\theta=\frac{\mathrm{tg}(\theta/2)}{1+\mathrm{tg}^2(\theta/2)}$$

由于 k 代表的是单位经度圆锥面所张开的平面角(弧度)。因此,映象平面上地球经度 λ_s 相对应的经度 λ 为

$$\lambda=k\lambda_s \tag{1.5}$$

将(1.4)式代入(1.1)式可得

$$M=\frac{\sin\theta_0}{\sin\theta}\left(\frac{\mathrm{tg}(\theta/2)}{\mathrm{tg}(\theta_0/2)}\right)^k \tag{1.6}$$

(1.1)、(1.2)、(1.3)、(1.4)、(1.5)和(1.6)式是正形投影所必须满足的一些基本关系。下面我们利用(1.5)和(1.6)式分别导出各种正形投影中的 m、k、l、λ 等的形式。由于割投影图在各个纬度的变形和差别比切投影小,日常所用的地图投影多是割投影。因此,下面也只讨论割投影的情形。

1.4　兰勃特投影

取标准纬度在 $\varphi_1=60°$,$\varphi_2=30°$(即 $\theta_1=30°$,$\theta_2=60°$),见图1.4。将 θ_1 和 θ_2 分别代入(1.6)式中,得

$$M=\frac{\sin\theta_1}{\sin\theta}\left(\frac{\mathrm{tg}(\theta/2)}{\mathrm{tg}(\theta_1/2)}\right)^k=\frac{\sin\theta_2}{\sin\theta}\left(\frac{\mathrm{tg}(\theta/2)}{\mathrm{tg}(\theta_2/2)}\right)^k \tag{1.7}$$

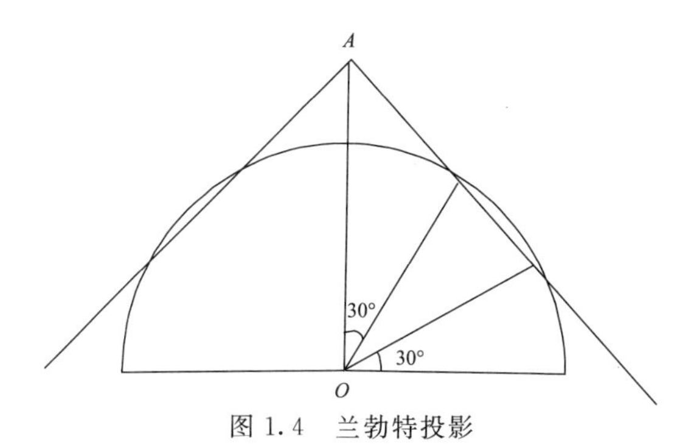

图1.4　兰勃特投影

由(1.7)式得

$$\frac{\sin\theta_1}{\sin\theta_2}=\left(\frac{\mathrm{tg}(\theta_1/2)}{\mathrm{tg}(\theta_2/2)}\right)^k$$

两边同时取对数,可以确定 k 值,即

$$k=\frac{\ln\sin\theta_1-\ln\sin\theta_2}{\ln\mathrm{tg}(\theta_1/2)-\ln\mathrm{tg}(\theta_2/2)} \tag{1.8}$$

代入 $\theta_1=30^\circ$,$\theta_2=60^\circ$,求得 $k\approx0.7156$,再由(1.5)式,求得兰勃特投影中

$$\lambda=0.7156\lambda_s \tag{1.9}$$

1.5 极射赤平投影

取标准纬度在 $\varphi_0=60^\circ$(即 $\theta_0=30^\circ$),见图 1.5。日常使用的北半球图就是这种投影图。这种情形相当于圆锥角为 180°,即 $k=1$,因而映象面所张的平面角为 360°。将 $\theta_0=30^\circ$和 $k=1$ 代入(1.6)式,并利用三角关系 $\mathrm{tg}\,\dfrac{\theta}{2}=\dfrac{\sin\theta}{1+\cos\theta}$,

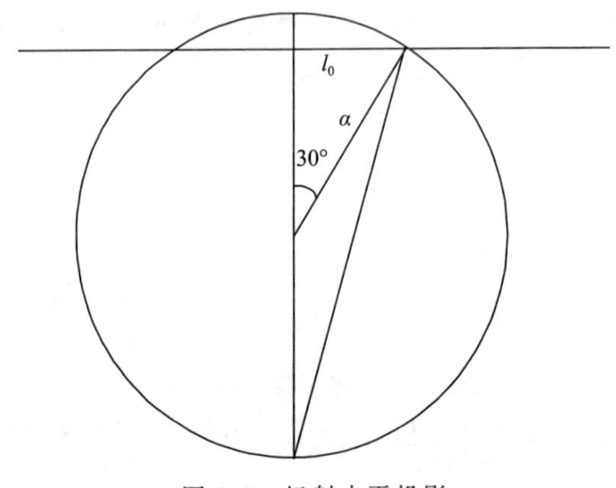

图 1.5 极射赤平投影

求得

$$M=\frac{\sin\theta_0}{\sin\theta}\left(\frac{\mathrm{tg}(\theta/2)}{\mathrm{tg}(\theta_0/2)}\right)=\frac{1+\cos\theta_0}{1+\cos\theta}=\frac{2+\sqrt{3}}{2}\cdot\frac{1}{1+\sin\varphi} \tag{1.10}$$

由(1.5)式得

$$\lambda=\lambda_s \tag{1.11}$$

1.6 墨卡托圆柱投影

墨卡托投影,主要用于低纬度。由于圆柱投影相当于圆锥角为 0°的情形,即 $k=0$,代入(1.6)式得

$$M = \frac{\sin\theta_0}{\sin\theta} = \frac{\cos\varphi_0}{\cos\varphi} \tag{1.12}$$

复习题

1. 何为地图投影？从数学上讲地图投影的本质是什么？

2. 地图投影有哪些分类？如何选择合适的地图投影？

3. 什么叫正形投影？正形投影有哪些基本关系？

4. 写出极射赤平、兰勃特、墨卡托三种投影的放大系数表达式。

5. 在标准墨卡托投影图上，选取一矩形网格，矩形的 Y 轴与 90°E 平行，O 点为(90°E,30°N)，网格距 100 km，网格点向北 5 个，向东 6 个。计算网格上各点放大系数。

参考文献

蔡孟裔，毛赞猷，田德森，等. 2006. 新编地图学教程. 北京：高等教育出版社，65-66.

陈姝. 2012. 地图投影转换类的设计与研究. 测绘与空间地理信息，**35**(4)：165-170.

胡毓钜，龚剑文. 1997. 地图投影. 北京：测绘出版社，221-222.

梁丽新. 2012. 西部资源浅析地图投影的选择与应用. 西部资源，**5**：181-183.

廖显宁. 2000. 地图投影的判别与选择. 渝州大学学报(自然科学版)，**170**：93-97.

廖燕. 1995. 地图投影的判别与选择. 开封教育学院学报，**4**：58-63.

马廷刚，田庆丰，高晨. 2013. 地图投影变换浅析. 测绘与空间地理信息，**36**(10)：266-269.

马耀峰，胡文亮，张安定，等. 2001. 地图学原理. 北京：科学出版社，66.

土家耀，孙群，土光霞，等. 2006. 地图学原理与方法. 北京：科学出版社，115-116.

吴忠性，杨启和. 1989. 数学制图学原理. 北京：测绘出版社，1-6.

谢春雨. 2015. 地质图常用地图投影变形特征分析. 海洋石油，**35**(2)：30-34.

许厚泽. 1958. 正形投影坐标变换的一般公式. 测量制图学报，**2**(2)：186-194.

杨凯元，张奠坤，马耀峰，等. 1988. 地图学实习. 西安：陕西人民出版社，21-22.

章士嵘. 1986. 科学发现的逻辑. 北京：人民出版社，140-146.

赵春子. 2013. 地图投影的判别方法与选择依据. 延边大学学报(自然科学版)，**39**(4)：311-314.

赵虎，李霖，龚键雅. 2010. 通用地图投影选择研究. 武汉大学学报(信息科学版)，**35**(2)：244- 247.

钟业勋. 2007. 数理地图学—地图学及其数学原理. 北京：测绘出版社，83-88.

钟业勋，童新华，李占元. 2011. 若干常规地图投影的新定义. 桂林理工大学学报，**31**(3)：391-394.

钟业勋，胡毓矩，乔俊军. 2012. 地图投影的科学美与艺术美. 海洋测绘，**32**(2)：75-78.

钟业勋，胡毓矩，童新华. 2012. 基于不同经纬线类型组合的地图投影新定义. 海洋测绘，**32**(6)：13-16.

钟业勋，童新华，韦清源，等. 2014. 地图投影的拓扑学原理. 桂林理工大学学报，**34**(3)：510-514.

第2章　资料处理和客观分析

2.1　气象观测

2.1.1　气象观测的分类

(1)气象观测按照观测原理的不同可以划分为直接观测和遥感探测。

直接测量是通过各种感应元件与被测物体相接触,根据元件的物理、化学性质受大气、水、土等作用而产生反应的特性,直接对气象要素进行测量。例如水银温度表置于空气中,通过热交换与周围空气达到热平衡,利用水银热胀冷缩的特性,测量水银的体积(水银柱长度)得到温度的数值。铂电阻温度计测温的原理,是铂金属在大气中因温度变化而改变电阻,通过测量铂金属的电阻得到空气温度。

遥感探测是电磁波从大气中穿过时,通过电磁波与大气或悬浮于大气中的物质发生相互作用,获取大气的信息,反演气象要素和地表特征的时空分布。例如雷达波穿过雷雨云时,雷雨云会使雷达发射的电磁波改变传播方向、强度和频率,根据雷达天线收集到的回波,可以获得云和降水的特征。微波遥感测定湿度是根据大气中的水汽在 1.35 cm 等特定波长处有强辐射,测定大气中的微波辐射强度,可以反演得到大气中的水汽含量。

遥感探测可以分为主动遥感和被动遥感。如果所使用的电磁波是由专用设备发射出的,称为主动遥感,如雷达。如果所接收的电磁波是由太阳、地球和大气系统发射的,探测设备只是被动地接收电磁波进行遥感探测,称为被动遥感,如太阳光度计、微波辐射计等。

遥感探测也可以按照使用电磁波的不同,分为可见光遥感、红外遥感、微波遥感等。以太阳为辐射源的遥感是利用可见光和近红外波段,根据大气对光辐射的散射和吸收规律进行遥感探测,卫星上的光学辐射计测量的是地表和云层对太阳光的反射辐射。测量地球和大气系统发射辐射所进行的遥感则是红外遥感和微波遥感。也可以分别采用主动遥感的方式,如激光雷达、微波雷达等。

(2)气象观测按照传感器所处位置的不同又可以分为天基气象观测、空基气象观测和地基气象观测。

传感器在中层大气之外(约 100 km 高度以上)的为天基观测,主要包括低轨卫星和高轨卫星以及相应的地面应用系统;传感器在地球表面以上、中层大气及其以下的为空基观测,主要包括气球探测、飞机探测和火箭探测;传感器在地球表面(陆面和海面)的为地基观测,主要包括地面气象观测、地基气候系统观测、地基遥感探测、地基大气边界层观测、地基中高层大气和空间天气观测、地基移动气象观测等。

(3)在气象业务中,根据各类气象业务对观测的需要,把气象观测划分为天气观测、气候观测和专业气象观测。天气观测是为天气预报、灾害性天气预警和气象服务所开展的气象观测,包括气象要素的时空分布和变化过程的连续观测,以及与天气过程相关的各种影响因素的观测。气候观测是为气候业务和气候变化检测所开展的气象观测,需要获取长时间序列的观测资料,并对地球气候系统的各圈层及其相互作用进行观测。专业气象观测是为各种对气象条件高度敏感的行业所开展的有针对性的气象观测,如农业气象观测,公路交通气象观测等。其观测内容和方法要符合各专业的特殊规律和要求,根据其与气象条件的相互关系,为开展专业气象服务提供需要的观测资料。

2.1.2　地基气象观测

地基气象观测业务是综合气象观测业务体系的重要组成部分,也是气候系统观测的主要组成部分,是气象观测真实性检验和天基遥感探测校准的基础。

常规地面气象观测是最基本的观测业务,全球所有的地面气象观测站,在同一时间,按照统一的技术要求,实施同样的观测项目,并按照统一的数据格式,提供全球交换的基本气象要素直接观测资料。基本观测项目包括:气压、气温、空气湿度、风向、风速、降水量、土壤温度、辐射、日照、云、能见度、天气现象等。扩展观测项目包括:蒸发量、土壤水分、红外测地表温度等。目前常规地面气象观测中还仍然有一些项目需要人工观测,包括天空云量、云状、能见度、天气现象等,这类项目的自动观测正在逐步进入常规地面气象观测业务。

常规地面气象观测业务采用组网观测的方式,根据对观测资料应用的不同要求,组成相应的地面观测网。天气观测网的台站间距一般为 100 km 左右,尽可能地做到均匀分布。全球天气观测网有约 11000 个观测站,其中约 4000 个站组成区域基本天气观测网 RBSN(Regional Basic Synoptic Network)。我国的国家级天气观测站有 2419 个,其中 226 个是 RBSN 站。

为了监测中小尺度天气系统,各国都在根据天气预报业务的需要建设中尺度灾害性天气监测网,并在局部地区建设台站更为密集的地面观测站网。我国中尺度灾害性天气监测业务网建设始于 20 世纪 90 年代中期,目前已建设区域自动气象站 3 万多个。

以气候监测为目标的地面气象观测站为气候观测站,组成气候监测网。这些站要满足对气候和气候变化监测和研究的需要,进行长期稳定的连续观测,其首要目标是提供长期均一的气温和降水观测资料,与长期历史观测资料相配合,观测和分析目前和未来的气候变化及其原因。全球天气观测网 GOS(Global Observing System)中,约有3000个气候观测站,组成区域基本气候观测网 RBCN(Regional Basic Climatological Network)。我国的国家级天气观测站中有92个是 RBCN 站。全球气候观测系统 GCOS(Global Climate Observing System)的地面 GSN 网 (GCOS Surface Network)有约1000个观测站,其中在我国范围内的有34个。在我国气象观测站网中,目前有143个国家基准气候站,近年来正在进行建设和完善国家气候监测站网。

地基遥感探测在地基气象观测系统中占有非常重要的地位,并正在迅速发展。其中,天气雷达已经成为业务骨干设备,风廓线雷达正在成为业务系统重要的组成部分,雷电监测网、导航卫星气象遥感探测网在一些国家已经纳入了气象观测业务系统,微波辐射计、激光雷达、声雷达等也已经开始在业务上得到初步应用。

用来探测大气中云的位置、分布、强弱及其变化的雷达称为天气雷达或测雨雷达。能够利用多普勒效应测量径向速度的天气雷达称为多普勒天气雷达。它具有高时空分辨力、及时、准确、连续地跟踪云雨过程的遥感探测能力,在突发灾害性天气、极端气候事件、生态环境、交通安全保障以及云水资源利用等方面都可以发挥重要作用。使用不同电磁波波长雷达的探测能力不同,每部天气雷达的探测范围有限,为了实现大范围和整个云雨系统的连续监测,需要多部雷达组网进行探测。而且往往是以S波段多普勒天气雷达为骨干,与C波段和X波段雷达合理配置,组成空间覆盖完整、能够对不同类型云和降水系统进行监测的雷达探测网。

风廓线雷达(Wind Profiler Radar,WPR)或称风廓线仪(Profiler)也是一种多普勒雷达,其发射波的波长比多普勒天气雷达的长,以晴空湍流作为探测目标,利用大气湍流对雷达电磁波的散射作用,遥感探测不同高度上风速和风向分布的廓线。目前气象业务中应用较多的是对流层风廓线雷达和边界层风廓线雷达。配备声探测功能的风廓线雷达(Radio Acoustic Sounding System,RASS)还可以通过电波和声波的相互作用遥感大气温度分布。风廓线雷达具有观测频次多、连续获取资料、自动化程度高、业务运行成本低等优势,是加强对灾害性天气监测能力和提高数值天气预报质量的重要手段。

闪电是在雷暴云发展的过程中发生的一系列连续的起电和击穿过程。云和地面之间的闪电称为云地闪,云和云之间的闪电称为云间闪。闪电定位仪就是用来确定闪电位置和单位时间内闪电发生次数的仪器。大气电场仪是用来测量大气中电场强度的。在雷暴来临前,大气电场往往会有剧烈的变化,为雷电临近预报提供线索。闪电观测需要多站组网进行观测,观测资料实时汇集到资料中心,统一进行解算。

卫星导航系统在进行空间定位的高准确度测量中，最基本的观测量是卫星至接收机天线的无线电信号传播时间，这一传播时间受大气影响而产生额外延迟，这种延迟主要是电离层和大气层对电磁波折射作用的结果。对大气影响的修正成为控制卫星导航系统定位测量准确度的关键，尤其是大气中的水汽对测量误差的影响最难处理，但这也提供了一种全新的探测大气水汽的方法，它可以补充现有的无线电探空仪所测量的气象数据，从而改善大气探测参数的时空分辨率。在此基础上发展形成导航卫星气象遥感探测。其中，利用地基导航卫星信号接收机测量大气的垂直气柱水汽总量，发展成为地基导航卫星气象遥感探测；利用低轨卫星上的导航卫星信号接收机探测大气折射率廓线，并进一步计算温度或湿度的垂直分布，发展成为空基导航卫星气象遥感探测。

微波辐射计是利用多通道微波辐射接收机，接收大气发射的微波辐射，利用水汽和液态水滴对某些通道的强发射和吸收能力反演出大气中水汽和液态水的分布和变化。激光雷达可以发射激光光束，利用大气中气溶胶对激光的散射，可以得到气溶胶折射指数的分布，从而监测气溶胶的分布。具有多普勒功能的激光雷达可以监测风的分布，多波长或可调谐的激光雷达还可以监测大气中的化学成分分布。声雷达是发射声波的雷达，由于大气对声波传播的影响与空气密度密切相关，因此，声雷达可以监测大气的温度分布，具有多普勒功能的声雷达也可以监测风的分布。

地基遥感技术的发展领域非常宽广，探测能力不断增强，优势特别明显，在气象观测业务中正在发挥越来越大的作用，成为地基观测系统重要的组成部分。

近年来，地基气象观测系统已经超出了传统的基本气象要素观测，大大拓展了观测领域。

根据气候和气候变化监测的需要，对大气成分的观测成为气象观测的重要组成部分，在全球范围建立了大气监测网 GAW（Global Atmospheric Watch），通过可靠而系统的观测，获取有关大气中化学组成变化及相关物理特性的信息，以便进一步了解这些变化对环境和气候的影响。该网络已有 24 个全球基准站和近 400 个区域本底站。

农业和生态气象监测系统根据不同地区生态群落特征开展相应的观测项目，生态气象观测的对象是农田、森林、草地、湖泊、荒漠、湿地等代表性生态系统中水、土壤、大气、生物等要素及大气与土壤、生物等的相互作用等。其目的是通过对气候关键区大气、水、土壤、气候及其生物状况的监测，获取生态环境的综合信息，以提供有针对性的农业和生态气象服务。其观测资料也是陆面模式设计和验证所必需的。

海洋对天气和气候都有非常重要的影响，全球表面的 71％是海洋，海洋气象观测在整个气象观测系统中占有重要地位。与陆地上的气象观测类似，海洋气象观测要观测海面以上大气中的气象要素，同时，也要观测与大气密切相关的海洋要素，还要观测海洋—陆地—大气之间的交换。主要观测的海洋变量包括：海面温度和盐度，海平面辐射通量、碳通量、热通量和水通量，海洋次表层观测（温度和盐度廓线观测），碳的源汇和碳储量，浮冰密度，海洋环流，以及长期海平面变化等。海洋观测可以在固定的或移动的平台上进行，直接测量方法基本上是在能代表周围海域的单点进行观测，遥感技术能获得大范围的有代表性的观测资料。海洋气象观测的平台包括志愿观测船、有人及无人灯塔、锚定浮标、漂流浮标、油气钻井平台及岛屿自动气象站等。遥感探测海洋资料能从地基或空基的遥感系统获得。现在，地基遥感系统可用来观测或测量降水、近地面风、表面洋流、表面风及海况等。

包括冰雪和冻土观测的陆地观测系统是气候观测的重要组成部分。冰川下垫面观测项目主要包括冰川物质平衡（积累量、消融量）、冰川表面能量平衡（冰川表面反照率、表面温度、表面蒸发）、冰川水文（包括水位、流量、泥沙、降水量、蒸发等）、冰川尺度（面积、厚度）、冰川运动、冰川融水径流、冰川面积变化以及辅助气象观测项目等。冻土下垫面观测项目主要包括冻土分布范围、冻土类型、冻结日期、融化日期、地温、冻土深度、土壤含水量、冻土温度、活动层温度、活动层土壤湿度、冻土温室气体排放、土壤热流以及辅助气象观测项目等。积雪下垫面观测项目包括积雪分布、雪深、雪压、雪水当量、表面反照率、表面温度、土壤温度、雪水径流、雪型、粒度、密度、硬度、含水量、温度以及辅助气象观测项目等。

移动气象观测系统是机动性强、全天候的综合观测系统，以汽车、火车、船舶为地（水）面移动观测平台，配置多种气象观测仪器设备，包括自动气象站、天气雷达等地基遥感探测设备和视频观测系统，以及信息处理、通信、供电等配套系统，可以根据气象业务服务的需要，及时赶赴观测现场，开展气象观测。与通常的大范围布网设站、被动地“守株待兔”式观测相比，移动气象观测系统可以主动追踪天气系统，开展有针对性的目标观测，将会更有效地提高气象预报和服务的水平和能力。

2.1.3 空基气象观测系统

空基气象观测是以气球、飞机和火箭作为携带传感器的平台，以对流层、平流层和中间层大气的物理、化学特性为主要观测对象，采用遥感探测技术的综合观测系统。空基气象观测业务是气象综合观测业务的重要组成部分。

以气象气球携带探空仪进行常规高空气象观测是基本气象业务，目前是观测气压、温度、湿度和风的三维空间结构分布的最重要的观测手段。探空设备的构成包括气球、探空仪、跟踪气球的设备、探空信号接收和处理装置。目前我国使用的探空业务系统是电子探空仪和L波段二次测风雷达系统。导航卫星（如全球卫星定位系统GPS）探空技术是国际新探空技术体制的主流，我国气象事业总体规划中将导航卫星（包括北斗卫星系统）探空系统确定为新一代探空系统。导航卫星探空的主要优点是可以做到完全自动化，而L波段二次测风雷达对气球的跟踪有时还需要人工干预，特别是高空风大时往往需要手动操作。

全球天气观测网有约900个高空气象观测站，其中我国参加高空气象观测数据交换的高空气象观测站有80个。

全球气候观测系统GCOS的高空气候观测网GUAN(GCOS Upper-air Network)目前有173个观测站，其中在我国范围内的有8个(包括香港观测站)。

飞机气象观测技术是20世纪60年代发展起来的新技术。由于其机动性好、对突发性气象灾害事件响应快、功能上可以按需配置(由不同的飞行平台、有效载荷组成多功能的观测能力)等优点，成为空基观测系统中重要的组成部分。

AMDAR(Aircraft Meteorological Data Relay，商用航空器气象资料下传)系统依托于配有复杂导航系统和大气传感器的现代商用飞机，在整个飞行过程中，提供空速、气温、气压、风向风速和飞机位置等数据，经进一步处理后自动馈入飞机通信系统，随时向地面发送。目前，AMDAR系统还将进一步完善，在已有的温、压、风向和风速观测数据采集的基础上，增加湿度等传感器。

气象无人驾驶飞机是用于气象高空探测、大气成分监测、气象灾害调查、人工影响天气、大气科学研究的专用无人驾驶飞机。气象无人驾驶飞机具有自主飞行能力，能自动导航和自动驾驶。飞机起飞后，在机载自动控制系统控制下，能完成预定航线的飞行和探测。地面系统可以接收、显示飞机发回的位置、状态及其他探测的数据信息，并且可以向飞机发送指令，遥控飞机飞行和探测。机载的设备应根据无人机的不同用途而配置，包括遥感、遥测探测设备，具备实时探测大气温度、湿度、气压、风向、风速及云微物理信息的能力，携带催化作业设备还可用于人工影响天气作业。

高空气象探测火箭可以进行高空风和温度测量，适用于对平流层和中间层的探测，通常探测高度在几十到几百千米。气象火箭的探测方式包括，火箭上搭载的气象仪器直接测量，或从火箭上抛射出探空仪，在下落过程中进行气象测量。典型的高空气象火箭探空是在它达到最大高度附近(远地点)把探空仪从火箭弹出，然后由类似于降落伞的减速设备携带下降，并将温度等要素的测量数据传送到地面，通过高精度雷达跟踪或导航卫星定位系统提供风信息。也可以是一个自由降落可膨胀的气球，称为“降落球体”，由高精度雷达跟踪提供大气的密度和风的数据。或者用高精度雷达跟踪火箭在远地点附近释放出的偶极子云(金属箔)的轨迹来测量风。气象火箭能够测量的要素主要是风和温度，其他还包括太阳辐射、电的变量、湍流以及化学成分，包括臭氧、水蒸汽、氮氧化物、原子氧、氢、氯和氢氧根等。

2.1.4 天基气象观测系统

借助于安装在人造地球卫星上的探测器从宇宙空间遥感地球和大气获取相关信息的卫星统称为对地观测卫星，其中用于气象要素和地表参数探测的卫星叫做气象卫星。天基气象观测系统是以气象卫星等航天器作为携带传感器的平台，以整个地球和大气系统作为观测对象，采用遥感探测技术的观测系统。天基气象观测业务系统还包括卫星资料地面接收处理和应用系统。在气象综合观测业务中，天基气象观测系统正在发挥越来越重要的作用，并将成为气象综合观测系统的主体和核心。

在天基气象观测系统中，通过卫星轨道的选择，既可以获取全球资料（极轨气象卫星），也可以获取固定地点高时间分辨率的资料（地球静止气象卫星）；通过对星上遥感探测器瞬时视场的设计及卫星轨道和高度的选择，可以得到不同空间分辨率的资料；通过主动遥感或被动遥感，选用可见光、红外和微波等不同波段的多个探测通道，可以得到地球大气系统中五大圈层不同要素和参数的信息。因此，天基观测能够获取全球、全天候、高时间分辨率、高空间分辨率和高光谱分辨率的地球和大气系统辐射信息，经过反演、加工和处理，得到多种用其他手段得不到的描述地球系统各大圈层不同尺度的运动状况和发展演变的地球物理参数。天基气象观测系统是地球和大气观测系统的重要组成部分，在不同类型气象业务服务中具有特殊的地位和作用。

气象卫星按照运行轨道划分有两大类型，近极地太阳同步轨道卫星（简称极轨卫星）和地球同步静止轨道卫星（简称静止卫星）。

极轨气象卫星的轨道平面相对太阳始终保持相对固定的取向，因此，称为太阳同步轨道卫星。其轨道平面与地轴的交角小于10°，卫星运行时近乎通过地球极地上空，因此，称为近极地轨道卫星。卫星轨道高度距地面800 km左右，卫星环绕地球一圈所用的时间约为100 min左右，每天飞越同一区域上空的地方时基本不变。卫星上携带的仪器可以对地球上一个条带的区域进行观测，通过地球自转和卫星绕地球转动，把一个一个的条带拼接起来，极轨气象卫星可以实现包括极地区域在内的全球观测。极轨气象卫星的优点是距离地面较近，观测空间分辨率高，但对于同一区域每天只能有2次观测，因此，时间间隔较长，不同条带的观测时间是不同的，不利于对地球大气的运动进行连续监测。

静止气象卫星相对于地球静止，根据力学原理，卫星的轨道平面与地球赤道平面相重合，它的位置必须在赤道上空的某一特定高度，在该高度处，卫星受到的地球引力和惯性离心力刚好平衡。可以计算出这一平衡高度为地面以上35860 km（或距地心42230 km）。卫星的运行方向与地球自转方向一致，同时它绕地球运行的角速度与地球自转的角速度相同，相对于地球静止，这种卫星轨道称为地球同步静止轨道。这样轨道上的卫星称作静止卫星。静止气象卫星的观测范围大约是以星下点为中心，直径在10000 km左右（从赤道到南北纬70°附近，东西140°经度）的一个球冠的表面，相当于1/3的地球表面。

目前的观测仪器完成对这一球冠表面的扫描所需要的时间15～30 min。静止气象卫星的优点是时间分辨率较高，每隔15～30 min可以更新一次观测，根据特殊的需要,也可以对一个相对较小的区域进行扫描观测,所用的时间只有几分钟,有利于对发展变化较快的中小尺度灾害性天气系统进行连续监测。静止气象卫星每次扫描的覆盖范围大(由于离地面较远),缺点是空间分辨率较极轨气象卫星要低(也是由于离地面较远),两极区域是观测的盲区。由于其时间分辨率高,单次扫描覆盖范围大,因此,天气预报中使用的云图主要是静止气象卫星云图。

在目前世界气象组织的天基观测系统中,主要分为三类轨道的卫星:业务静止卫星(Operational Geostationary Satellites,GEO)、业务低轨道卫星(Operational Low-Earth Orbit Satellites,LEO)、环境研究和发展卫星(Environmental Research and Development Satellites,ERD)。

卫星遥感探测技术的分类可以有多种划分方法:

按照卫星遥感探测使用电磁波的频谱可以分为紫外、可见光和近红外、热红外和微波遥感,根据应用需求和地球大气系统的特性选择探测的光谱通道。紫外波段主要用于大气臭氧分布的探测,太阳辐射和地表反射辐射主要在可见光和近红外波段,地气系统发射的电磁波主要在热红外波段。不同的大气成分具有不同的吸收带,可以通过不同的探测通道,实现大气成分总量和垂直分布的探测。微波对云和地表有一定的穿透性,因此通过微波遥感不仅可以实现全天候的地表特征探测,还可较好地解决云内结构和深入到地表下一定深度的土壤、冰、雪特征的探测。为了提高对目标特性的探测能力,大多数遥感仪器都采用多光谱通道同时探测。实现探测光谱分光和通道选择有多种技术方法,如滤光片分光、光栅分光和干涉分光技术等。

按照遥感探测使用电磁波的方式可以分为被动式遥感和主动式遥感。绝大部分业务系统都是被动式的,接收从大气或地球表面散射、反射或发射的电磁辐射,例如各种扫描辐射计、成像仪、光谱仪和微波辐射计等。主动遥感系统可以发射电磁辐射,通常是微波和近红外,探测被散射或反射回卫星的电磁辐射来推断目标物的特性,例如星载微波雷达、激光雷达、散射计和高度计等。

按照卫星遥感探测所获取信息的形式可以分为目标成像观测和大气遥感探测。目标成像类遥感侧重对目标水平结构的空间连续观测,通常在透明的大气窗区选择对目标物理特征敏感的波长作为观测通道,以最大程度地减小大气对目标观测的影响,突出目标物的主要特征,获得整个视场范围的图像,它往往用于对云的观测,也可以用于对陆表、海表和大气气溶胶分布的观测。大气遥感探测侧重于对大气垂直结构的观测,水平方向可以是非成像的,仪器通常采用多光谱辐射仪,在特定气体的吸收带选择一组通道,通过气体在不同通道对大气辐射吸收强弱的差异反演大气气象要素的廓线或气体成分的密度分布,

按卫星遥感仪器的观测模式来划分,可以分为天底扫描、临边扫描和凝视观测等模式。

天底扫描模式是把仪器安装在卫星的对地面，对地物目标进行观测。在任何一个瞬间，传感器接收到的信号来自地球表面和大气所组成的立体角，称为瞬时视场(IFOV)。为了保证取得一定的空间分辨率，遥感的每个瞬时视场对应尺度足够小的目标区(通常称为一个像元)。而要实现大范围目标区的观测则需要通过观测光轴的扫描来完成，可以利用卫星在轨运动与遥感仪光机扫描相结合的方式，完成对观测区的扫描观测。例如美国 NOAA 极轨气象卫星的甚高分辨率辐射计 AVHRR 和中国 FY-1 极轨气象卫星的多通道扫描辐射计，即采取卫星沿轨道运行和仪器横截轨道扫描相结合的方式实现成像观测。静止气象卫星 FY-2 的星载扫描辐射计则通过卫星沿东西方向自旋运动和辐射计扫描机南北方向步进实现成像观测。新一代卫星遥感仪器采用焦平面线阵或面阵探测器新技术，则可在卫星沿轨运动时实现所谓“推扫”的方式完成区域成像。微波遥感仪器往往采取圆锥扫描的方式。

临边扫描模式是卫星在其运行轨道上以太阳为辐射源，当地球的边缘位于卫星与太阳之间，太阳辐射穿过地球大气，随着卫星运行中相对位置的移动，可以对不同高度上的大气作切片式观测。这种方式遥感仪器测量的是被大气掩盖的太阳光，所以有时又称为太阳掩星探测方法。此方法中辐射穿过的大气路径较长，总光学厚度一般比天底观测要大，有利于获取较高的探测准确度。另外，临边扫描在高度方向上可以分得更细，有助于提高大气遥感的垂直分辨率。这种方法常常应用于大气各种微量成分的特征探测。在导航卫星气象遥感探测中，把高轨道卫星(如 GPS 卫星)作为辐射源，在低轨道卫星上安装接收机，利用掩星观测方法可以进行大气中水汽的遥感探测。

凝视观测的遥感仪器就如常用的数码相机一样，不需光机扫描，是直接采用面阵式 CCD 探测器对目标成像。此类观测仪器一般可取得较高的空间分辨率和较短的重复观测时间。这种星载遥感仪器往往需要较大光学口径，为扩大观测区域，需要增加仪器指向变化控制机构。

气象卫星地面资料接收和应用系统是天基观测系统的重要组成部分，是集卫星状态实时监控、卫星数据获取、遥感资料处理、业务信息管理、数据存储及卫星气象服务于一体的卫星气象综合业务系统，由资料接收、数据传输、资料处理、数据存档、分发和运行控制等分系统组成，具有全天 24 小时不间断地业务运行的能力。

地面应用系统在地面站安装多部天线及接收设备，在数据处理与服务中心配置高性能的计算机网络存储设备，同时开发规模庞大的应用软件，使整个系统能够自动按轨道预报接收卫星下传的原始数据，及时传送到数据处理中心，对数据进行加工，转换成含有定位定标信息的基础产品，利用遥感资料处理技术对这些基础产品进行再加工，生成各种反映全球大气层、地(海)表和空间环境变化的图形、图像和数字定量产品，通过专线、广播、网站等途径将这些产品分发到用户，同时数据和产品长期存档,为用户提供检索和应用服务。地面应用系统对卫星应用效益的发挥有非常重要的作用。

卫星资料用户使用的业务平台称为气象卫星资料用户利用站,一般泛指使用微机作为系统平台,接收、处理和存储气象卫星资料的系统。按照卫星类别一般可分为极轨气象卫星资料用户利用站和静止气象卫星资料用户利用站。根据卫星广播国际技术标准,目前,国内外都采用数字化视频广播系统(DVBS)技术发展气象卫星资料数据共享平台。

2.2 气象资料预处理

如2.1节所述,气象资料种类繁多,既有地面观测、高空探测、自动站、浅层风、风廓线等常规资料,也包括卫星观测、雷达探测等非常规资料,有定时观测和非定常观测等等,怎样使用这些资料呢?一般来说,对气象资料的要求有两方面:一是可靠性,二是便于使人们周知。气象测站的分布是不规则的,因此我们只能得到这些不规则点上的气象资料,但是数值预报中的网格点是规则的,因而资料无法直接使用。另外,无论是用穿孔纸带还是用电信号的形式将气象电报直接输入电子计算机,都要首先按照专门的程序进行译码、检查、整理。因为气象电报的内容,是按照气象电码格式编发的,而它的形式又是按照邮电电码格式编发的,从观测、编码、发报,到传递、转换、接收等,在每个工序和环节上,都存在着出错的可能性。因此,我们所接收到的气象电码,不可避免地存在着一些错误或不妥之处。所以,要正确使用这些气象资料,必须经过必要的处理,即质量控制。

2.2.1 常规地面和高空资料的质量控制

质量控制(QC)是通过一系列技术方法和数据处理过程实现的。主要根据气象学、天气学、气候学原理,以气象要素的时间、空间变化规律和各要素间相互联系的规律为线索,分析气象资料是否合理。质量控制对观测资料最基本的检查内容包括:范围检查、极值检查、内部一致性检查、空间一致性检查、气象学公式检查、统计学检查、均一性检查。也可以根据数值模式提供的分析场或预报场对观测资料质量进行分析和评估。

(1)格式检查:检查地面观测数值的结构及记录的长度;

(2)缺测检查:查验某个数据是否为缺测数据,缺测数据将不需要进行其他检查;

(3)界限值检查:对数据的值域和气候学界限进行检查,不在值域和气候学界限内的数据可视为错误数据。其中要求进行值域检查的数据只有总云量、低云量、相对湿度、风向、每小时日照时数和每日日照时数;气候学界限是指气候学中不可能出现的

数据。假定要素 X 的历史最小值和最大值分别为 r 和 R,有:

$$i_m = r_m - \Delta \tag{2.1}$$

$$I_m = R_m + \Delta \tag{2.2}$$

式中,下标 m 是月份变量,Δ 是一个适当差值,根据要素 X 的概率分布特征确定 i_m 和 I_m 分别为数据的气候学下界和上界。

(4)主要变化范围检查:检查数据值是否符合在指定的地域和时域内要素的主要变化范围,不在此范围内的数据则进一步检查来证明其是否可靠。

(5)内部一致性检查:内部一致性检查是利用不同变量间的物理联系,通过一个变量的观测值,判断另一个变量同时刻的观测值是否可信。一致性检查可以检查出确定性错误,也可以检查出可能性错误。检查所比较的要素对主要有:

①定时气温与最高(或最低)气温,干球温度与湿球温度,干球温度与露点温度,定时温度与过去 8 次定时温度之平均值,定时气温与天气现象。

②气压与气压倾向。

③3 h 降水与 6 h 降水:00:00(UTC,下同)的 6 h 降水与 06:00 的 12 h 降水,12:00 的 6 h 降水与 18:00 的 12 h 降水,降水与天气现象。

④风速与风向:风速的时间变化与风向的时间变化,最大风速与定时风速。

⑤观测的相对湿度与用露点温度和气温计算的相对湿度,相对湿度与天气现象(雾等)。

⑥不同时间观测的雪深。

⑦总云量与低云量,云量与云状。

⑧能见度与天气现象。

(6)时间一致性检查:检查所反映的要素变化是否符合时间变化规律。

(7)空间一致性检查:比较被检查站气象要素的观测值和计算值,其中被检查站气象要素计算值是通过一个或多个与被检查站具有相似的下垫面和周围环境的邻近站的观测数据计算而来。

(8)质量控制综合分析:对上述检查过程中出现的不符合规定范围的数据进行分析判断,分析产生错误数据的具体原因,及时纠正资料。

(9)数据质量标识:对经过质量控制后的数据进行标识,表明正误、可疑、缺测、订正、修改或未进行质量控制等。

(10)利用数值预报产品的要素预报场进行质量控制:将预报产品短期预报(3~9 h)作为第 1 猜测场,由于目前模式对于短期天气预报有较强的预报能力,通常预报场与观测场之间的差值比较小,且这种差值具有正态分布的特点。当某站点的差值数倍于预报场误差的标准差时,该台站观测值就认为可疑。

质量监控或者运行监控是一项实时的业务，它能及时掌握站网或观测系统运行的状态，发现和处理观测业务运行中的故障和影响观测质量的突发事件。根据对连续监控记录的分析，可以对观测仪器设备性能变化趋势和系统性缺陷进行考察，评估其对观测质量的影响，提供给观测站网或系统的管理人员进行决策，以便采取相应的措施。

2.2.2 实测风矢量的分解

气象台站观测到的风场资料，是一个既有大小又有方向的风矢量，为便于该资料的利用，经常将实测风 **V** 分解为东西和南北两个分量(图 2.1)，分别用 u、v 表示，并规定：u 向东为正，v 向北为正。其数量值分别由下式计算

$$\begin{cases} u = |\bar{V}|\sin(\pi\alpha/180 - \pi) \\ v = |\bar{V}|\cos(\pi\alpha/180 - \pi) \end{cases} \tag{2.3}$$

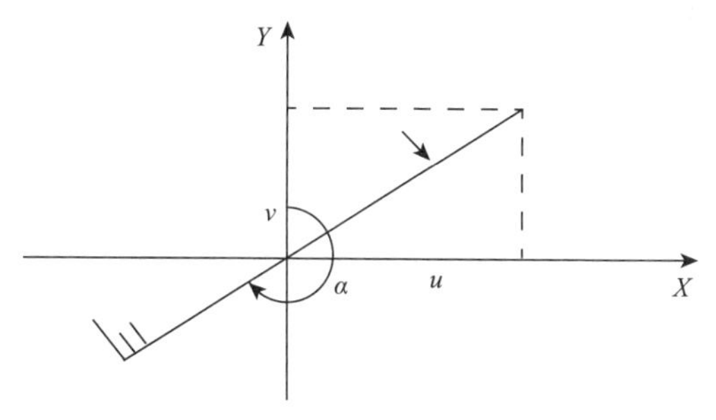

图 2.1　实测风矢量的分解

这里 $|\bar{V}|$ 为实测风速值，α 为测风报告发布的风向度数。如实测风为西南风，$\alpha=240°$，风速为 10 m/s，算得

$$\begin{cases} u = 10 \times \sin(240\pi/180 - \pi) = 8.7(\text{m/s}) \\ v = 10 \times \cos(240\pi/180 - \pi) = 5(\text{m/s}) \end{cases}$$

2.2.3 风场订正

诊断分析一般都是在有限区域内进行的，多数都采用正方形网格。客观分析后所得到的网格点上的 u、v 分量值，并不处处与网格区的 x、y 轴平行，因此还必须进行风向订正。因为只有在基线上的网格点，其东西、南北方向与 x、y 方向一致，其他网格点上东西、南北方向与 x、y 方向总有一个偏差角，这显然会给计算带来误差，特

别是当计算范围取得较大时，边缘的网格上这种风向的误差显得更加突出。不进行适当订正是不行的。

如图 2.2 所示，先考虑在基线以西的某一网格点 N 是北极，NO 为基线，NA 和 CA 分别为经过 A 点的经线和纬线，MA 和 LA 分别和这个正方形网格系统的 X 轴及 Y 轴平行。假设 A 点的风速在经纬的分量分别为 u 和 v，而在网格的 X、Y 方向的分量分别为 u'、v'，由于 A 点所在的经线不与基线相平行，故 u、v 分量和 u'、v' 分量彼此也不平行，而是有一夹角 α，$\alpha=\angle ANO$。由图可看出，它们之间有如下的换算关系

$$\begin{cases} u' = u\cos\alpha + v\cos(90-\alpha) = u\cos\alpha + v\sin\alpha \\ v' = v\cos\alpha - u\cos(90-\alpha) = v\cos\alpha - u\sin\alpha \end{cases} \tag{2.4}$$

在基线以西的网格 $AO>0$，所以 $\alpha=\sin^{-1}(AO/AN)>0$；在基线以东的网格，$AO<0$，所以 $\alpha<0$；在基线上的网格，$\alpha=0$，则 $u'=u$、$v'=v$。即不必订正。

设在某网格点上，$u=v=10\ \text{m}\cdot\text{s}^{-1}$，$\alpha=45°$由 (2.4)式订正后

$$\begin{cases} u' = 10\times\cos45° + 10\times\sin45° \approx 14(\text{m/s}) \\ v' = 10\times\cos45° - 10\times\sin45° = 0(\text{m/s}) \end{cases}$$

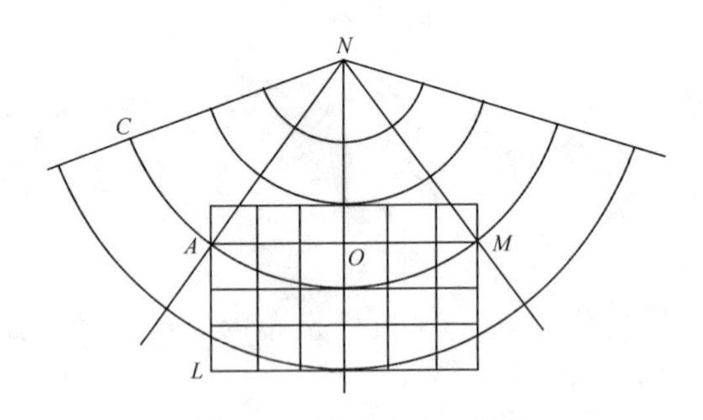

图 2.2 风场订正示意图

2.2.4 平滑和滤波

气象观测资料总存在着各种各样的误差。比如由气象仪器安装不标准等带来的非偶然性误差(器差)，由工作人员在观测、编码、发收报等造成的偶然性误差，以及将要素值内插到网格点上时产生的舍入和插值误差等。无疑，这些误差都将会影响计算的结果，为了减少误差的影响，通常在计算之前先对原始资料等进行平滑和过滤(滤波)，滤掉那些次要的小的天气意义的东西，而保留和突出主要的量，或者，为了研究的需要滤去资料中某些波长的量，而保留与问题有关的量。现分别介绍如下：

(1)一维平滑算子

这是最简单的平滑算子。利用同一直线上三点的资料,又称三点平滑算子

$$\overline{f}_j = f_j + \frac{S}{2}(f_{j+1} + f_{j-1} - 2f_j) = (1-S)f_j + \frac{S}{2}(f_{j+1} + f_{j-1}) \tag{2.5}$$

这里$\overline{f}_j$ 表示第 j 点平滑后的值,f_j 表示第 j 点平滑前的值,S 为平滑系数(可正可负)。该平滑算子关于 j 点对称,其权重除 $j+1$、j 和 $j-1$ 点外均为 0。

对函数 $f(x)$可展成富氏级数,在 f_j 点,可写成

$$f_j(x) = C + Ae^{ik(x_j-\delta)} \tag{2.6}$$

这里 C 为常数,A 为波动的振幅。$k=2\pi/L$ 为波数,L 为波长,δ 为位相。同样在 x_{j+1}和 x_{j-1}点,函数 $f(x)$可写成

$$\begin{aligned} f_{j+1}(x) &= C + Ae^{ik(x_j+\Delta x-\delta)} = C + Ae^{ik\Delta x}e^{ik(x_j-\delta)} \\ f_{j-1}(x) &= C + Ae^{ik(x_j-\Delta x-\delta)} = C + Ae^{-ik\Delta x}e^{ik(x_j-\delta)} \end{aligned} \tag{2.7}$$

将 f_{j-1}、f_j、f_{j+1}代入(2.5)式得

$$\begin{aligned} \overline{f}_j(x) &= C + (1-S)Ae^{ik(x_j-\delta)} + \frac{S}{2}Ae^{ik(x_j-\delta)}(e^{ik\Delta x} + e^{-ik\Delta x}) \\ &= C + A[1 - S(1-\cos k\Delta x)]e^{ik(x_j-\delta)} \end{aligned} \tag{2.8}$$

比较(2.6)、(2.8)式,平滑后的波相未变,改变的只是波的振幅,平滑后的振幅为

$$\overline{A} = A[1 - S(1-\cos k\Delta x)] \tag{2.9}$$

令 $R=\overline{A}/A$,称响应函数,即平滑波幅同原波幅之比,表示平滑后的变化。显然,$R=1$ 表示平滑后波幅一样,$R<1$ 表示平滑使原波幅衰减,$R\to 0$ 表示平滑后使原波动消失(即波动全被滤掉),$R>1$ 表示平滑后使原波幅被放大。由(2.9)式知

$$R(k,S) = \overline{A}/A = 1 - S(1-\cos k\Delta x)$$

或者

$$R(L,S) = 1 - 2S\cdot\sin^2(\pi\Delta x/L) \tag{2.10}$$

可见对于固定的网格距,响应函数 R 只与波数 k(波长 L)以及平滑系数 S 有关。

由于 $0\leqslant\sin^2(\pi\Delta x/L)\leqslant 1$,若希望平滑后使原波动衰减以致滤掉(但不希望出现反位相情况),则只须满足 $0\leqslant R\leqslant 1$,于是由(2.10)式知 $0\leqslant S\leqslant 1/2$。倘若希望平滑后使原波动增幅,须满足 $R>1$,则必有平滑系数 $S<0$。

作为一特例，取 $S=1/2$，即最大平滑系数，此时响应函数为

$$R(L,1/2)=1-\sin^2(\pi\Delta x/L)=\cos^2(\pi\Delta x/L) \tag{2.11}$$

对于 $L=2\Delta x$ 的波，$R=0$ 表明波长为 2 倍网格距的波，通过这种平滑可认为完全被滤掉。

对于 $L>2\Delta x$ 的波，平滑使波幅有不同程度的衰减，但由于余弦函数，在 $0-\pi/2$ 之间是减函数，随角度增加余弦函数减小，L 越大 $\pi\Delta x/L$ 越小，R 越大表示平滑后波幅随波长的增大而减衰得越来越小。

取 $L=3\Delta x$ 时，由(2.11)式知，$R(3\Delta x,1/2)=0.25$，原波幅衰减了 75%。

取 $L=6\Delta x$ 时，$R(6\Delta x,1/2)=0.75$ 原波幅衰减了 25%。

取 $L=10\Delta x$ 时，$R(10\Delta x,1/2)\approx 0.905$，原波幅衰减得更少，不足 10%。

可见，取 $S=1/2$ 滤波时，虽然可以滤去高频波，但同时也削弱了天气波，不甚理想。理想滤波应该是保留需要的波，滤去所不需要的波，从响应函数曲线(图 2.3)上看图形最好近似为矩形。

倘若为去掉短波，并且尽可能少地改变长波，可以采用不同平滑系数，仍用同一平滑算子，函数进行多次平滑的办法。

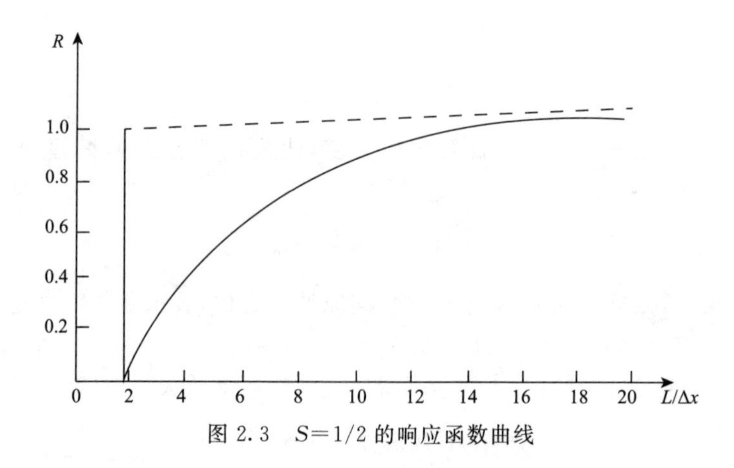

图 2.3　$S=1/2$ 的响应函数曲线

可以证明，取平滑系数 $S_1,S_2,\cdots,S_n$，n 次平滑后的响应函数 R_n 为

$$R_{1-n}(k,S)=R_1R_2\cdots R_n=\prod_{i=1}^{n}[1-S_i(1-\cos k\Delta x)]$$

或者

$$R_{1-n}(k,L)=\prod_{i=1}^{n}[1-2S_i\sin^2(k\Delta x)] \tag{2.12}$$

作为一个例子，这里举一个二次($n=2$)平滑的情况，并且将平滑系数分别取为$S_1=1/2$、$S_2=1/2$，平滑后的响应函数由(2.11)式知

$$
\begin{aligned}
R_{1-2} &= R_1(L,1/2)R_2(L,-1/2) \\
&= [1-\sin^2(\pi\Delta x/L)]\cdot[1+\sin^2(\pi\Delta x/L)] \\
&= 1-\sin^4(\pi\Delta x/L)
\end{aligned}
\tag{2.13}
$$

同(2.11)式，即取$S=1/2$的一次平滑情况比较，取上述二次平滑后，对波长$L>2\Delta x$的波，可以使其波幅有所恢复。比如取$L=6\Delta x$时

一次平滑得　$R_1(6\Delta x,1/2)=0.75$

二次平滑得　$R_{1-2}=R(6\Delta x,1/2)\cdot R(6\Delta x,-1/2)\approx 0.94$

二者相比，二次平滑使该波幅恢复了19%。表明这种平滑对保留长波是有益的。

(2)二维平滑算子

对于平面的问题，须进行二维空间的平滑，把一维推广到二维有两种处理方法：

①将计算的场先分别在X方向和Y方向进行平滑，然后取平均，即

$$
\overline{f}^{ij}_{i,j} = \frac{1}{2}(\overline{f}^{i}_{i,j}+\overline{f}^{j}_{i,j}) = f_{i,j}+\frac{S}{4}\nabla^2 f_{i,j}
\tag{2.14}
$$

其中：　$\nabla^2 f_{i,j}=f_{i+1,j}+f_{i-1,j}+f_{i,j+1}+f_{i,j-1}-4f_{i,j}$

这里用到的是(i,j)点及其前、后、左、右共五个点的资料，故称为五点平滑格式。

②将场先在一个方向上平滑，然后再在另一方向上平滑，即

$$
\overline{f^{ij}_{i,j}} = \overline{\overline{f^{i}_{i,j}}^{j}} = f_{i,j}+\frac{S}{2}(1-S)\nabla^2 f_{i,j}+\frac{S^2}{4}\nabla^2_* f_{i,j}
\tag{2.15}
$$

其中：$\nabla^2 f_{i,j}$同(2.14)式，且$\nabla^2_* f_{i,j}=f_{i+1,j+1}+f_{i+1,j-1}+f_{i-1,j+1}+f_{i-1,j-1}-4f_{i,j}$。这里用的是$(i,j)$点及其前、后、左、右及前、后点的左、右点(或左、右点的前、后点)共九个点的资料，故称为九点平滑格式。用K_x、K_y、L_x、L_y分别表示X、Y方向上的波数和波长，其平面波的表示形式可写成

$$
C+Ae^{i(K_xX+K_yY)} \quad \text{或} \quad C+Ae^{i(2\pi X/L_x+2\pi Y/L_y)}
$$

其中A为振幅。以之代入(2.14)，(2.15)式易得其相应的响应函数

$$
\begin{aligned}
R_{\text{五点}} &= \frac{1}{2}[R_X+R_Y] \\
&= 1-S[\sin^2(K_x\Delta X/2)+\sin^2(K_y\Delta Y/2)] \\
&= 1-S[\sin^2(\pi\Delta X/L_x)+\sin^2(\pi\Delta Y/L_y)]
\end{aligned}
\tag{2.16}
$$

$$R_{九点}=R_X\cdot R_Y$$

$$=[1-2S\sin^2(K_x\Delta X/2)]\cdot[1-2S\sin^2(K_y\Delta Y/2)]$$

$$=[1-2S\sin^2(\pi\Delta X/L_x)]+[1-2S\sin^2(\pi\Delta Y/L_y)] \tag{2.17}$$

2.2.5 尺度分离

实际的大气运动包含了各种尺度的天气系统，为了研究的需要经常要将实际的扰动分离成不同尺度的波。应用傅里叶级数将扰动展成不同尺度的波是常用的分离的谱分析方法，但是它只能用于沿整个纬圈的半球性分析，不便考察某一特定地区和某些特定尺度系统之间的关系。而利用上节所讲的平滑滤波技术不仅可以同时满足这些方面的要求，同时又有着明显的天气意义。

为了分离不同尺度的波，须事先设计一个合适的滤波器。

对于任意天气变量 A，可以写成 $A=\bar{A}+(A-\bar{A})$。$\bar{A}$ 表示平滑后的 A 场，显然 $(A-\bar{A})$ 表示原始场与平滑场的差。如果在平滑的过程中，滤去高频波(短波)，保留低频波(长波)，这种平滑就称为一个低通滤波器，它的作用是让低频波通过。低频波表示场的低频部分，即大尺度运动。而 $(A-\bar{A})$ 部分，为该场的高颇(短波)部分，即小尺度系统。对 $(A-\bar{A})$ 进行运算，也就相当于一个高通滤波器。

这里问题的关键，是如何选择滤波器，如何选择平滑系统和平滑次数，要看对具体问题的分析。比如要想分离出短波(波长 L 为 500 km 左右)可以选用三点平滑算子，取 $S=1/2$，连续平滑三次，就得到单波响应函数 $R_{1-3}=(1-\sin^2(\pi\Delta x/L))^3$。

如果计算网格距 d 取 100 km，在 $\bar{A}$ 场中波长为 5 d(500 km)以下的波，衰减了 70%以上，保留了 30%以下；而对波长为 20 d(2000 km)以上的波，竟保留了 95%以上。这表明经过如此过滤之后在 $\bar{A}$ 场中主要是波长为 2000 km 以上的天气波，而在 $(A-\bar{A})$ 场中主要是波长在 500 km 以下的次天气尺度的短波系统。

如果研究的是面(二维)上的问题，即可采用二维平滑，如用九点平滑算子

$$\bar{A}_{i,j}=A_{i,j}+\frac{S}{2}(1-S)\nabla^2 A_{i,j}+\frac{S^2}{4}\nabla_*^2 A_{i,j} \tag{2.18}$$

其中

$$\nabla^2 A_{i,j}=A_{i+1,j}+A_{i-1,j}+A_{i,j+1}+A_{i,j-1}-4A_{i,j}$$

$$\nabla_*^2 A_{i,j}=A_{i+1,j+1}+A_{i-1,j-1}+A_{i-1,j+1}+A_{i+1,j-1}-4A_{i,j}$$

将实测风场分解为 u、v 分量，取 $d=100$ km，$S=1/2$，u、v 分别用(2.15)式连续平滑三次，然后再合成得到相应的流场。

此外，还可以根据这种方法，设计只允许某一范围的波通过，而其他波不能通过的所谓带通滤波器，用以分析研究某种波长的波的活动情况，这里就不再介绍了。

2.3 客观分析

诊断分析一般所需要的资料是网格点上的，而常规的气象观测资料是在固定地点（地面和高空观测站）和固定时间观测到的。为了由这些离散的分布不规则的资料计算出某些物理量，原则上必须得到每一观测变量在时、空上呈连续分布的场。但实际上并不需要观测值（如位势高度）在(X,Y)平面上连续变化的分布。因为一般可用有限差分方法来计算所需要的导数和梯度，这时只需要把空间上分布不均匀的台站资料内插到规则分布的网格点上就行了。为了得到网格上的资料，可采用两种方法进行内插：一种是手工分析各种气象要素场的等值线，然后按网格点读取格点数，这种方法叫主观分析；另一种方法是根据直接联系格点值与台站值的方程，从数值上（用计算机）进行内插，这种方法叫客观分析，所用的方程或函数可以是不同的。常用的有限元、多项式、样条等，数值天气预报中还常使用逐步订正法、最优插值法、谱方法、变分法等。另外，曲面拟合方法用于台站稀少的地区的物理量计算，也是比较好的方法。本节我们主要介绍有限元法、多项式法和逐次订正法。

客观分析方案可进行两种类型分析：一种是向量场分析，其中所处理的资料不仅有量值，还有方向，例如风场；另一种是标量场分析，处理量只有量值的资料，如温度场、湿度场等。

2.3.1 有限元素法

将我们要进行物理量计算的区域内的所有测站划分成有限个三个角形单元，如图 2.4 就是其中一个单元，A、B、C 表示三个邻近的测站，O 是$\triangle ABC$ 内的一个网格点，若三个测站的要素值在一个平面上，根据有限元素法，它们可按其位置坐标展开以下的线性关系式

$$\begin{cases} S_A = L_1 + L_2 X_A + L_3 Y_A \\ S_B = L_1 + L_2 X_B + L_3 Y_B \\ S_C = L_1 + L_2 X_C + L_3 Y_C \end{cases} \tag{2.19}$$

式中(X_A,Y_A)、(X_B,Y_B)、(X_C,Y_C)分别为 A、B、C 三测站相对于任意坐标系的位置坐标，S_A、S_B、S_C 分别为测站所测得的要素值，这些都是已知的。因此，若有三组观

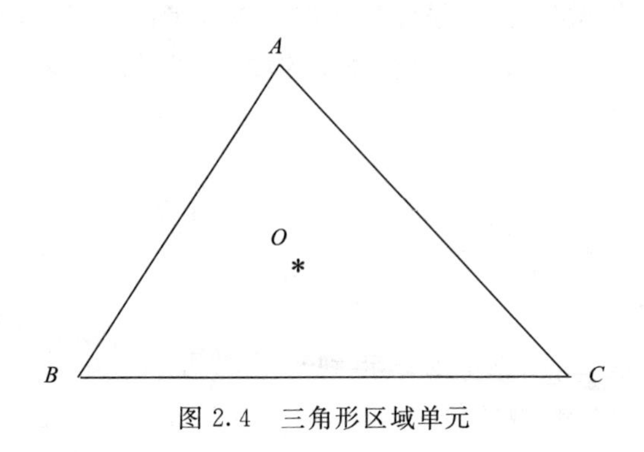

图 2.4 三角形区域单元

测资料，根据线性代数中的克莱姆法则或高斯消元法等方法，就可求解出方程组的三个系数 L_1、L_2、L_3。

对于△ABC 内的任意一个网格点 O，已知它在同一坐标系里的位置坐标(X_0，Y_0)，则表示 O 点的要素值 S_0 可由下式求得

$$S_0 = L_1 + L_2X_0 + L_3Y_0 \tag{2.20}$$

以上介绍的是有限元素法的一般原理，要用它来内插出所有网格点上的要素值，还要借助于电子计算机。具体做法是：先任取一网格点(i，j)并以此为圆心，以一个网格距为扫描半径画圆，然后依次计算各测站到该网格点(i，j)的距离。凡是距离小于或等于扫描半径的测站被入选，大于的被舍去，这样一个过程称为第一次"扫描"。这次扫描后，若圆内测站数小于 3，则可加大扫描半径(取 1.5 个网格距或 2 个网格距)，按上述的过程再扫描一次，若圆内测站仍小于 3 个，可继续加大扫描半径，并重复上述过程，一直到圆内测站数大于或等于 3 个为止。如果是等于 3 个，就可由这 3 个测站的资料，构成三元一次线性方程组。用高斯消元法或用其他的方法求出三个系数 L_1、L_2、L_3，将这三个系数网格点(i，j)的位置坐标代入(2.20)式，便可内插出该网格点上的要素值。如果圆内的测站数大于 3 个，则再调用一个比较距离的子程序，选取离网格点(i，j)最近的一个测站，利用其要素值，按上述方法，内插出该网格点上相应的要素值。

网格点(i，j)的要素值被内插出后，再进行下一个循环，同样用上述方法内插出下一个网格点的要素值，这样依次循环下去，直至内插出所有网格点上的要素值为止。

实际上，由于观测误差等原因，通常希望有比 3 个测站还要多的资料，这样求得的系数，可以减少观测随机误差的影响。为了解决这个问题，常采用最小二乘法来确定系数，由此得到(2.21)式

$$\begin{cases} L_1 \sum_{i=1}^{n} 1 + L_2 \sum_{i=1}^{n} X_i + L_3 \sum_{i=1}^{n} Y_i = \sum_{i=1}^{n} S_i \\ L_1 \sum_{i=1}^{n} X_i + L_2 \sum_{i=1}^{n} X_i^2 + L_3 \sum_{i=1}^{n} X_i Y_i = \sum_{i=1}^{n} S_i X_i \\ L_1 \sum_{i=1}^{n} Y_i + L_2 \sum_{i=1}^{n} X_i Y_i + L_3 \sum_{i=1}^{n} Y_i^2 = \sum_{i=1}^{n} S_i Y_i \end{cases} \tag{2.21}$$

式中 n 是以扫描半径所画圆内的测站数，$n>4$。解方程组(2.19)求得系数 L_1、L_2 和 L_3，然后再利用公式(2.20)求得圆内格点上的要素值。

2.3.2　多项式法

多项式法的原理是寻找一个由多项式表示的的曲面来逼近网格点周围区域各测站实测的气象要素值。如果这个曲面被找到，它即可代表该气象要素在这一网格点附近的空间分布状态，从而可求得网格点上的要素值，具体做法如下：假如某一等压面上的位势高度分布 $Z(x,y)$ 可以用一个 m 次多项式表示，其表达式为

$$Z(x,y) = \sum_{p=0}^{m} \sum_{q=0}^{p} a_k x^{p-q} y^q, \quad k = \frac{1}{2}p(p+1)+q+1 \tag{2.22}$$

式中 x、y 是该等压面上的两个位置坐标，p、q 分别是它们的次数，a_k 是 $x^{p-q}y^q$ 的系数，待定。对于确定的 p 和 q，对应一个确定的 k 值。k 与 p 和 q 的关系如表 2.1 所示。如果想用一个二次曲面去逼近高度场，那么可取 $m=2$；如果想用一个三次曲面去逼近高度场，那么可取 $m=3$；若想用一个更高次曲面去逼近高度场，那么 m 取更大的数值。

表 2.1　p 和 q 与 k 的对应关系

幂次	项数
$p=0$	①
$p=1$	②　③
$p=2$	④　⑤　⑥
$p=3$	⑦　⑧　⑨　⑩
⋮	⋮
$p=m$	…　a_m

现在我们所面临的问题是如何运用网格点周围测站已知的一组实测高度值来确定系数 a_k，使得(2.22)式能最佳地逼近网格附近的高度场。

对于给定的一组观测资料来说，坐标$(x_i,y_i)(i=1,2,\cdots,n)$是已知的，实测高度值$Z_i^{ob}$也是已知的，$m$值是按我们的要求确定的，只有$a_k$是未知数，即待确定的。

当(2.22)式中$m=2$时，二次多项式的一般形式为

$$Z(x,y)=a_1+a_2x+a_3y+a_4x^2+a_5xy+a_6y^2 \tag{2.23}$$

当$m=3$时，三次多项式的一般形式为

$$Z(x,y)=a_1+a_2x+a_3y+a_4x^2+a_5xy+a_6y^2+ \\ a_7x^3+a_8x^2y+a_9xy^2+a_{10}y^3 \tag{2.24}$$

(2.23)式中含有六个待定系数，至少要有六组观测值才能求解。(2.24)式中含有10个待定系数，至少需要10组观测资料。次幂m与待定系数个数M的关系为

$$M=\frac{1}{2}(m+1)\cdot(m+2) \tag{2.25}$$

实际上，如2.3.1节中所述，为了减少观测随机误差的影响，得到最佳的逼近，常采用最小二乘法来确定系数a_k。如果所考虑的网格点附近有n个测站，n个测站实测高度值为$Z_i^{0b}(i=1,2,\cdots,n)$，根据各测站的坐标(x_i,y_i)，由多项式可以再得相应的高度值，某测站i的实测值与计算值的差为$Z_i^{0b}-Z_i$，称为残差，最小二乘法就是取残差的平方和为最小。残差平方和为

$$E(a_j)=\sum_{i=1}^{n}(Z_i^{0b}-Z_i)^2 \tag{2.26}$$

上式为M元二次函数，自变量为a_j，残差平方和为最小的条件是它的一阶偏导数为零，即

$$\frac{\partial E(a_i)}{\partial a_j}=0,\quad j=1,2,\cdots,M \tag{2.27}$$

令

$$Z_i^{0b}=B_{M+1\,i},x_i^{p-q}y_i^q=B_{k\,i},\quad k=\frac{1}{2}p(p+1)+q+1 \tag{2.28}$$

则

$$Z_i=\sum_{p=0}^{m}\sum_{q=0}^{p}a_kx_i^{p-q}y_i^q=\sum_{k=1}^{M}a_kB_{k\,i} \tag{2.29}$$

代入(2.26)式得

$$E(a_i)=\sum_{i=1}^{n}(Z_i^{0b}-Z_i)^2=\sum_{i=1}^{n}\left(B_{M+1\,i}-\sum_{k=1}^{M}a_kB_{k\,i}\right)^2 \tag{2.30}$$

将上式代入(2.27)式得

$$\sum_{i=1}^{n}\left[-2B_{ji}\left(B_{M+1\,i}-\sum_{k=1}^{M}a_kB_{k\,i}\right)\right]=0,\quad j=1,2,\cdots,M \tag{2.31}$$

整理得

$$\sum_{k=1}^{M}\left(a_k\sum_{i=1}^{n}B_{j\,i}\cdot B_{k\,i}\right)=\sum_{i=1}^{n}B_{j\,i}\cdot B_{M+1\,i},\quad j=1,2,\cdots,M \tag{2.32}$$

令 $C_{j\,k}=\sum_{i=1}^{n}B_{j\,i}B_{k\,i}$　$\begin{cases}j=1,2,\cdots,M\\k=1,2,\cdots,M+1\end{cases}$　(2.33)

代入(2.32)式得

$$\sum_{k=1}^{M}C_{j\,k}a_k=C_{j\,M+1},\quad j=1,2,\cdots,M \tag{2.34}$$

上式为求解 M 个未知数 a_i 的线性方程组(若 $m=2$,则 $M=6$;若 $m=3$,$M=10$),解这个方程组,即可确定系数 a_i,从而最后确定我们所要寻求的多项式,并用此内插出网格点上的要素值。在电子计算机上实现的方法和步骤,与有限元素法基本相同。

2.3.3　逐步订正法

逐步订正法就是将格点周围站记录与终点值进行比较,用格点周围不同半径范围内各测站的观测数值与估计值之差的加权平均作修正量逐步对其订正,最终使格点分析值与周围测站记录相比达到完全合理为止。

下面以位势高度 Φ 的格点分析值的计算为例,简要介绍一下逐步订正法。

如图 2.5 所示,以格点为中心,以 R 为半径画一个圆,设落在圆内的观测值有 N 个,我们将根据这 N 个观测值来订正估值。将初估场(预备场)的格点值 $\hat{\Phi}_d$ 内插到某一个观测点上,例如 i 点,设内插出的高度值为 Φ_i,若 i 点的高度观测值为 Φ_i,则观测值与内插值的差 $\Delta\Phi_i$ 可以算出

$$\Delta\Phi_i=\Phi_i-\hat{\Phi}_i \tag{2.35}$$

对圆内所有 N 个观测值都算出它们与各自内插值的差 $\Delta\Phi_1,\Delta\Phi_2,\cdots,\Delta\Phi_N$,并计算这些差值的加权平均

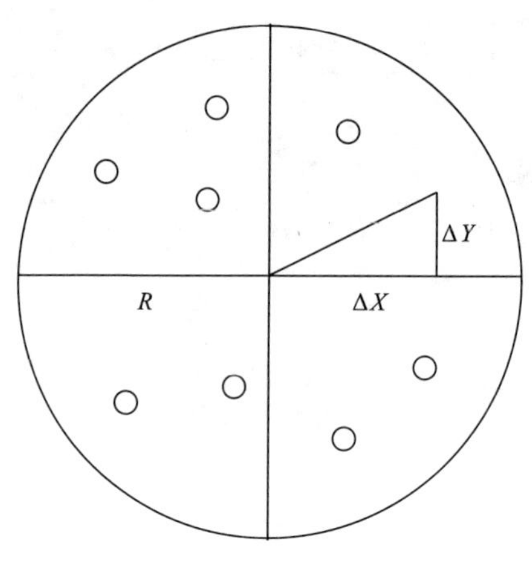

图 2.5　圆形区域

$$C_{\Phi} = \sum_{i=1}^{N} W_i \Delta\Phi_i \Big/ \sum_{i=1}^{N} W_i \tag{2.36}$$

C_{Φ} 就是来自高度场的订正值。式中 W_i 为权重系数，W_i 有很多种形式，但最主要的特征是和格点到 i 点的距离的平方成反比，其物理意义是，观测值对格点值的影响程度随着它们之间距离的平方增大而减小。显然，这种权重系数是各向同性的，它在平面上的分布是一个个同心圆，例如可以取 $W_i=(R^2-r_i^2)/(R^2+r_i^2)$，式中 r_i 是格点到 i 点的距离，R 是扫描半径。也可以取为 $W_i=1/(1+\alpha r_i^2)$，α 是经验系数，随不同层次，不同要素而异。

如果在求取格点的高度分析值时还要使用风场的观测资料，则还需要求出来自风场的订正值 C_V。

设所要求取的格点分析值为 Φ_d，则有 $\Phi_d=\hat{\Phi}_d+\Delta\Phi_d$。假定在图 2.5 所示的圆内位势高度是线性变化的，利用泰勒公式将 Φ_d 在 i 点展开

$$\Phi_d = \Phi_i + \left(\frac{\partial \Phi}{\partial x}\right)_i \Delta x + \left(\frac{\partial \Phi}{\partial y}\right)_i \Delta y = \hat{\Phi}_d + \Delta\Phi_d$$

即：

$$\Delta\Phi_d = \Phi_i + \left(\frac{\partial \Phi}{\partial x}\right)_i \Delta x + \left(\frac{\partial \Phi}{\partial y}\right)_i \Delta y - \hat{\Phi}_d \tag{2.37}$$

将地转风关系

$$\left(\frac{\partial \Phi}{\partial x}\right)_p = fv \ , \quad \left(\frac{\partial \Phi}{\partial y}\right)_p = - fu$$

代入(2.37)式得：

$$\Delta\Phi_d = \Phi_i + f\,(v\Delta x - u\Delta y)_i - \hat{\Phi}_d$$

对圆内所有有测风报告的站点加权平均，便得到来自风场的订正值

$$C_V = \frac{\sum_{i=1}^{M} W_i \Delta\Phi}{\sum_{i=1}^{M} W_i} = \frac{\sum_{i=1}^{M} W_i [\Phi_i + f\,(v\Delta x - u\Delta y)_i]}{\sum_{i=1}^{M} W_i} - \hat{\Phi}_d \tag{2.38}$$

M 为圆内有测风报告的站点个数，显然 $M<N$，于是，总订正值为

$$C = a_\Phi C_\Phi + a_V C_V \tag{2.39}$$

a_Φ 和 a_V 为加权系数，可根据需要加以调整。比如，对于风场好用的地区，a_V 可以取得大一些，反之亦然，但 a_Φ 和 a_V 之间必须满足以下关系

$$a_\Phi + a_V = 1 \tag{2.40}$$

由此得到格点的分析值为

$$\Phi_d = \Phi_d + C \tag{2.41}$$

这是对于影响半径 R 进行的第一次订正，然后逐渐缩小 R 进行重复订正。每次订正后的分析场用作下一次订正的估计值。在连续订正过程中，缩小影响半径可以去掉估计场的大尺度误差，使分析场越来越逼近观测结果。

在逐次订正中还可以采用不同形式的权重系数。

2.3.4　拉格朗日垂直插值法

气象资料在垂直方向上往往是不等距的，为计算方便起见，常常需要将资料(观测结果)进行垂直插值。

最简单的插值是线性插值。设对应变量 X 有函数值 Y，对点 $X_0, X_1, X_2, \cdots, X_n$ 所对应的函数值为 $Y_0, Y_1, Y_2, \cdots, Y_n$，取 $Y=P(X)$ 线性插值，就是在点 X_0, X_1 上有函数值 Y_0, Y_1，两点作直线于是可得线性插值。

$$Y = Y_0 + (Y_1 - Y_0)(X - X_0)/(X_1 - X_0) = P_1(X) \tag{2.42}$$

也就是一次插值多项式。显然，由此所示得的 Y 值其误差较大如图 2.6 所示。常用的是二次插值多项式

$$Y = P_2(X) = Y_0 + \frac{Y_1 - Y_0}{X_1 - X_0}(X - X_0) - \frac{\frac{Y_2 - Y_0}{X_2 - X_0} - \frac{Y_1 - Y_0}{X_1 - X_0}}{X_2 - X_1}(X - X_0)(X - X_1) \tag{2.43}$$

虽然简单,但不够直观。

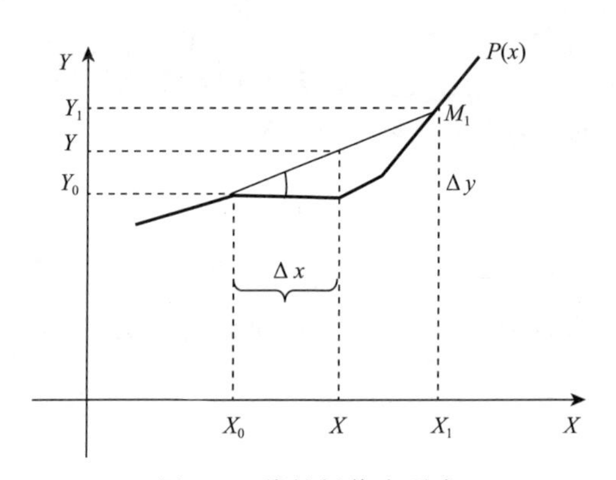

图 2.6　线性插值多项式

考虑用任意点 X_i 的函数本身 Y_i 乘上一个适当的系数,来表示插值多项式,就是拉格朗日插值。

$$Y = P_n(X) = L_0(X)Y_0 + L_1(X)Y_1 + \cdots + L_n(X)Y_n \tag{2.44}$$

式中的系数 $L_n(X)$ 又是一个 n 阶多项式。

由 $X=X_0$ 时 $Y=Y_0$,$X=X_1$ 时 $Y=Y_1$,…,$X=X_n$ 时 $Y=Y_n$ 可知 $L_i(X)$ 应满足条件

$$L_i(X_j) = \begin{cases} 1 & j = i \\ 0 & j \neq i \end{cases} \tag{2.45}$$

考虑 $L_0(X_j)$ 除 $j=0$,$L_0(X_j)=1$ 外,其他点 $L_0(X_j)=0$,故可将 $L_0(X_j)$ 表示为多项式

$$L_0(X) = C(X - X_1)(X - X_2)\cdots(X - X_n) \tag{2.46}$$

这里 C 是一待定的常数,将 $X=X_0$ 时,$L_0(X_0)=1$ 代入(2.46)式得

$$C = 1/(X_0 - X_1)(X_0 - X_2)\cdots(X_0 - X_n) \tag{2.47}$$

于是

$$L_0(X) = \frac{(X - X_1)(X - X_2)\cdots(X - X_n)}{(X_0 - X_1)(X_0 - X_2)\cdots(X_0 - X_n)} \tag{2.48}$$

同理可求得 $L_1(X), L_2(X), \cdots, L_n(X)$的表达式

$$L_i(X) = \prod_{\substack{j=0 \\ j \neq i}}^{n} \frac{(X - X_j)}{(X_i - X_j)} \tag{2.49}$$

最后拉格朗日插值公式的普遍形式为

$$Y = \sum_{i=0}^{n} Y_i \prod_{\substack{j=0 \\ j \neq i}}^{n} \frac{(X - X_j)}{(X_i - X_j)} \tag{2.50}$$

拉格朗日的二次($n=2$)插值公式为

$$Y = \frac{(X - X_1)(X - X_2)}{(X_0 - X_1)(X_0 - X_2)} Y_0 + \frac{(X - X_0)(X - X_2)}{(X_1 - X_0)(X_1 - X_2)} Y_1 + \frac{(X - X_0)(X - X_1)}{(X_2 - X_0)(X_2 - X_1)} Y_2 \tag{2.51}$$

常被用来求各等压面上的要素值或其他物理量。

由于气压随高度呈对数变化，应用插值公式时常取气压的对数形式 $\ln P$。例如，已知探空资料 500 hPa、700 hPa、850 hPa 的高度值分别为 5500 gpm、3000 gpm、1500 gpm，用拉格朗日二次插值公式求 600 hPa 的高度

$$\begin{aligned} H_{600} &= \frac{(\ln 600 - \ln 700)(\ln 600 - \ln 850)}{(\ln 500 - \ln 700)(\ln 500 - \ln 850)} 5500 + \\ &\quad \frac{(\ln 600 - \ln 500)(\ln 600 - \ln 850)}{(\ln 700 - \ln 500)(\ln 700 - \ln 850)} 3000 + \\ &\quad \frac{(\ln 600 - \ln 500)(\ln 600 - \ln 700)}{(\ln 850 - \ln 500)(\ln 850 - \ln 700)} 1500 \\ &= 4100(\text{gpm}) \end{aligned}$$

2.4　资料同化

随着观测手段的不断改进和现代化，不仅资料精度有了提高，资料量有了扩大，而且还不断出现了新资料，如雷达探测、卫星云图资料等。充分、合理地使用这些新资料，也是提高天气预报准确率的一个重要方面。

我们知道，原来各个气象台站的观测都是在统一规定时间内进行的。所以得

到的都是定时观测资料。其中最重要的是卫星资料。卫星观测资料是从人造地球卫星上发下来的。人造卫星有两种，一种是极地轨道卫星，它通过极地的上空，绕地球旋转一周，约需 90 min，即隔 90 min 就可以获得某地区附近的一次观测资料。另一种是地球同步卫星，它围绕地球旋转的角速度和地球自转的角速度是相等的，它可以观测到的地面的范围是半径为 4000 km 多的圆形区域。如果在地球赤道上空均匀地分布着 4～5 个地球同步卫星，那么 40°N～40°S 这样一个广大的中低纬度地区，都可以被观测到。而且每隔 20 min 或更短的时间，就可以得到一次观测资料。

卫星观测资料主要有两种，一种是云图，另一种是辐射资料，可以推算出各个高度上的气温。根据云图，可以反推风和气压的分布。特别是根据云在很短时间内的变化，可以得出云所在高度上的风，因为在这很短时间内，完全可以认为云的变化是由于风的吹动引起的。此外，还有飞机观测报告，主要是超音速飞机，它的飞行高度一般接近 10 km 或更高，所以飞机报告的资料多是在 250 hPa 等压面上。在进行 250 hPa 等面分析时，除无线电测风资料外，还可以利用大量的飞机报告和卫星资料。根据卫星资料中云的移动可以推算等压面上的风向风速。根据云的温度还可推算气压的大小，而云的温度是由红外辐射测量的。特别在低纬度和海洋地区更需要充分利用卫星资料（多数是处于 250 hPa 附近）和飞机报告，才能得到可靠的分析结果。

最近二三十年来，由于大量的非定时观测资料的出现，客观分析就不只是空间三维的了，还必须把时间这一维也加进去，即把各不同时刻的观测资料纳入统一的分析预报中来，使之自然满足一定的协调条件，此种分析方法称为“四维同化”。

四维同化实际上是一种基于热力一流体力学方程，以数值天气预报（NWP）模式为基础的内插方法。这种方法通常用 NWP 模式预报值逐日对资料进行内插。在模式中，除了无线电探空资料外，还把诸如飞机探测报告，船测报告，卫星资料等非常规资料包括在一个连续的四维资料同化系统中。如果同化正确，这些附加的资料应该明显地改进逐日天气图。通过对基本变量（两个风分量、温度、位势高度和湿度）逐日客观分析进行平均，就可以得到格点上的环流统计特征量。NWP 客观分析的格点资料均匀地覆盖全球，使用起来较方便。

随着观测技术和方法的不断改进，观测资料在大量递增。但这些资料存在空间分布不均匀、时间分布不一致、资料来源的不同性以及各种误差信息的不统一性等问题。因此，如何将这些不同类别的资料合理地融合进入数值模式，从而能有效改进数值预报的结果，是资料同化技术面临的问题。资料同化最初来源于为数值天气预报提供必要的初值，现在已经发展成为能够有效利用大量多源非常规资料的一种新颖技术手段，它不仅可以为数值预报模式提供初始场，还可以构造再分析资料集，为大气观测计划，以及数值预报模式物理量及参数等提供设计依据。近二十几年来，资料同化技术取得了快速的发展，从早期比较简单的客观分析法发展到现在能够同化大量非常规资料的四维变分。

早期的资料同化方法，也称客观分析法，如 1949 年由 Panosky 首先提出的多项式拟合、1954 年 Gilchrist 和 Cressman 发展的函数滤波法等，以及由 Gilchrist 提出原型后由 Bergthorson 对其进行理论论证并由 Cressman 发展成熟的逐步订正法等，这些其实都是经验分析方法，没有充分利用模式和观测资料的误差统计信息，也缺乏理论基础支持。因此，在实际数值预报中并没有得到广泛应用。直到 20 世纪 60 年代初，最优插值法的提出，资料同化方法才有了基于统计估计理论的基础。目前的资料同化方法根据其理论原理可分为两类，一类是基于统计估计理论的，如最优插值、卡尔曼滤波、扩展卡尔曼滤波、集合卡尔曼滤波等；另外一类是基于最优控制的，如三维变分、四维变分等。

2.4.1　基于统计估计的资料同化技术

(1)最优插值法(Optimal Interpolation，OI)

最优插值法(OI)是一种新的基于统计理论基础的均方差最小线性插值法，1963 年首先由 Gandin 提出，该方法考虑了模式和观测数据的误差统计信息，并加入必要的权重，能够比较客观的反映大气的实际状态，在 1980's、1990's 业务化数值预报中广泛采用。OI 的一个基本假定是：分析模式变量的增量时，仅有几个观测值是重要的。基于这一假设，OI 的计算量就大大简化了。但由于所用协方差矩阵不随时间变化，这就使其不能将动力模式和观测信息很好地融合在一起，且一般的 OI 是针对单变量进行分析，使得物理量之间不协调。此外，OI 通常选择分析格点附近的观测资料，这可以减小计算量，但分析结果容易产生空间上的不协调；OI 是针对线性系统发展起来的，难以处理观测非线性算子；当对模式状态的不同部分采取不同的观测值时，分析场会产生虚假噪声。

(2)KF

KF 也是基于统计估计理论发展起来的，KF 算法 1960 年由 Kalman 引进，由 Kalman 和 Bucy 扩展，用于线性系统滤波。在系统线性误差是白噪声和高斯型的条件下，KF 以分析误差方差的最小化为目标，给出最优分析值。不需要伴随算子，是其一大优点；另外，KF 可以直接提供分析误差协方差矩阵，这是 4D-Var 不具备的优势。但由于计算量过大而难以应用于实际中。实际上，数值模式大多数是高维非线性系统，KF 算法对此无能为力。于是，有学者针对提出了“EKF”算法。

(3)EKF

EKF 基于切线性假设(仅保留一阶导数项)，对一般的弱非线性是一种很好的近似，但对于强非线性，这一假设就远偏离了实际。简化后的方程恰恰去掉了原始方程中最重要的部分，而仅保留二、三阶导数项的“闭合”技术，容易导致滤波发散。因而，

EKF 难以应用于强非线性系统，同时与 EK 一样计算量巨大。所以，EKF 在实际应用中也难以发挥作用。为了解决 EKF 的计算代价问题，许多学者做了大量探索性工作，试图寻求一种次优方案来代替 EKF。在所有的改进方案中，以 Envesen 在 1990's 提出的基于集合思想的 EnKF 最引人注目。

(4)EnKF

EnKF 是一种基于蒙特卡罗算法的集合方法，用有限的集合样本来估算误差协方差矩阵的不确定性。其主要优势优点在于：①计算量小，EnKF 利用集合扰动的方法构造初始场，易于实施；②相对 4D-Var 来说，不需要切线性假设和构造伴随算子；③不需要对模式反向积分；④自动提供分析误差协方差矩阵。EnKF 也存在一些缺陷，如①卡尔曼滤波的两个基本假设误差的无偏估计及概论密度的高斯分布，在实际当中不一定是可靠的；②选取有限的样本来构造背景场误差协方差，使得样本集合离散度不够，产生样本误差问题，并且在实际操作中，这种样本误差问题更为明显；③EnKF 的计算量相对 4D-Var 来说，依然很大。尽管如此，集合思想还是为资料同化技术的发展提供了一种新的思路，一些学者已将集合吸收到其他较为简单的同化技术当中，如 Envesen 等最初提到集合最优插值方法，就是 EnKF 的一种简化版。

2.4.2 基于最优控制的资料同化技术

(1)3D-Var

3D-Var 基于最优控制理论发展而来，通过使预报值与观测值之间的距离最小化，从而得到大气状态的最优估计。相对于 OI，3D-Var 可以做多变量的三维空间全局同化分析，使分析解达到全局最优；也可以处理非线性的情况，可以同化不同来源的观测资料，包括常规的和非常规的、非同步资料；另外可以在代价函数上加入额外的平衡约束项，以抑制分析场带来的重力噪音。然而，由于三维变分无时间变量，因此其获得的初值在时间上是不连续的，也难以保障与模式协调；同化时无时间变量，使一定时间内的任何观察数据都被认为是同一时刻的观测值，这无疑会使得同化结果与实际产生一定的偏差。

(2)4D-Var

4D-Var 是将 3D-Var 进一步扩展成为包含时间变量的同化分析。与 3D-Var 相比，其优势是非常显著的。4D-Var 在时间窗口内利用完整的动力模式作为强约束，能自动调整模式误差。在某一时间段上的观测数据均可纳入到同化系统。背景场误差信息随动力模式而向前传播。当然 4D-Var 还存在一些问题需要进一步解决。由于 4D-Var 需要求解伴随模式，并且代价函数求解通常采用最速下降法、共轭梯度法及准一牛顿迭代法等迭代计算，所以计算量特别大。针对 4D-Var 计算量大的缺点，许多学者提出了新的改进方法。另外，4D-Var 在同化时间窗口内隐含了“完美”模式这一假设，当模式误差大的时候，这一假设本身就不成立。

2.4.3 资料同化技术的应用前景

进入21世纪以来，资料同化技术得到了快速的发展，但也还存在一些有待解决的“瓶颈”问题。如今变分同化和集合同化（分别以4D-Var和EnKF为代表）已经发展成为两大主流方向。4D-Var在理论研究上相对较为完善，但其计算量庞大依然是人们重点关注的问题；同样，EnKF的计算量也相当大，并且仍有理论问题尚未完全解决，如集合样本生成和滤波发散等问题。不过，EnKF以其简便易行的算法和易于操作的优点受到越来越多人的关注，有学者通过同化雷达数据来比较两种方法（EnKF和4D-Var）的优劣。初步的结果表明，随着同化时间的推进EnKF的效果要优于4D-Var，且EnKF对模式误差较4D-Var来说更为敏感。这些研究结果或许揭示了这样一个事实，即EnKF较4D-Var来说，具有更大的发展潜力。

复习题

1. 气象观测资料有哪些分类？
2. 为什么要进行气象资料处理？
3. 如何进行气象资料的质量控制？
4. 什么是客观分析？客观分析的方法有哪些？
5. 实测风如何分解？风场如何订正？
6. 常用平滑算子有哪些？如何平滑？
7. 给出 $m=3$ 时多项式 $Z(x,y)=\sum_{p=0}^{m}\sum_{q=0}^{p}a_k x^{p-q}y^q$ 系数 a_k 的求解过程。
8. 如何进行逐步订正法？
9. 垂直插分的拉格朗日公式有什么特点？
10. 什么叫四维同化？它经历了哪些发展历程？
11. 在标准墨卡托投影图上，选取一矩形网格，矩形的 Y 轴与90°E平行，O 点为(90°E,30°N)，网格距100 km，网格点向北5个，向东6个。网格上30个点的位势高度，风向风速、温度已知。

(1)计算网格点上风场订正 u'、v'。

(2)对网格点上 z、u'、v'、温度做九点平滑。

12. 57区、58区、59区内29个测站的测站经、纬度，500 hPa位势高度、温度、风向风速、及相对坐标原点（115°E、25°N）已知。用多项式 $Z(x,y)=\sum_{p=0}^{2}\sum_{q=0}^{p}a_k x^{p-q}y^q$ 去逼近区域内位势高度场，求解系数 a_1-a_6。

参考文献

陈东升，沈桐立，马革兰，等. 2004. 气象资料同化的研究进展. 南京气象学院学报，**27**(4)：550-564.

陈敏，陈明轩，范水勇. 2014. 雷达径向风观测在华北区域数值预报系统中的实时三维变分同化应用试验. 气象学报，**72**(4)：658-677.

程磊，沈桐立，徐海明，等. 2011. 地面加密自动站资料同化和数值模拟. 气象科学，**31**(1)：24-32.

丁伟钰，万齐林，闫敬华. 2006. 对流天气系统自动站雨量资料同化对降雨预报的影响. 大气科学，**30**(2)：317-326.

冯旭明. 2001. 气象探空资料的客观分析. 四川气象，**21**(3)：36-36.

高阳，王梅娜，张恺. 2013. 地面气象自动站资料质量控制方法设计. 农业与技术，**33**(3)：156.

高郁东，万齐林，薛纪善，等. 2015. 同化雷达估算降水率对暴雨预报的影响. 应用气象学报，**26**(1)：45-56.

何斌，黄渊，陈亮. 2014. Multiquadric 方法在中尺度气象资料客观分析中的应用. 高原气象，**33**(1)：171-178.

阂锦忠，彭霞云，赖安伟，等. 2007. 反演同化和直接同化多普勒雷达径向风的对比试验. 大气科学学报，**30**(6)：745-754.

李柏，周玉淑，张沛源. 2007. 新一代天气雷达资料在 2003 年江淮流域暴雨模拟中的初步应用：模拟降水和风场的对比. 大气科学，**31**(5)：826-838.

李崇银，黄红艳，陈超辉，等. 2013. 联合资料同化理论及其研究进展. 测绘科学技术学报，**30**(4)：343-348.

李红莉，沈桐立，公颖. 2006. 云导风资料同化在伴随模式同化系统中的应用. 气象科技，**34**(4)：358-363.

李华宏，薛纪善，王曼，等. 2007. 多普勒雷达风廓线的反演及变分同化试验. 应用气象学报，**18**(1)：50-57.

李晓兰，曹晓钟. 2014. 地面气象要素质量控制方法研究发展现状. 成都信息工程学院学报，**29**(增刊)：86-88.

廖捷，熊安元. 2010. 我国飞机观测气象资料概况及质量分析. 应用气象学报，**21**(2)：206-213.

刘红亚，薛纪善，顾建峰，等. 2010. 三维变分同化雷达资料暴雨个例试验. 气象学报，**68**(6)：779-789.

马清云，李泽椿，陶士伟. 2001. 单部多普勒天气雷达风场反演及其在数值预报中的应用试验. 应用气象学报，**12**(4)：488-493.

钱永甫. 1987. 温压场垂直插值若干方法的检验及静力学关系的新形式. 高原气象，**6**(1)：21-30.

任芝花，刘小宁，杨文霞. 2005. 极端异常气象资料的综合性质量控制与分析. 气象学报，**63**(4)：526-533.

邵明轩，陈敏. 2005. 用四维变分法同化自动站降水资料. 北京大学学报(自然科学版)，**41**(5)：

701-709.

盛春岩,浦一芬,高守亭. 2006. 多普勒天气雷达资料对中尺度模式短时预报的影响. 大气科学,**30**(1):93-107.

苏志侠,程麟生. 1994. 两种客观分析方法的比较—逐步订正和最优内插. 高原气象,**13**(2):194-204.

土静波,熊盛青,郭志宏,等. 2013. 航空重力数据样条平滑滤波试验研究. 地球物理学进展,**28**(2):585-589.

万齐林,薛纪善,庄世宇. 2005. 多普勒雷达风场信息变分同化的试验研究. 气象学报,**63**(2):129-145.

王倩君. 2014. 地面气象观测数据文件质量控制研究. 北京农业,**24**:153-155.

王强. 2012. 综合气象观测. 北京:气象出版社,14-22.

吴祝慧,韩月琪,钟中,等. 2014. 基于区域逐步分析的集合变分资料同化方法. 物理学报,**63**(7):79201-79208.

谢伟松,孟高峰. 2005. 基于滤波与平滑的曲线重构. 天津大学学报,**38**(7):654-658.

熊安元. 2003. 北欧气象观测资料的质量控制. 气象科技,**31**(5):314-320.

徐广阔,孙建华,雷霆,等. 2009. 多普勒天气雷达资料同化对暴雨模拟的影响. 应用气象学报,**20**(1):36-46.

徐枝芳,陈小菊,王轶. 2013. 新建地面气象自动站资料质量控制方法设计. 气象科学,**33**(1):26-36.

杨毅,邱崇践,龚建东,等. 2008. 三维变分和物理初始化方法相结合同化多普勒雷达资料的试验研究. 气象学报,**66**(4):479-488.

杨毅,邱崇践,龚建东,等. 2007. 同化多普勒雷达风资料的两种方法比较. 高原气象,**26**(3):547-555.

张林,倪允琪. 2006. 雷达径向风资料的四维变分同化试验. 大气科学,**30**(3):433-440.

张新忠,陈军明,赵平. 2015. 多普勒天气雷达资料同化对江淮暴雨模拟的影响. 应用气象学报,**26**(5):555-566.

张旭斌,万齐林,薛纪善,等. 2015. 风廓线雷达资料质量控制及其同化应用. 气象学报,**73**(1):159-176.

朱国富. 2015. 理解大气资料同化的根本概念. 气象,**41**(4):456-463.

朱国富. 2015. 理解大气资料同化的内在逻辑和若干共性特征. 气象,**41**(8):997-1006.

朱国富. 2015. 数值天气预报中分析同化基本方法的历史发展脉络和评述. 气象,**41**(4):456-463.

Hu M,Xue M, Brewster K. 2006. 3DVAR and cloud analysis with WSR-88D level-II data for the prediction of the Fort Worth, Texas, tornadic thunderstorms. Part II: Impact of radial velocity analysis via 3DVAR. *Mon. Wea. Rev.*, **134**(2):699-721.

Lindskog M, Salonen K, Jarvinen H, et al. 2004. Doppler radar wind data assimilation with HIRLAM 3DVAR. *Mon. Wea. Rev.*, **132**(5):1081-1092.

Xiao Q,Kuo Y H, Sun J, et al. 2005. Assimilation of Doppler radar observations with a regional 3DVAR system: Impact of Doppler velocities on forecasts of a heavy rainfall case. *J Appl. Meteor.*, **44**:768-788.

第3章　基本物理量的计算

3.1　表示空气湿度的物理量

表示空气中水汽变量的形式比较多，最常用的有温度露点差($t-t_d$)、水汽压(e_s)、比湿(q)、相对湿度(RH)和假相当位温等，它们之间有一定的联系，可以由一个量求取另一个量。

3.1.1　整层温度露点差

温度露点差($t-t_d$)是日常天气分析预报业务中经常用以表示空气干湿程度的物理量。该量虽然简单，但很有用，且在日常业务中很容易获取。

当 $t=t_d$时，空气达到饱和，所以$(t-t_d)=0$ 代表空气达到饱和；$(t-t_d)$的数值越大，代表空气距离饱和程度越远。

SUM$(t-t_d)$是整层水汽饱和程度的度量，是一个标量。通常 400 hPa 以下的层次便可。根据这样定义，有

$$\mathrm{SUM}(t-t_d)=\sum_{k=1}^{7}(t-t_d)_k \tag{3.1}$$

式中下标 $k=1,2,\cdots,7$，分别是 1000 hPa，900 hPa，…，400 hPa 等压面的标号。SUM$(t-t_d)$的单位取℃。

3.1.2　水汽压和饱和水汽压

(1)水汽压的定义

大气中由水汽所产生的分压强称为水汽压。它的大小视大气中水汽含量的多少而定，单位 hPa。

在温度一定的条件下，一定体积的空气内能容纳的水汽分子数量是有一定限度的。如果空气中的水汽含量正好达到某一温度下空气所能容纳水汽的限度，则水汽达到饱和，这时的空气称为饱和空气。饱和空气中的水汽压，称为饱和水汽压。对于纯净的平水面而言，其上面空气的饱和水汽压称为水面上的饱和水汽压；对于平冰面而言，其上面空气的饱和水汽压称为冰面上的饱和水汽压。

假定有一封闭的绝热容器内装有一部分水。水体表面层内的分子处于动乱状态：其中有的离开水面成为水汽分子，有的水汽分子撞击水面，并被水面吸附。这样，凝结和蒸发便同时发生。在给定的某一温度条件下，当凝结和蒸发达到同一速率时，将处于动态平衡状态。此时空气和水汽的温度等于液水的温度，而且没有水分子从一个相态转移到另一相态去的净变化。这时液面上方就称为处于水汽饱和状态，这种情况下的水汽分压强就是上面说的饱和水汽压。

(2)克劳修斯—克拉珀龙方程

根据热力学理论，当水汽和液态水两相达到平衡状态时，必须满足热平衡条件、力学平衡条件和相变平衡条件。即

$$\begin{cases} \boldsymbol{T}_1 = \boldsymbol{T}_2 = \boldsymbol{T} \\ p_1 = p_2 = p \\ \mu_1(T,p) = \mu_2(T,p) \end{cases} \tag{3.2}$$

上式不但给出了水汽和液态水两相平衡共存时压强和温度的关系，而且也给出了描述相团中相平衡曲线的方程式。其中 μ 表示 1 *mol* 物质的吉布斯函数(通常称为化学势)。

利用相平衡曲线上两相化学势相等的性质可推导出

$$\frac{\mathrm{d}e_s}{\mathrm{d}T} = \frac{L_v e_s}{R_v T^2} \tag{3.3}$$

式中 L_v 是水的汽化热，e_s 为饱和水汽压，R_v 是水汽的比气体常数，其余为惯用符号。上式是由克拉珀龙(Clapeyron)首先得到，并由克劳修斯(Clausius)用热力学理论导出，所以称为克劳修斯—克拉珀龙方程。但此方程仅仅适用于平液面，在讨论云、雨滴等的相变过程时必须考虑曲液面的影响。

考虑到 $\mathrm{d}\left(\frac{1}{T}\right) = -\frac{\mathrm{d}T}{T^2}$，则(3.3)式可改写为

$$\frac{\mathrm{d}e_s}{e_s} = -\frac{L_v}{R_v}\mathrm{d}\left(\frac{1}{T}\right) \tag{3.4}$$

上式表明：如果把 R_v 看成是常数，取 $L_v = L_0 - \sigma(T - T_0)$，则 e_s 仅是温度 T 的函数，式(3.4)化为

$$\begin{aligned} \frac{\mathrm{d}e_s}{e_s} &= -\frac{L_0 - \sigma(T - T_0)}{R_v}\mathrm{d}\left(\frac{1}{T}\right) \\ &= -\frac{L_0 + \sigma T_0}{R_v}\mathrm{d}\left(\frac{1}{T}\right) - \frac{\sigma}{R_v}\frac{\mathrm{d}T}{T} \end{aligned} \tag{3.5}$$

从(e_0, T_0)积分到(e_s, T)，得到

$$\ln\frac{e_s}{e_{s0}} = \frac{L_0 + \sigma T_0}{R_v}\left(\frac{1}{T_0} - \frac{1}{T}\right) - \frac{\sigma}{R_v}\ln\frac{T}{T_0}$$

在式中代入 $T_0 = 273$ K，$L_0 = 2.5\times10^6$ J/kg，$R_v = 461.5$ J/(kg·K)，$e_{s0} = 6.11$ hPa，$\sigma = 2.4\times10^3$ J/(kg·K)，化简得

$$\ln e_s = 56.02 - 6837.62/T - 5.20\ln T \tag{3.6}$$

若用 T_d 取代 T，则可用实际水汽压 e 取代饱和水汽压 e_s，从而得到实际水汽压 e 的表达式。

(3) 饱和水汽压 e_s(水汽压 e)的计算

(3.6)式是通过理论推导得出的饱和水汽压计算式，与实验结果还有一些差距。因此，关于饱和水汽压 e_s(水汽压 e)的实际计算，多采用经验公式。Emanuel 1994 年在《Atmospheric Convection》一书中推荐了如下经验公式

$$\ln e_s = 53.67957 - 6743.769/T - 4.851\ln T \tag{3.7}$$

其中 e_s 的单位是 hPa，T 的单位是绝对温度 K，与摄氏温度 t(℃)的关系是：$T = 273.15 + t$。(3.7)式与史密松(Smithsonian)气象表(List，1951)给出的值是匹配的：在0℃ $< t <$ +40℃范围内，它们之间的误差小于 0.006%。尽管 t 低于℃时过冷却水和水汽平衡的观测值不十分精确，但当温度低至 −30℃时，与史密松(Smithsonian)表中值的误差仍小于 0.3%。温度低至 −40℃时，误差也不超过 0.7%。(3.7)式将气象中可能遇到的情况统一到了一个公式中，而不再分水面和冰面，其精度也符合气象业务的需要。

(4)饱和水汽压的其他经验计算公式

①Tetens 公式(Tetens，1930)对于水面

$$e_{水} = 6.11 \times 10^{7.5t/(237.3+t)} \tag{3.8}$$

冰面与水面相比，水分不易于脱离冰面，故冰面饱和水汽压比水面低些

$$e_{冰} = 6.11 \times 10^{9.5t/(265.5+t)} \tag{3.9}$$

上述公式也被称为马格努斯(Magnus)公式。饱和水汽压与温度的关系如图 3.1 所示。

e 和 e_s 也可以变换成如下公式计算

$$\begin{cases} e = e_0 \exp\left(\dfrac{at_d}{273.16 + t_d - b}\right) \\ e_s = e_0 \exp\left(\dfrac{at}{273.16 + t - b}\right) \end{cases} \tag{3.10}$$

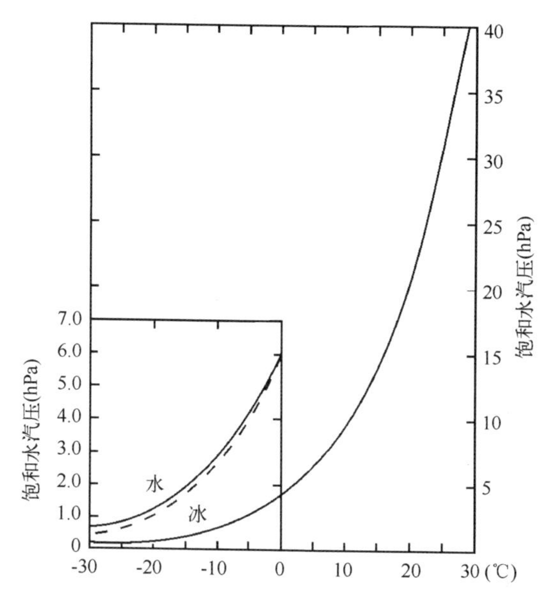

图 3.1 纯水(平水面)饱和水汽压 e_s 与温度的关系曲线图

式中 a、b、e_0 均是常系数。$e_0=6.11$ hPa 是 $t=0$℃时的饱和水汽压。由于水面和冰面的饱和水汽压不同,因此系数 a 和 b 取值也不相同。对于水面,取 $a=17.27$,$b=35.86$;对于冰面,取 $a=21.87$,$b=7.66$。

当 $t(t_d)>-15$℃时,按水面处理,当 $t(t_d)<-40$℃时,按冰面处理,当 $-15℃>t(t_d)>-40$℃时,按冰水混合处理

$$\begin{cases} e = 0.022[(80+2t_d)e_{水} - (30+2t_d)e_{冰}] \\ e_s = 0.022[(80+2t)e_{s水} - (30+2t)e_{s冰}] \end{cases} \tag{3.11}$$

以上各式中 T 或 T_d 的单位均取℃,e 和 e_s 的量纲为 hPa。

② 修正的 Tetens 公式

如果将式(3.7)精确度稍微降低,则 Bolton(1980)给出了对 Tetens 公式的修正

$$e = 6.112\exp\left(\frac{17.67t_d}{243.5+t_d}\right) \tag{3.12}$$

这里 t_d 是摄氏度,在 $-35℃<t_d<30$℃范围内,该公式与 Tetens 公式的误差小于 0.3%。上述饱和水汽压经验公式的结果差异对气象预报影响不大。因此,实际应用时可视情选用。

3.1.3 比湿和混合比

(1)水汽状态方程与水汽密度

与其他大气成分不一样，水在大气中可以出现三种状态，即固态、液态和气态。水汽在大气中所表现的特征可以非常近似地看作是一理想气体，它的状态方程是

$$e = \rho_v R_v T \tag{3.13}$$

式中 e 是水汽压，ρ_v 是水汽密度，R_v 是水汽的比气体常数，一般取 461.5 J/(kg・K)。式(3.13)有时写成

$$e = \rho_v \frac{R_d}{\varepsilon} T \tag{3.14}$$

式中 R_d 是干空气的比气体常数，一般取 287.05 J/(kg・K)，ε 是一个常用到的常数，其表达式为

$$\varepsilon = R_d / R_v = 0.622 \tag{3.15}$$

定义单位容积空气中所含的水汽质量就是空气中水汽的密度 ρ_v，单位为 kg。虽然 ρ_v 能够直接表示空气中水汽的绝对含量，但却不能被直接测量得到，可通过计算得到。考虑到空气中水汽密度的定义，根据水汽的状态方程(3.13)可得

$$\rho_v = \frac{e}{R_v T} \tag{3.16}$$

(2)比湿 q 和饱和比湿 q_s

比湿 q 定义为一定体积内水汽质量与空气总质量之比。设某体积内空气的质量为 M_d，水汽质量为 M_v，则有

$$q = \frac{M_v}{M_v + M_d} = \frac{\rho_v}{\rho_v + \rho_d} \tag{3.17}$$

将状态方程 $e = \rho_v R_v T$ 与 $p_d = p - e = \rho_d R_d T$ 代入(3.17)式得

$$q = \frac{e/(R_v T)}{(p-e)/(R_d T) + e/(R_v T)} \tag{3.18}$$

取干空气和水汽的比气体常数分别为 $R_d = 287.05$ J/(kg・K)，$R_v = 461.5$ J/(kg・K)，可得 $R_d = 0.622 R_v$，代入(3.18)式得

$$q = \frac{e/(R_v T)}{(p-e)/(0.622 R_v T) + e/(R_v T)} \tag{3.19}$$

将分母中第一项展开，并消去分子、分母中的 R_vT 得

$$q = 0.622e/(p - e + 0.622e) = 0.622e/(p - 0.378e) \tag{3.20}$$

由于 $p \gg e$，因此有

$$q \cong 0.622e/p \tag{3.21}$$

$$q_s \cong 0.622e_s/p \tag{3.22}$$

以上各式中 p、e、e_s的单位取 hPa，q 和 q_s 为无量纲。

(3)比湿的垂直分布

比湿垂直分布受到温度垂直分布、对流运动、湍流交换、云层的凝结和蒸发以及降水等多种因素的影响。比湿随高度几乎是按指数规律快速地减小。约 90%的水汽在 500 hPa(中纬度地区约 5 km)以下，其中 50%的水汽集中在850 hPa(约1.5 km)以下，赤道附近地面的比湿最大。

对流层内的水汽含量一般随高度的增加而减小，但有时也可观测到湿度逆增现象。湿度逆增层往往和逆温层同时存在，因为逆温层的稳定层结阻止了水汽继续向上输送。据地处江南南岭北的湖南省气象工作者统计 1965—1982 年 3 月份的 36 次低温连阴雨过程，得出结果如表 3.1 所示，在连阴雨期间，1000～850 hPa 为比湿等值分布层，850～700 hPa 为比湿逆增层，700～600 hPa 比湿明显减小。

表 3.1 湖南省 1965—1982 年 3 月连阴雨低温过程中平均比湿分布

层次(hPa)	1000	850	700	600
比湿(g/kg)	5.9	5.9	6.4	3.6

对于一空气团来说，在发生膨胀或压缩时，若无水分的凝结或蒸发，则其中的水汽质量和空气总质量并不会发生变化，就是说空气团的体积变化时，它的比湿保持不变，即比湿具有保守性。因此，在讨论湿空气的上升或下降过程时，通常用比湿来表示空气的湿度。

3.1.4 相对湿度

相对湿度(RH)是空气中实际水汽压与当时气温下的饱和水汽压的比值，即

$$RH = e/e_s \times 100\% \tag{3.23}$$

相对湿度的大小可以直接表示空气距离饱和的程度：当空气饱和时，$RH=100\%$；当空气末饱和时，$RH<100\%$。由于饱和水汽压随温度而改变，所以相对湿度的大小决定于水汽压和温度的增减，通常气温的改变比水汽压的改变要快，故温度往往起着

主导作用。当水汽压一定时,温度降低则相对湿度增大,温度升高则相对湿度减小。雾、霜和露多在夜间与清晨产生,就是由于相对湿度增大的结果。

根据 e 与 q 的关系,相对湿度与比湿的关系可表示为

$$RH = q/q_s \tag{3.24}$$

在天气分析预报业务和研究中,虽然相对湿度 $RH=100\%$ 与 $(t-t_d)=0$ 少见,但相对湿度 RH 接近 100% 与 $(t-t_d)$"接近"0 的情况较为常见。为了描述接近全饱和的情况,将符合下列条件称为准饱和

$$RH > RH_c \qquad (t-t_d < (t-t_d)_c) \tag{3.25}$$

式中 c 表示空气湿度非常接近饱和的一个临界状态。虽然干冷空气与强对流(包括暴雨)天气的发生发展的关系越来越受到人们的重视,但是干空气的标准至今没有达成共识。

3.1.5 虚温

(1)湿空气状态方程

已知干空气和水汽的状态方程为

$$\begin{aligned} p_d &= \rho_d R_d T \\ e &= \rho_v R_v T \end{aligned} \tag{3.26}$$

二式相加得

$$p = p_d + e = (\rho_d R_d + \rho_v R_v) T \tag{3.27}$$

令

$$\rho R = (\rho_d R_d + \rho_v R_v)$$

则湿空气状态方程(3.27)将成为

$$p = \rho R T \tag{3.28}$$

式中 ρ 是湿空气的密度,R 是湿空气的比气体常数。这样湿空气就与干空气状态方程具有同样的形式。

(2)R 的表达式

由 $\rho R=\rho_d R_d+\rho_v R_v$ 并考虑到 $\rho/\rho_v=q$,$\rho_d=\rho-\rho_v$,以及 $R_d=0.622R_v$ 得

$$R = R_d\rho_d/\rho + R_v\rho_v/\rho = R_d\left(\frac{\rho-\rho_v}{\rho} + \frac{\rho_v}{\rho}\frac{R_v}{R_d}\right)$$

$$= R_d\left(1 - \frac{\rho_v}{\rho} + \frac{1}{0.622}\frac{\rho_v}{\rho}\right)$$

$$= R_d\left(1 - q + \frac{1}{0.622}q\right) \tag{3.29}$$

整理得

$$R = R_d(1 + 0.6r) \approx R_d(1 + 0.6q) \tag{3.30}$$

(3)虚温表达式

在实际应用中,当气体常数为变量时很不方便,为此将式(3.30)代入式(3.28)得

$$\begin{aligned} p &= \rho R_d T(1 + 0.61q) \\ T_v &= (1 + 0.61q)T \end{aligned} \tag{3.31}$$

T_v则称为虚温。

(4)虚温的物理意义

根据虚温定义有

$$\begin{aligned} p &= \rho R_d T_v \\ P\alpha &= R_d T_v \end{aligned} \tag{3.32}$$

由式(3.31)和式(3.32)看出:在湿空气的状态方程中,由于水汽的存在,经过变换后,已将原是对气体常数的修正,转为对绝对温度 T 的修正。因此在湿空气状态方程中,仍利用干空气的气体常数。订正后的温度 T_v称作绝对虚温。

3.1.6 位温和假相当位温

(1)位温

考虑一未饱和湿空气微团,假定在整个状态变化过程中不发生相变态,令其质量为单位质量,则热力学第一定律为

$$\delta Q = c_p \mathrm{d}T - \alpha \mathrm{d}p = c_p \mathrm{d}T - \frac{RT}{p}\mathrm{d}p \tag{3.33}$$

用 T 除上式中各项,得

$$\frac{\delta Q}{T} = c_p \frac{\mathrm{d}T}{T} - R\frac{\mathrm{d}p}{p} \tag{3.34}$$

令$\delta Q=0$,积分上式,得到

$$\frac{T_0}{T} = \left(\frac{p_0}{p}\right)^{\frac{R}{c_p}} \tag{3.35}$$

式中

$$\frac{R}{c_p}=\frac{R_d(1+0.608q)}{c_{pd}(1+0.86q)}=\frac{R_d(1+0.608q)}{c_{pd}(1+0.86q)}\times\frac{(1-0.86q)}{(1-0.86q)}$$

$$=\frac{R_d}{c_{pd}}\frac{(1+0.608q-0.86q-0.608q\times0.86q)}{[1-(0.86q)^2]}$$

q 表示比湿。若略去 q^2 项，即得

$$\frac{R}{c_p}\approx(1-0.252q)\frac{R_d}{c_{pd}} \tag{3.36}$$

其中 $R_d/c_{pd}=0.286$，因为在一般情况下，$q<4\times10^{-2}$，故实际上可取 $R/c_p\approx R_d/c_{pd}$。

(2)干绝热过程

$R/c_p\approx R_d/c_{pd}$ 相当于未饱和湿空气的绝热状态变化过程，可按干空气的绝热状态变化过程(即“干绝热过程”)处理。而对于干绝热过程，有

$$\frac{T_0}{T}=\left(\frac{p_0}{p}\right)^{\frac{R_d}{c_{pd}}} \tag{3.37}$$

为了比较不同气压情况下空气的热状态，在气象学中常用到位温概念。位温定义为空气沿干绝热过程变化到气压 $p=1000$ hPa 时的温度。由上式可得到未饱和空气的位温的表达式

$$\theta=T\left(\frac{1000}{P}\right)^{\frac{R_d}{c_{pd}}} \tag{3.38}$$

式中 $T=273.16+t$，单位取 K，θ 的量纲是 K。

(3)位温的守恒性

对(3.38)式取对数，然后微分，有

$$\frac{\mathrm{d}\theta}{\theta}=\frac{\mathrm{d}T}{T}-\frac{R_d}{c_{pd}}\frac{\mathrm{d}p}{p} \tag{3.39}$$

对未饱和湿空气，热力学第一定律可近似表达为

$$\delta Q\approx c_{pd}\mathrm{d}T-\frac{R_dT}{p}\mathrm{d}p \tag{3.40}$$

用 $c_{pd}T$ 除上式各项，得

$$\begin{aligned}\frac{\delta Q}{c_{pd}T}&\approx\frac{\mathrm{d}T}{T}-\frac{R_d}{c_{pd}}\frac{\mathrm{d}p}{p}=\frac{\mathrm{d}\theta}{\theta}\\ \delta Q&\approx c_{pd}\frac{T}{\theta}\mathrm{d}\theta\end{aligned} \tag{3.41}$$

式(3.41)表明,在干绝热过程中,由于$\delta Q=0$,故$d\theta=0$。由此说明,绝热过程中位温是守恒的。

(4)虚位温

如果在(3.38)中,用虚温T_v只代替温度T则所得新物理量称为虚位温

$$\theta_v = T_v\left(\frac{1000}{P}\right)^{\frac{R_d}{c_{pd}}} \tag{3.42}$$

又因为
$$T_v=(1+0.61q)T$$

故
$$\theta_v=(1+0.61q)\theta \tag{3.43}$$

(5)假相当位温与饱和假相当位温

假相当位温θ_{se}是利用下述假绝热过程推导出的,在我国应用甚广。

①可逆饱和绝热过程与假绝热过程

当讨论饱和湿空气上升时,为了便于研究,往往给出以下两种过程:

可逆饱和绝热过程:

假设气块在上升过程中是绝热的,凝结出的液(固)态水全部都一直保留在上升气块内,跟随气块一起运动。当气块下沉时,气块内凝结的水分又再蒸发,仍然沿着绝热过程回到原来的状态。因为这个过程是可逆的,故称为可逆饱和绝热过程或可逆湿绝热过程,简称湿绝热过程。在此过程中只有云的形成和消散,没有降水。

假绝热过程:

与上述情况相反,假设在饱和气块上升过程中,一旦形成液(固)态水,便全部从气块中降落。这样一来,当气块下沉时,由于气块中没有液态水存在,必然会沿着干绝热过程变化,无法再回到原来的状态。这是一个开放系统的不可逆过程,严格来说也不是真正绝热的,所以称为假绝热过程。气块按假绝热过程上升膨胀时,虽然凝结的液态水立即降落,但释放的潜热却仍留在气块中,因此可以认为是近似的绝热过程。

严格地说,以上两种过程都是极端事件。例如,雷雨顺(1986)曾指出,如果实际大气中进行的是可逆的湿绝热过程,则只能形成云而绝无降水可言;如果气块在大气中确实遵守不可逆的假绝热过程,则在空中只有雨而无云。然而真实的大气中降水时既有雨也有云,可见上述两种过程各是一种极端情形,实际的过程介于这两者之间。当然,对于上升过程中气块的温度变化来说,这两种过程所产生的结果在本质上是相同的。

总之,在实际大气中,不可能长时间存在以上两种过程中的任何一种。虽然如此,但它们仍被人们经常用作参照过程。下面主要讨论与假绝热过程有关的假相当位温。

②假相当温度与假相当位温

假相当温度：如图 3.2 所示，初态为 $A(p,T,r)$ 的气块，沿干绝热线上升至抬升凝结高度 C，然后再沿通过 C 点的湿绝热线上升，直至其中的水汽全部凝结并脱离气块后（N 点），再沿干绝热线（NB）返回到原来的气压高度 B 处，B 点所具有的温度称为假相当温度，用 T_{se} 表示。

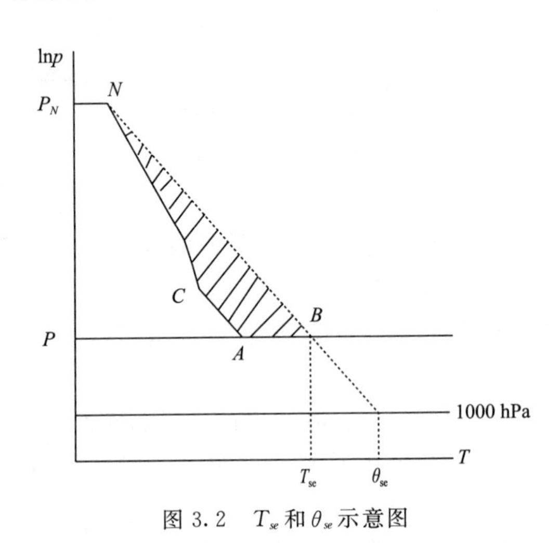

图 3.2　T_{se} 和 θ_{se} 示意图

假相当位温：气块从 B 点继续降落，到达 1000 hPa 时所具有的温度，称为假相当位温，用 θ_{se} 表示。

需要注意的是引入的 θ_{se} 并非气块真正经历了以上热力过程。之所以如上定义，只是为了充分考虑由于膨胀压缩以及蒸发凝结对气块温度的可能影响做出的假想过程而已。

③假相当位温 θ_{se} 表达式

如图 3.2 所示，若以 p_N 和 T_N 分别表示水汽全部凝结并从气块中脱落后（图中点 N）的气压和温度，考虑到位温表达式，按其定义可得

$$\theta_{se} = T_N \left(\frac{1000}{p_N}\right)^{\frac{R_d}{c_{pd}}} \tag{3.44}$$

由于上式右端仍含有 T_N 与 p_N 两个未知量，故无法计算出 θ_{se} 的值，还需进一步求解。

第一步，求抬升凝结高度处温度 T_C

如图 3.2 所示，由 $A \rightarrow C$ 是干绝热过程，根据干绝热过程中位温不变，可得

$$T_A \left(\frac{1000}{p_{dA}}\right)^{\frac{R_d}{c_{pd}}} = T_C \left(\frac{1000}{p_{dC}}\right)^{\frac{R_d}{c_{pd}}} \tag{3.45}$$

进一步得出

$$T_C = T_A \left(\frac{p_{dC}}{p_{dA}}\right)^{\frac{R_d}{c_{pd}}} \tag{3.46}$$

第二步，根据 $C \rightarrow N$ 的假绝热过程求解 T_N

根据假绝热过程定义，气块在假绝热膨胀($C \rightarrow N$)过程中的热量来源只有潜热一项，遵照热力学第一定律，得

$$-L\mathrm{d}r_s = c_{pd}\mathrm{d}T - R_d T \frac{\mathrm{d}p_d}{p_d} + c_s r_s \mathrm{d}T \tag{3.47}$$

其中 r_s 表示混合比，c_s 表示水汽的比热。稍加整理，得

$$c_{pd}\frac{\mathrm{d}T}{T} - R_d \frac{\mathrm{d}p_d}{p_d} + L\frac{\mathrm{d}r_s}{T} + c_s r_s \frac{\mathrm{d}T}{T} = 0 \tag{3.48}$$

在讨论假绝热过程时，常做如下假设(杨大升等，1980)

$$c_s = T\frac{\mathrm{d}}{\mathrm{d}T}\left(\frac{L}{T}\right) \tag{3.49}$$

整理得

$$c_s r_s \frac{\mathrm{d}T}{T} = r_s \mathrm{d}\left(\frac{L}{T}\right) \tag{3.50}$$

将式(3.50)代入式(3.48)，得

$$c_{pd}\frac{\mathrm{d}T}{T} - R_d \frac{\mathrm{d}p_d}{p_d} + L\frac{\mathrm{d}r_s}{T} + r_s \mathrm{d}\left(\frac{L}{T}\right) = 0 \tag{3.51}$$

进一步推导可得

$$\mathrm{dln}T - \mathrm{dln}\left(p_d \frac{R_d}{c_{pd}}\right) + \frac{1}{c_{pd}}\mathrm{d}\left(\frac{Lr_s}{T}\right) = 0 \tag{3.52}$$

将上式从初态(点 C)到终态(点 N)积分得

$$\ln\frac{T_N}{T_C} = \ln\left(\frac{p_{dN}}{p_{dC}}\right)^{\frac{R_d}{c_{pd}}} - \frac{1}{c_{pd}}\left(\frac{Lr_{sN}}{T_N} - \frac{Lr_{sC}}{T_C}\right) \tag{3.53}$$

考虑到 $r_{sN} = 0$ 与 $p_{dN} = p_N$，则有

$$T_N = T_C \left(\frac{p_N}{p_{dC}}\right)^{\frac{R_d}{c_{pd}}} \exp\left(\frac{Lr_{sC}}{c_{pd}T_C}\right) \tag{3.54}$$

第三步，导出假相当位温 θ_{se} 表达式

借助图3.2,依照定义有

$$\theta_{se} = T_N \left(\frac{1000}{p_N}\right)^{\frac{R_d}{c_{pd}}} \tag{3.55}$$

将式(3.54)代入式(3.55),得

$$\theta_{se} = T_C \left(\frac{1000}{p_{dC}}\right)^{\frac{R_d}{c_{pd}}} \exp\left(\frac{Lr_{sC}}{c_{pd}T_C}\right) \tag{3.56}$$

将式(3.46)代入式(3.56),得

$$\theta_{se} = T_A \left(\frac{p_{dC}}{p_{dA}}\right)^{\frac{R_d}{c_{pd}}} \left(\frac{1000}{p_{dC}}\right)^{\frac{R_d}{c_{pd}}} \exp\left(\frac{Lr_{sC}}{c_{pd}T_C}\right) \tag{3.57}$$

考虑到点 A 处有 $T_A=T$,$p_{dA}=(p-e)$以及 $r_{sC}=r$,则有

$$\theta_{se} = T \left(\frac{1000}{p-e}\right)^{\frac{R_d}{c_{pd}}} \exp\left(\frac{Lr}{c_{pd}T_C}\right) \tag{3.58}$$

引入新物理量 θ_d,代表湿空气中所包含干空气的位温。其表达式为

$$\theta_d = T \left(\frac{1000}{p_d}\right)^{\frac{R_d}{c_{pd}}} \tag{3.59}$$

将其代入式(3.58),得

$$\theta_{se} = T \left(\frac{1000}{p_d}\right)^{\frac{R_d}{c_{pd}}} \exp\left(\frac{Lr}{c_{pd}T_C}\right) = \theta_d \exp\left(\frac{Lr}{c_{pd}T_C}\right) \tag{3.60}$$

部分欧美国家习惯使用相当位温 θ_e,其定义式为

$$\theta_e = \theta \exp\left(\frac{Lq}{c_{pd}T_C}\right) \tag{3.61}$$

在式(3.60)与式(3.61)的右端,除相同的量 L、c_{pd}、T_C 相同位置外,θ 与 θ_d,r 与 q 也在相同的位置,因此,一般认为

$$\theta_{se} = \theta_e \tag{3.62}$$

饱和假相当位温是指在气压、温度全都不变的情况下,假定空气饱和的假相当位温。

在很多文献中,常将假相当位温称作相当位温,并记作 θ_{se}。类似地将饱和假相当位温称作饱和相当位温,并记作 θ_{se}^*。至此,我们推导出了假相当位温的计算公式

$$\theta_{se} = \theta \exp\left(\frac{Lq}{c_p T_c}\right) \tag{3.63}$$

此处 q 的单位为千克/千克。若取 q 的单位为克/千克，则有

$$\theta_{se} = \theta \exp\left(\frac{Lq}{10^3 c_p T_c}\right) \tag{3.64}$$

式中 T_c 为凝结高度上的温度，若令 $T=273.16+t$，$T_d=273.16+t_d$，$B=\frac{0.622L}{c_p T_d}-1$，则 T_c 的计算公式为

$$T_c = \frac{T_d B}{B + \ln(T/T_d)} \tag{3.65}$$

式中 t 和 t_d 的单位取℃，T、T_d、T_c 的量纲是 K，θ 和 θ_{se} 的量纲均是 K。θ_{se} 不仅包含了气压对温度的影响，而且也考虑了水汽对温度的影响，它在干绝热过程、假绝热过程和湿绝热过程中都具有保守性。很多教科书都指出，假相当位温在干、湿绝热过程中都是保守的。因此，在天气分析预报业务及研究中，假相当位温有着广泛的应用。

3.1.7 湿球温度与湿球位温

下面讨论由湿空气和液态水所组成的封闭系统在绝热等压过程即等焓过程中的状态变化。只要将液态水的比热和汽化热改为冰的比热和升华热，其结果也同样适用于由湿空气和冰组成的封闭系统。

在热力学上，比焓(单位质量空气的焓)是一个状态函数，比焓的增加量 d_h 等于在等压过程中吸取的热量 $c_p \mathrm{d}T$，其数学表达式为

$$d_h = c_p \mathrm{d}T \tag{3.66}$$

干空气的比焓 h_d、液态水的比焓 h_w 和水汽的比焓 h_v 分别为

$$\begin{aligned} h_d &= c_{pd} T + \text{常数} \\ h_w &= c_w T + \text{常数} \\ h_v &= c_w T + L + \text{常数} \end{aligned} \tag{3.67}$$

(1)特定系统总焓 h_T 的表达式

特定系统是指由1克的干空气、r 克未饱和的水汽及(r_0-r)克液态水组成的系统。其中 r_0 是液态水和水汽的质量总和。

因此，在待定系统中，干空气的焓为

$$h_{T1} = c_{pd} T + \text{常数} \tag{3.68}$$

水汽的焓为

$$h_{T2} = rc_w T + rL + \text{常数} \tag{3.69}$$

液态水的焓为

$$h_{T3} = (r_0 - r)c_w T + \text{常数} \tag{3.70}$$

(3.68)、(3.69)、(3.70)三式相加，可得特定系统总焓 h_T 的表达式

$$\begin{aligned} h_T &= c_{pd} T + (r_0 - r)c_w T + rc_w T + rL + \text{常数} \\ h_T &= (c_{pd} + r_0 c_w)T + rL + \text{常数} \end{aligned} \tag{3.71}$$

(2)特定系统在等焓过程中的状态变化方程

在等焓过程中 h_T 是常数，$(c_{pd}+r_0c_w)$ 亦是常数，由(3.71)式得

$$T + \frac{rL}{c_{pd} + r_o c_w} = \text{常数} \tag{3.72}$$

上式即是特定系统在等焓过程内的状态变化方程。

(3)湿球温度

由于 $c_{pd}=1004.675\ \text{J/(kg·K)}$，$c_w=4185.7\ \text{J/(kg·K)}$，$r_0=10^{-2}/g$，因此，$c_{pd} \gg r_0 c_w$，略去小项，由式(3.72)可得以下近似关系

$$T + \frac{rL}{c_{pd}} = \text{常数} \tag{3.73}$$

如果过程是等焓蒸发过程，则系统内 r 逐渐增大，温度降低到空气达到饱和为止，这时 r 成为 r_s。令相应的气温为 T_w，由式(3.73)得

$$T + \frac{rL}{c_{pd}} = T_w + \frac{r_s(T_w)L}{c_{pd}} \tag{3.74}$$

对上式继续做简单变换得

$$T_w = T + \frac{rL}{c_{pd}} - \frac{r_s(T_w)L}{c_{pd}} = T - \frac{[r_s(T_w) - r]L}{c_{pd}} \tag{3.75}$$

T_w 称为湿球温度，由上式可知，T_w 的物理意义为：等压绝热过程中，液态水蒸发使空气冷却，冷却到空气达到饱和时的温度。

因为 r_s 本身也是 T_w 的函数，故由式(3.75)并不能直接计算出湿球温度 T_w。要计算出 T_w，必须使用非直接求解的方法。

仿照位温的定义，可得湿球位温的表达式

$$\theta_w = T_w \left(\frac{1000}{p}\right)^{\frac{R_d}{c_{pd}}} \tag{3.76}$$

3.2　运动学量的计算

3.2.1　散度的计算

在日常的天气图上看到的只是大气的水平运动，而看不到垂直运动。然而，大气的运动是三维空间的，水平运动和垂直运动是相互联系的，例如，在地面图上的高压区，风向四周散开，天气晴朗，有下沉运动；在低压区，风向中心汇合，天气多阴雨，有上升运动。高压区风向四周散开，表明气流“辐散”，低压区风向中心汇合，表明气流“辐合”。辐散、辐合如果用一种理想化的流场表示，如图 3.3 所示。

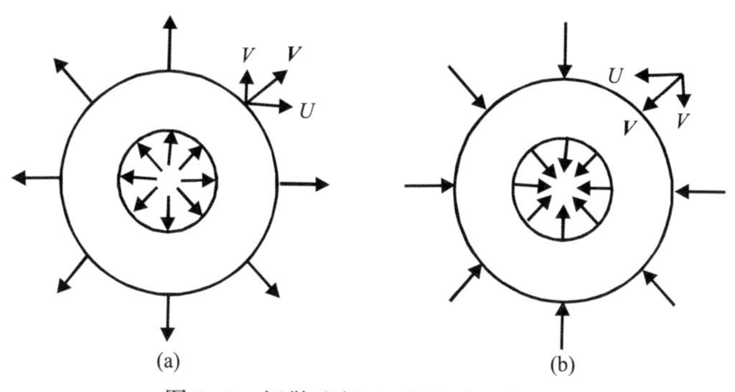

图 3.3　辐散流场(a)和辐合流场(b)

矢线长短代表风速大小

可以看出，辐散时风速沿气流方向增大，辐合时风速沿气流方向减小，速度沿一定方向增大或减小的程度决定着辐散辐合的大小。在直角坐标系 XY 中，水平分量 u 沿 X 方向变化的程度以$\frac{\partial u}{\partial x}$表示，$v$ 沿 Y 方向变化的程度以$\frac{\partial v}{\partial y}$表示。这二者之和表明水平辐散辐合的程度，通常用散度 D 来表示，即

$$D = \nabla \cdot \mathbf{V} = \lim_{\sigma \to 0} \frac{1}{\sigma} \frac{\mathrm{d}\sigma}{\mathrm{d}t} = \frac{\partial u}{\partial x} + \frac{\partial v}{\partial y} \tag{3.77}$$

$D>0$ 时为辐散，空气质量散逸；$D<0$ 时为辐合，空气质量聚积。D 的量纲为 s^{-1}。将上式写成差分形式

$$D = \frac{\Delta u}{\Delta x} + \frac{\Delta v}{\Delta y}$$

若用天气图上各网格上的 u,v 分量进行计算，上式可改写为

$$D_{i,j}=\frac{m_{i,j}}{2d}(u_{i,j+1}-u_{i,j-1}+v_{i-1,j}-v_{i+1,j})\tag{3.78}$$

其中 m 为地图投影放大因子，d 为网格距，即 $\Delta x=\Delta y=d$，i 为行，j 为列，如图 3.4 所示。

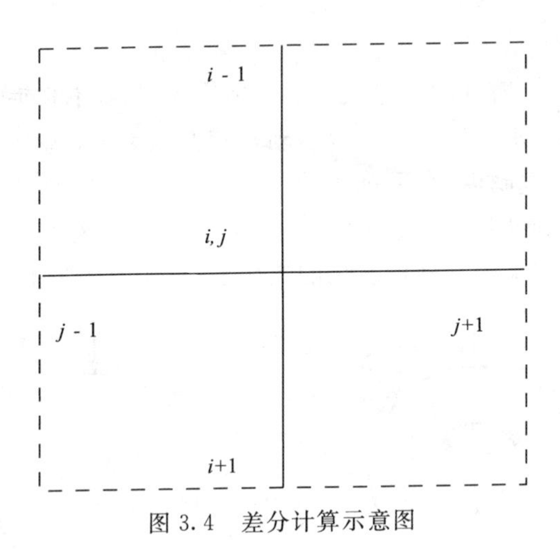

图 3.4　差分计算示意图

3.2.2　涡度的计算

涡度是衡量空气块旋转运动强度的一个物理量，单位为 s^{-1}。根据右手定则，逆时针旋转时为正，顺时针旋转时为负（北半球）。从动力学角度分析，根据涡度的变化，就可了解气压系统的发生和发展。

单位面积上的环流量称为涡度 ξ，相对涡度通常就简称为涡度。环流 Γ 是风速沿着环流闭合线的积分

$$\Gamma=\oint_L V\cdot \mathrm{d}r=\oint_L(u\mathrm{d}x+v\mathrm{d}y)$$

在最简单的情况下，考虑如图 3.5 所示的面积 $\Delta x\cdot\Delta y$，有

$$\begin{aligned}\Gamma&=u\cdot\Delta x+\left(v+\frac{\partial v}{\partial x}\Delta x\right)\Delta y-\left(u+\frac{\partial u}{\partial y}\Delta y\right)\Delta x-v\cdot\Delta y\\&=\left(\frac{\partial v}{\partial x}-\frac{\partial u}{\partial y}\right)\Delta x\cdot\Delta y\end{aligned}$$

根据涡度的定义有

$$\xi_z = \frac{1}{\Delta x \cdot \Delta y}\left(\frac{\partial v}{\partial x} - \frac{\partial u}{\partial y}\right)\Delta x \cdot \Delta y = \frac{\partial v}{\partial x} - \frac{\partial u}{\partial y} \tag{3.79}$$

ξ_z 是涡度 ξ 在 Z 方向上的分量。对于三维运动有

$$\xi = \nabla \times V = \left(\frac{\partial w}{\partial y} - \frac{\partial v}{\partial z}\right)\boldsymbol{i} + \left(\frac{\partial u}{\partial z} - \frac{\partial w}{\partial x}\right)\boldsymbol{j} + \left(\frac{\partial v}{\partial x} - \frac{\partial u}{\partial y}\right)\boldsymbol{k} \tag{3.80}$$

因为天气尺度的运动是准水平运动，所以表征水平风场的垂直涡度分量最重要，通常人们只讨论涡度在 Z 方向上的分量，并直接以 ξ 记之

$$\xi = \frac{\partial v}{\partial x} - \frac{\partial u}{\partial y} \tag{3.81}$$

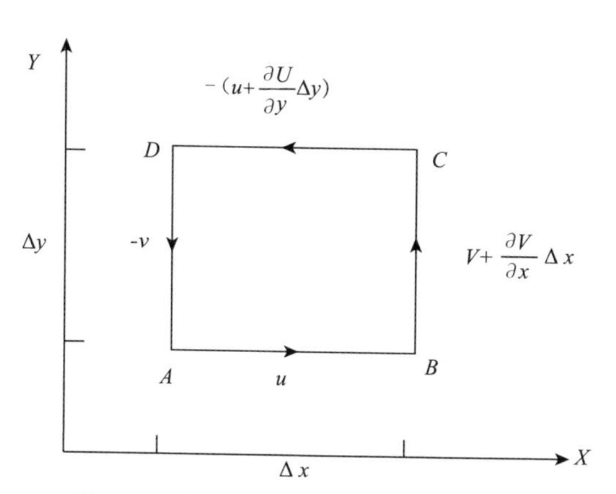

图 3.5　求取相对涡度 ξ 表达式的示意图

如上图，ξ 就是垂直于 $X-Y$ 平面的旋转向量。$\xi>0$，流场反时针旋转，为气旋性涡度；$\xi<0$，流场顺时针旋转，为反气旋性涡度。

计算相对涡度的常用方法有两种。

(1)实测风涡度计算法

用实测风计算相对涡度与计算散度一样，是用网格点上的 u、v 分量进行计算的。即

$$\xi_{i,j} = \frac{m_{i,j}}{2d}\left[(v_{i,j+1} - v_{i,j-1}) - (u_{i-1,j} - u_{i+1,j})\right] \tag{3.82}$$

(2)地转风涡度计算法

在中纬度大尺度系统中，实测风与地转风相差不大。因此，可用地转风代替实测风，并可根据地转风公式直接从高度场(或气压场)求得相对涡度。用地转风计算的涡度称为地转风涡度。

把等压面上的地转风关系式 $u_g=-\frac{g}{f}\frac{\partial z}{\partial y}$、$v_g=\frac{g}{f}\frac{\partial z}{\partial x}$ 代入(3.81)式中，取 g 为常数，略去地转参数 f 的空间变化，得到地转风涡度

$$\xi_g=\frac{\partial v_g}{\partial x}-\frac{\partial u_g}{\partial y}=\frac{g}{f}\nabla^2 Z \tag{3.83}$$

式中 Z 为高度，∇^2 为高度场的拉普拉斯。将(3.82)式应用到天气图网格上，取 $g=9.8\ \mathrm{m/s^2}$，可改写成

$$\xi_{g,i,j}=\frac{g}{f}\frac{m_{i,j}^2}{d^2}(Z_{i+1,j}+Z_{i-1,j}+Z_{i,j+1}+Z_{i,j-1}-4Z_{i,j}) \tag{3.84}$$

3.2.3　散度、涡度计算的三角形法

对大范围的涡度、散度计算，一般采用网格法利用初始化以后的格点风场资料计算。对于小范围的涡度、散度计算，有时仅有几个测站测风资料而没有初始化好的格点风资料，或者刚收到实测天气报需要立刻计算局地小范围的涡度、散度等物理量，这时采用三角形法比较好。当某区域内的测站点有三个以上时，总可以构成一个以上的三角形，我们可以利用构成三角形的三个点的测风记录，计算该三角形的涡度和散度。

对任意三个测点组成的球面三角形，在三个测点相距不太远的情况下，可近似以平面三角形处理。三角形任意两顶点所经过的经线可近似看作平行，并按照习惯定义正东为 X 方向，正北为 Y 方向，$\boldsymbol{i}$、$\boldsymbol{j}$、$\boldsymbol{k}$ 分别代表 x、y 和垂直方向的单位矢量。

如图 3.6 所示，(λ_1,φ_1)、(λ_2,φ_2)、(λ_3,φ_3) 为组成三角形的三个测站的经纬度，三边的方向矢量取逆时针为正，计算如下

$$\begin{cases}\boldsymbol{r}_1=\overline{A_2A_3}=\Delta x_1\boldsymbol{i}+\Delta y_1\boldsymbol{j}\\ \boldsymbol{r}_2=\overline{A_3A_1}=\Delta x_2\boldsymbol{i}+\Delta y_2\boldsymbol{j}\\ \boldsymbol{r}_3=\overline{A_1A_2}=\Delta x_3\boldsymbol{i}+\Delta y_3\boldsymbol{j}\end{cases} \tag{3.85}$$

对任意一测点，其经纬度都是已知的。由于地球近似为球体，其平均半径 $a=6371.11\ \mathrm{km}$，那么 1°纬度的间距 $\Delta L=2\pi a/360=1.11137\times10^6\ \mathrm{m}$，1°经度的间距为 $\Delta L\times\cos\varphi$，为了表述方便，不妨令 $(\lambda_4,\varphi_4)=(\lambda_1,\varphi_1)$，$(\lambda_5,\varphi_5)=(\lambda_2,\varphi_2)$，则三角形三边的分量计算式为

$$\begin{cases}\Delta x_i=\Delta L\times\cos\left(\frac{\varphi_{i+1}+\varphi_{i+2}}{2}\right)\times(\lambda_{i+2}-\lambda_{i+1})\\ \Delta y_i=\Delta L\times(\varphi_{i+2}-\varphi_{i+1})\end{cases}\quad(i=1,2,3) \tag{3.86}$$

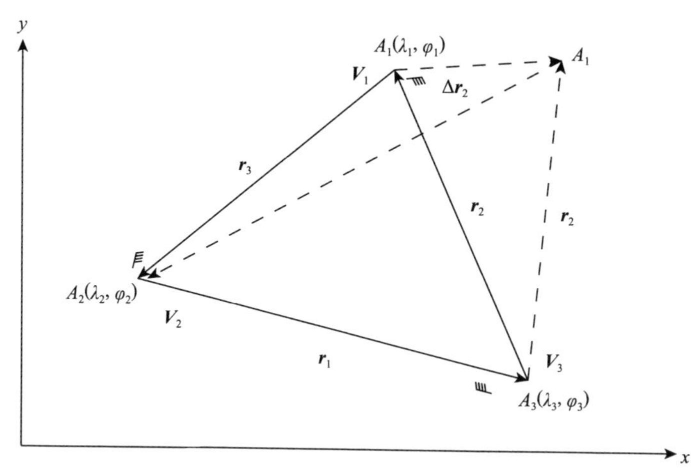

图 3.6　三角形法示意图

三角形的面积为

$$\sigma = \frac{1}{2}(\boldsymbol{r}_i \times \boldsymbol{r}_{i+1}) \cdot \boldsymbol{k} = \frac{1}{2}(\Delta x_i \Delta y_{i+1} - \Delta x_{i+1} \Delta y_i) \quad (i = 1,2) \tag{3.87}$$

若一测点的风速为 V,风向为 α,则东西方向和南北方向的风速分量 u、v 的计算如下

$$\begin{cases} u = V\sin(\pi\alpha/180 - \pi) \\ v = V\cos(\pi\alpha/180 - \pi) \end{cases} \tag{3.88}$$

(1)涡度 ξ 的计算

如图 3.6 所示,涡度 ξ 可表达为

$$\xi = \frac{1}{\sigma}\oint \boldsymbol{V} \cdot \mathrm{d}\boldsymbol{r} \tag{3.89}$$

对于由 A_1、A_2、A_3 三点组成的三角形,三点的测风分别为 $\boldsymbol{V}_1$、$\boldsymbol{V}_2$、$\boldsymbol{V}_3$,则沿三角形三边 $\boldsymbol{r}_1$、$\boldsymbol{r}_2$、$\boldsymbol{r}_3$ 的环流量分别为

$$\begin{cases} \frac{1}{2}(\boldsymbol{V}_2 + \boldsymbol{V}_3) \cdot \boldsymbol{r}_1 \\ \frac{1}{2}(\boldsymbol{V}_3 + \boldsymbol{V}_1) \cdot \boldsymbol{r}_2 \\ \frac{1}{2}(\boldsymbol{V}_1 + \boldsymbol{V}_2) \cdot \boldsymbol{r}_3 \end{cases} \tag{3.90}$$

考虑到 $\boldsymbol{r}_1+\boldsymbol{r}_2+\boldsymbol{r}_3=0$,总的环流量为

$$\begin{aligned}\Gamma &= \frac{1}{2}[(\boldsymbol{V}_2+\boldsymbol{V}_3)\cdot\boldsymbol{r}_1+(\boldsymbol{V}_3+\boldsymbol{V}_1)\cdot\boldsymbol{r}_2+(\boldsymbol{V}_1+\boldsymbol{V}_2)\cdot\boldsymbol{r}_3]\\ &= \frac{1}{2}[(\boldsymbol{r}_2+\boldsymbol{r}_3)\cdot\boldsymbol{V}_1+(\boldsymbol{r}_3+\boldsymbol{r}_1)\cdot\boldsymbol{V}_2+(\boldsymbol{r}_1+\boldsymbol{r}_2)\cdot\boldsymbol{V}_3]\\ &= -\frac{1}{2}[\boldsymbol{r}_1\cdot\boldsymbol{V}_1+\boldsymbol{r}_2\cdot\boldsymbol{V}_2+\boldsymbol{r}_3\cdot\boldsymbol{V}_3]\\ &= -\frac{1}{2}\sum_{i=1}^{3}(\boldsymbol{r}_i\cdot\boldsymbol{V}_i)=-\frac{1}{2}\sum_{i=1}^{3}(u_i\Delta x_i+v_i\Delta y_i)\end{aligned} \tag{3.91}$$

$$\xi=\Gamma/\sigma=-\frac{1}{2\sigma}\sum_{i=1}^{3}(u_i\Delta x_i+v_i\Delta y_i) \tag{3.92}$$

(2)散度 D 的计算

如图 3.6 所示,散度 D 可表达为

$$D=\frac{1}{\sigma}\frac{\mathrm{d}\sigma}{\mathrm{d}t}=\frac{1}{\sigma}\lim_{\Delta t\to 0}\frac{\Delta\sigma}{\Delta t} \tag{3.93}$$

先考虑 A_1 点的空气微团在 Δt 时间内移动到 A_1' 引起的面积变化量为

$$\begin{aligned}(\Delta\sigma)_1 &= \frac{1}{2}(\boldsymbol{r}_1\times\boldsymbol{r}_2')\cdot\boldsymbol{k}-\frac{1}{2}(\boldsymbol{r}_1\times\boldsymbol{r}_2)\cdot\boldsymbol{k}\\ &= \frac{1}{2}\boldsymbol{r}_1\times(\boldsymbol{r}_2'-\boldsymbol{r}_2)\cdot\boldsymbol{k}\\ &= \frac{1}{2}(\boldsymbol{r}_1\times\Delta\boldsymbol{r}_2)\cdot\boldsymbol{k}\end{aligned}$$

由图 3.6 可知,$\Delta\boldsymbol{r}_2$ 为 A_1 点的空气微团在 Δt 时间内的位移,所以,$\lim\limits_{\Delta t\to 0}\frac{\Delta\boldsymbol{r}_2}{\Delta t}=\boldsymbol{V}_1$。因此,面积变化率为

$$\left(\frac{\mathrm{d}\sigma}{\mathrm{d}t}\right)_1=\lim_{\Delta t\to 0}t\,\frac{1}{2}\left(\boldsymbol{r}_1\times\frac{\Delta\boldsymbol{r}_2}{\Delta t}\right)\cdot\boldsymbol{k}=\frac{1}{2}(\boldsymbol{r}_1\times\boldsymbol{V}_1)\cdot\boldsymbol{k} \tag{3.94}$$

同理 A_2、A_3 点的空气微团在 Δt 时间内移动到 A_2'、A_3' 引起的面积变化率为

$$\begin{aligned}\left(\frac{\mathrm{d}\sigma}{\mathrm{d}t}\right)_2 &= \frac{1}{2}(\boldsymbol{r}_2\times\boldsymbol{V}_2)\cdot\boldsymbol{k}\\ \left(\frac{\mathrm{d}\sigma}{\mathrm{d}t}\right)_3 &= \frac{1}{2}(\boldsymbol{r}_3\times\boldsymbol{V}_3)\cdot\boldsymbol{k}\end{aligned} \tag{3.95}$$

总的面积变化率为

$$\begin{aligned}\frac{d\sigma}{dt} &= \frac{1}{2}(\boldsymbol{r}_1\times\boldsymbol{V}_1+\boldsymbol{r}_2\times\boldsymbol{V}_2+\boldsymbol{r}_3\times\boldsymbol{V}_3)\cdot\boldsymbol{k}\\ &= \frac{1}{2}\sum_{i=1}^{3}(\boldsymbol{r}_i\times\boldsymbol{V}_i)\cdot\boldsymbol{k}\\ &= \frac{1}{2}\sum_{i=1}^{3}(\Delta x_i v_i-\Delta y_i u_i)\end{aligned} \tag{3.96}$$

将(3.95)式代入(3.92)式，得散度为

$$D=\frac{1}{2\sigma}\sum_{i=1}^{3}(\Delta x_i v_i-\Delta y_i u_i) \tag{3.97}$$

设三角形中心 O 点的经纬度为(λ_o,φ_o)，计算出的涡度、散度应为 O 点的值。根据平面解析几何的知识，O 点的经纬度为组成三角形三站经纬度的平均，即

$$\begin{cases}\lambda_o=\dfrac{1}{3}\displaystyle\sum_{k=1}^{3}\lambda_k\\ \varphi_o=\dfrac{1}{3}\displaystyle\sum_{k=1}^{3}\varphi_k\end{cases} \tag{3.98}$$

(3)上机计算方案

第一步 选定计算区域及计算层次，从天气报或其他途径获取计算范围内测站的测风资料，假定有 N 个测站($N\geqslant 3$)，将这 N 个测站的经纬度及风向风速资料建成一个数据文件。

第二步 根据区域内的站点分布，选好三角形，使之尽量接近正三角形，计算出每一个三角形的涡度、散度及中心点的经、纬度，具体步骤如下：

①取区域内的一测站为基准点 A，计算出 A 点到其他站点之间的距离 r_k ($k=1,\cdots,N-1$)。若 $N>3$，求出三个最小距离的平均值 D，取半径 $R=1.5D$，选出 $r_k\leqslant R$ 的站点，假定选出了 M 个站点；若 $N=3$，则 $M=2$。

②对选出的第 k 个站点 A_k，计算出 $\boldsymbol{r}_k$($k=1,2,\cdots,M$)与 X 轴正方向的夹角 α_k，将 M 个站点按 α_k 值从小到大排序。

③对排好序的 M 个站点，进一步筛选，剔除距基准点 A 较远的站点，具体过程如下：

1)置 $r_0\leftarrow r_M, r_{M+1}\leftarrow r_1, \alpha_0\leftarrow\alpha_M-2\pi, \alpha_{M+1}\leftarrow\alpha_1+2\pi$，从 $k=1$ 循环到 M，计算出 A_{k-1} 点与 A_{k+1} 点之间的距离 $\overline{A_{k-1}A_{k+1}}$，若 $r_k>\overline{A_{k-1}A_{k+1}}$ 且 $r_k>\max(r_{k-1},r_{k+1})$ 且 $\alpha_{k+1}-\alpha_{k-1}<\pi$，则将 A_k 记录下来。假定经过循环结束后有 P 个站被记录下来。

2)将剩余的 $M-P$ 个站重新排列,置 $M \leftarrow M-P$。

3)重复(1)、(2),直到 $P=0$ 为止。

④从 $k=1$ 循环到 M,置 $\Delta\alpha_k \leftarrow \alpha_k - \alpha_{k-1}$,若 $\Delta\alpha_k < \pi$,则 A、A_{k-1}、A_k 三站组成的三角形可选入,三站按逆时针排列的顺序为:A、A_{k-1}、A_k。三角形 $AA_{k-1}A_k$ 的涡度、散度的计算过程如下:

1)根据(3.86)式计算三角形三边的分量 Δx_i、$\Delta y_i (i=1,2,3)$。

2)根据(3.87)式计算三角形的面积 σ。

3)根据(3.88)式计算三角形三个顶点的风速分量 u_i、$v_i (i=1,2,3)$。

4)根据(3.92)式和(3.97)式计算三角形内的涡度 ξ、散度 D。

5)根据(3.98)式计算三角形中心的经纬度。

⑤重复①~④四步,直到区域内所有站点都作为基准点考虑完为止。

第三步,输出计算结果。

复习题

1. 空气湿度的表达方式有哪些?如何计算?

2. 如何利用实测风和位势高度计算涡度和散度?

3. 如何利用三角形法计算散度和涡度?

4. 在标准墨卡托投影图上,选取一矩形网格,矩形的 Y 轴与 90°E 平行,O 点为(90°E,30°N),网格距 100 km,网格点向北 5 个,向东 6 个。网格上 30 个点的位势高度,风向风速已知。计算网格上地转风、实测风涡度及散度。

参考文献

陈钦弟. 1997. 饱和水汽压经验公式修正、导出与应用. 气象水文海洋仪器,**4**:12-22.

成秋影. 1992. 天气分析和诊断方法. 北京:气象出版社.

丁一汇. 1994. 现代天气学中的诊断分析方法. 北京:气象出版社.

董双林,崔宏光. 1992. 饱和水汽压计算公式的分析比较及经验公式的改进. 应用气象学报,**4**(3):502-507.

刘健文,郭虎,李耀东,等. 2005. 天气分析预报物理量计算基础. 北京:气象出版社.

罗丽,王晓,余鹏. 2004. 饱和水汽压计算公式的比较研究. 气象水文海洋仪器,**4**:24-27.

乔全明,阮旭春. 1990. 天气分析. 北京:气象出版社,66-71.

尚可政,王式功,杨德保,等. 1999. 三角形法计算涡度和散度的一种改进方案. 高原气象,**18**(2):250-254.

盛裴轩,毛节泰,李建国,等. 2003. 大气物理学. 北京:北京大学出版社.

王洪，曹云昌，郭启云，等. 2013. 利用探空资料计算水汽压. 气象科技，**41**(5):847-851.

王名才. 1994. 大气科学常用公式 M1. 北京:气象出版社.

王永生. 1987. 大气物理学. 北京:气象出版社.

文宝安. 1980. 水平散度的几种计算方法. 气象，**5**:32-36.

文宝安. 1980. 涡度的计算. 气象，**9**:31-36.

杨大升，刘余滨，刘式适. 1980. 动力气象学. 北京:气象出版社.

张霭琛. 2000. 现代气象观测. 北京:北京大学出版社.

周后福，郑媛媛，李耀东，等. 2009. 强对流天气的诊断模拟及其预报. 北京:气象出版社.

Bolton D. 1980. The computation of equivalent potential temperature. *Monthly Weather Review*, **108**(7):1046-1053.

Emanual K A. 1994. Atmospheric Convection. New York :Oxford Univ Press.

List R J. 1951. Smithsonian Meteorological Tables. 6th rev. ed. Compiled by Robert J. List. Washington, D. C. Smithsonian Inst. *Science*, **115**(2987):364-364.

Tetents D. 1930. Uber einige meteorologische Begriffe. Z. *Geophys*, **6**:297-309.

第4章　垂直速度的计算

垂直速度 ω 是一个在一般条件下不能直接测量,却又非常重要的物理量。垂直上升运动可以使空气质点从未饱和状态达到饱和状态,水汽凝结后可产生降水。它是预报降水,尤其是暴雨、冰雹等灾害性天气的重要因素之一。顾震潮先生在 1954 就提出了垂直速度计算的几种方法:边界条件法、个别变化法、辐合法、降水强度法和动力法。近年来人们对计算垂直速度的方法做过多种试验和结果对比。本章介绍几种常用的计算垂直速度的方案,并简述各种方案的优、缺点。

4.1　个别变化法

对任何一种气象要素的个别变化,可以写成

$$\frac{\mathrm{d}}{\mathrm{d}t}=\frac{\partial}{\partial t}+\mathbf{V}\cdot\nabla+w\frac{\partial}{\partial Z}$$

求解 w,可以写成

$$w=\left[\frac{\mathrm{d}}{\mathrm{d}t}-\left(\frac{\partial}{\partial t}+\mathbf{V}\cdot\nabla\right)\right]\Big/\frac{\partial}{\partial Z} \tag{4.1}$$

这种方法中,$\mathrm{d}/\mathrm{d}t$ 项不易确定。

如果用比湿 q 来计算垂直速度时,设大气中没有蒸发、凝结过程,则 $\mathrm{d}q/\mathrm{d}t=0$,有

$$w=\left[\frac{\mathrm{d}q}{\mathrm{d}t}-\left(\frac{\partial q}{\partial t}+\mathbf{V}\cdot\nabla q\right)\right]\Big/\frac{\partial q}{\partial Z} \tag{4.2}$$

根据上式,已知比湿的局地变化、湿度的平流和比湿的垂直梯度,就可以计算出大气的垂直速度。

湿度变化较大,计算也麻烦,一般常取湿度的个别变化来计算大气中的垂直速度。根据热力学第一定律,当大气处于绝热状态时满足式下式

$$\frac{\mathrm{d}T}{\mathrm{d}t}=\frac{RT}{c_pP}\frac{\mathrm{d}P}{\mathrm{d}t}=\frac{RT}{c_pP}w \tag{4.3}$$

将 $\omega=-\rho g w$ 代入上式，则 $\frac{\mathrm{d}T}{\mathrm{d}t}=-w\gamma_d$ 展开可以写成 $\frac{\partial T}{\partial t}+\mathbf{V}\cdot\nabla T+w\frac{\partial T}{\partial Z}=-w\gamma_d$，移项后

$$\frac{\partial T}{\partial t}+\mathbf{V}\cdot\nabla T=-w(\gamma_d-\gamma) \tag{4.4}$$

求出

$$w=-\frac{\frac{\partial T}{\partial t}+\mathbf{V}\cdot\nabla T}{\gamma_d-\gamma} \tag{4.5}$$

上式中 $\gamma_d=g/c_p,\gamma=-\partial T/\partial Z$。

用(4.5)式计算大气垂直速度时，只要知道固定地点的温度局地变化和温度平流，再知道实际温度递减率就可以计算出大气中的垂直速度。

对于干空气来讲，位温具有保守性，它比温度属性更好些，位温的个别变化为

$$\frac{\mathrm{d}\theta}{\mathrm{d}t}=\frac{\partial\theta}{\partial t}+\mathbf{V}\cdot\nabla\theta+w\frac{\partial\theta}{\partial Z} \tag{4.6}$$

则有

$$w=-\frac{\frac{\partial\theta}{\partial t}+\mathbf{V}\cdot\nabla\theta}{\frac{\partial\theta}{\partial Z}}=-\frac{\frac{\partial\theta}{\partial t}+u\frac{\partial\theta}{\partial x}+v\frac{\partial\theta}{\partial y}}{\frac{\partial\theta}{\partial Z}} \tag{4.7}$$

因为 $\theta=T\left(\frac{1000}{p}\right)^{\frac{R}{c_p}}$，在等压面上可以写成 $\theta=T\cdot k(p)$，同时考虑 $\frac{\partial\theta}{\partial Z}=\frac{\theta}{T}(\gamma_d-\gamma)$，代入式(4.7)得

$$w=-\frac{\frac{\partial\theta}{\partial t}+\mathbf{V}\cdot\nabla\theta}{\frac{\theta}{T}(\gamma_d-\gamma)}=-\frac{\left(\frac{\partial T}{\partial t}+u\frac{\partial T}{\partial x}+v\frac{\partial T}{\partial y}\right)k(p)}{k(p)(\gamma_d-\gamma)}$$

$$=-\frac{\left(\frac{\partial T}{\partial t}+u\frac{\partial T}{\partial x}+v\frac{\partial T}{\partial y}\right)}{(\gamma_d-\gamma)} \tag{4.8}$$

从上式可知在等压面上计算垂直速度的公式与(4.5)式是一样的。在具体计算时，温度的局地变化可以从该地连续两次温度的观测中取得，温度平流项可以从高空图中求出，用探空曲线或两个等压面的温度求出实际的温度递减率。将这些项代入(4.5)式后，即可计算出垂直速度。下面举例。

例 1 某地 2014 年 1 月 1 日 08 时 850 hPa 层的温度为－8℃，1 月 2 日 08 时 850 hPa 的温度为－14℃，风向 270°，风速 10 m/s，以该地为中心，东、西各 250 km 处的温度分别为－4℃和－16℃，1000 hPa、700 hPa 的温度分别为 2.5℃和－18.5℃，1000～700 hPa 的厚度为 3000 m，求该层的 w。

［**解**］第一步：求出$\frac{\partial T}{\partial t}$

$$\frac{\partial T}{\partial t}=\frac{-14-(-8)℃}{86400\ \mathrm{s}}=-7.0\times10^{-5}\ ℃/\mathrm{s}$$

第二步：计算温度平流项 $\mathbf{V}\cdot\nabla T$。温度平流项可以写成

$$\mathbf{V}\cdot\nabla T=u\frac{\partial T}{\partial x}+v\frac{\partial T}{\partial y}=10\times\frac{-4-(-16)}{5\times10^{5}}=24\times10^{-5}(℃/\mathrm{s})$$

第三步：求温度的实际递减率

$$\gamma=-\frac{\partial T}{\partial Z}=-\frac{-18.5-2.5}{3000}=7.0\times10^{-3}\ ℃/\mathrm{m}$$

$$\gamma_d=\frac{g}{c_p}=\frac{9.8}{1004}=9.76\times10^{-3}\ ℃/\mathrm{m}$$

第四步：最后将上述数据代入公式，即

$$w=-\frac{\frac{\partial T}{\partial t}+\mathbf{V}\cdot\nabla T}{\gamma_d-\gamma}=-\frac{-7.0\times10^{-5}+24\times10^{-5}}{9.76\times10^{-3}-7.0\times10^{-3}}$$

$$=-0.062\ \mathrm{m/s}=-6.2\ \mathrm{cm/s}$$

例 2 假定大气绝热、无平流变化，观测到实际的温度递减率为 0.6℃/100 m，一天之内温度下降 8.64℃，求大气的垂直速度为多少？

［**解**］已知 $\gamma=0.6℃/100\ \mathrm{m}$，$\gamma_d=1.0℃/100\ \mathrm{m}$

$$\frac{\partial T}{\partial t}=\frac{-8.64℃}{86400\ \mathrm{s}}=-1.0\times10^{-4}\ ℃/\mathrm{s}\ ,\quad \mathbf{V}\cdot\nabla T=0$$

$$w=-\frac{-1.0\times10^{-4}\ ℃/\mathrm{s}}{(1.0-0.6)℃/100\ \mathrm{m}}=2.5\ \mathrm{cm/s}$$

例 3 以上例为例，其他条件相同，但有平流项，风向 120°，等温线与纬线平行，向北每 500 km 温度降低 4℃/s，风速为 36 km/h，求大气的垂直速度。

［**解**］首先计算温度平流

$$\mathbf{V} \cdot \nabla T = v\frac{\partial T}{\partial y} = \frac{36000}{3600} \times \cos(120° - 180°) \times \frac{4}{5 \times 10^5}$$

$$= 4.0 \times 10^{-5}(℃/s)$$

将上例的$\frac{\partial T}{\partial t}$、$\gamma$、$\gamma_d$ 和 $\mathbf{V} \cdot \nabla T$ 代入，则有

$$w = -\frac{\frac{\partial T}{\partial t} + \mathbf{V} \cdot \nabla T}{\gamma_d - \gamma} = -\frac{-10.0 \times 10^{-5} + 4.0 \times 10^{-5}}{9.76 \times 10^{-3} - 6.0 \times 10^{-3}} = 1.6(\text{cm/s})$$

在计算大气垂直速度时，如果没有天气图，只有高空测风值，温度局地变化易求，温度平流计算则要麻烦些。这里介绍一种根据下层风和上层风的关系计算温度平流的方法。上、下层风与热成风的关系为

$$\mathbf{V}_T = \mathbf{V}_{上} - \mathbf{V}_{下} \qquad \mathbf{V}_{中} = \frac{1}{2}(\mathbf{V}_{上} + \mathbf{V}_{下}) \tag{4.9}$$

上式中 $\mathbf{V}_{上}$ 表示上一层的风，$\mathbf{V}_{下}$ 表示下一层的风，$\mathbf{V}_T$ 表示这一层的热成风，$\mathbf{V}_{中}$ 表示上下层的平均风。如图 4.1 所示，OA 为低层风的矢量，OB 为高层的矢量，AB 为这层的热成风。热成风的公式为

$$\mathbf{V}_T = -\frac{R}{f}\ln\frac{P_{下}}{P_{上}}\nabla\overline{T} \times \boldsymbol{k} \tag{4.10}$$

上式中 R 为干空气气体常数，f 为地转参数，$P_{下}$ 为下层高度的气压，$P_{上}$ 为上层高度的气压，$\nabla\overline{T}$ 为该气层的平均温度梯度。

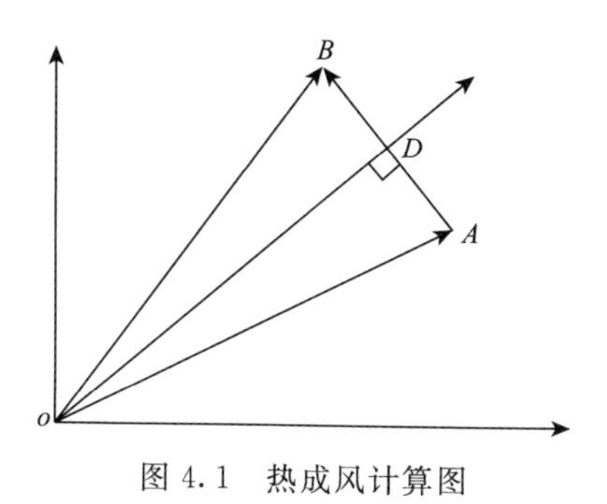

图 4.1　热成风计算图

从(4.10)式中求出

$$\mathbf{V}_{中} \cdot (\mathbf{V}_T \times \boldsymbol{k}) = \frac{R}{f}\ln\frac{P_{下}}{P_{上}}\mathbf{V}_{中} \cdot \nabla\overline{T}$$

由此得到

$$\mathbf{V}_{中} \cdot \nabla \overline{T} = \frac{f}{R\ln(P_{下}/P_{上})}\mathbf{V}_{中} \times \mathbf{V}_{T} \cdot \boldsymbol{k}$$

$$= \frac{f}{R\ln(P_{下}/P_{上})}(u_{中} v_{T} - v_{中} u_{T}) \tag{4.11}$$

用个别变化法计算大气的垂直速度，都是假定在绝热条件下进行的，所以又称绝热法。其优点是计算简单；缺点在于绝热的假定与实际情况有出入，常常造成一定的误差。一般情况下对高层大气效果较好。

4.2　动力学方法

首先推导 ω 方程。

P 坐标中不考虑摩擦项、略去垂直变化项的水平运动为

$$\begin{aligned} \frac{\partial u}{\partial t} + u\frac{\partial u}{\partial x} + v\frac{\partial u}{\partial y} &= fv - \frac{\partial \varphi}{\partial x} \\ \frac{\partial v}{\partial t} + u\frac{\partial v}{\partial x} + v\frac{\partial v}{\partial y} &= -fu - \frac{\partial \varphi}{\partial y} \end{aligned} \tag{4.12}$$

将(4.12)式的第二式作$\frac{\partial}{\partial x}$运算，第一式作$\frac{\partial}{\partial y}$运算，然后相减并利用涡度、散度的定义$\xi=\frac{\partial v}{\partial x}-\frac{\partial u}{\partial y}$、$D=\frac{\partial u}{\partial x}+\frac{\partial v}{\partial y}$，得涡度方程如下

$$\frac{\partial \xi}{\partial t} = -\mathbf{V} \cdot \nabla(\xi + f) - (\xi + f)D \tag{4.13}$$

将连续方程 $D=-\frac{\partial \omega}{\partial P}$代入上式，则

$$\frac{\partial \xi}{\partial t} = -\mathbf{V} \cdot \nabla(\xi + f) + (\xi + f)\frac{\partial \omega}{\partial P} \tag{4.14}$$

应用地转近似，涡度可写成 $\xi=\xi_g=\frac{1}{f}\nabla^2\Phi$，代入(4.14)式，则

$$\frac{1}{f}\nabla^2\frac{\partial \Phi}{\partial t} = -\mathbf{V} \cdot \nabla(\xi + f) + (\xi + f)\frac{\partial \omega}{\partial P} \tag{4.15}$$

根据热力学第一定律

$$\frac{\partial T}{\partial t}=\frac{1}{c_p}\frac{\mathrm{d}Q}{\mathrm{d}t}-\mathbf{V}\cdot\nabla T+\frac{\alpha}{g}(\gamma_d-\gamma)\omega \tag{4.16}$$

再应用状态方程和静力学公式

$$T=\frac{p}{\rho R}=-\frac{p}{R}\frac{\partial\Phi}{\partial p} \tag{4.17}$$

代入(4.16)式，则

$$\frac{\partial}{\partial t}\left(\frac{\partial\Phi}{\partial p}\right)=-\frac{R}{pc_p}\frac{\mathrm{d}Q}{\mathrm{d}t}-\mathbf{V}\cdot\nabla\left(\frac{\partial\Phi}{\partial p}\right)-\frac{R\alpha}{pg}(\gamma_d-\gamma)\omega \tag{4.18}$$

令

$$\sigma=-\frac{\alpha}{\theta}\frac{\partial\theta}{\partial p}=\frac{R\alpha}{pg}(\gamma_d-\gamma) \tag{4.19}$$

σ 叫大气稳定度参数，将它代入(4.18)式，则

$$\frac{\partial}{\partial t}\left(\frac{\partial\Phi}{\partial p}\right)=-\frac{R}{pc_p}\frac{\mathrm{d}Q}{\mathrm{d}t}-\mathbf{V}\cdot\nabla\left(\frac{\partial\Phi}{\partial p}\right)-\sigma\omega \tag{4.20}$$

对(4.15)式作 $f\frac{\partial}{\partial p}$运算，(4.20)式作$\nabla^2$运算，相减消去局地变化项，则得 ω 方程

$$\sigma\nabla^2\omega+f(\xi+f)\frac{\partial^2\omega}{\partial p^2}=f\frac{\partial}{\partial p}[\mathbf{V}\cdot\nabla(\xi+f)]-\nabla^2\left(\mathbf{V}\cdot\nabla\frac{\partial\Phi}{\partial p}\right)-\frac{R}{pc_p}\nabla^2\left(\frac{\mathrm{d}Q}{\mathrm{d}t}\right) \tag{4.21}$$

这是一个椭圆方程，在一定条件下可以求解 ω 值。

方程(4.21)的右方各项一般称为强迫函数项。换句话说，左方的 ω 是取决于右方三项。这几项对中纬度天气系统来讲都很重要。当然，对不同的天气系统这三项的大小、重要程度是不会相同的。下边我们简单地叙述一下各项的物理意义。

(1) $f\frac{\partial}{\partial p}[\mathbf{V}\cdot\nabla(\xi+f)]$称为涡度平流项。它表示绝对涡度平流随高度变化项，也叫差动平流项。如果正涡度平流随高度增加而增加(随气压增加而减少)，则是上升气流，这也说明天气系统的垂直结构和系统发展之间的关系。

(2) $-\nabla^2\left(\mathbf{V}\cdot\nabla\frac{\partial\Phi}{\partial p}\right)$称为热力平流项。直观看起来不易理解。我们将$\frac{\partial\Phi}{\partial p}$还原一下。因为 $p/\alpha=RT$，所以 $\alpha=p/RT$，再代入静力学公式后，$T=-\frac{p}{R}\frac{\partial\Phi}{\partial p}$在等压面上，$-\frac{\partial\Phi}{\partial p}$与 T 成正比，因此这项就是温度平流项。这反映了各等压面上温度平流分

布与天气系统发展有着一定的关系。当然，这也反映了大气的斜压性。冷平流一般是下沉气流。冷平流中心与下沉运动中心基本是一致的。在中纬气旋发展的例子里常常发现在高空辐散槽的加深和地面气旋的发展是一致的。一般情况下气旋发展初期是准正压的，后来变为斜压的。这是由于冷空气下沉暖空气上升使大气中位能释放的一种形式。

(3) $-\dfrac{R}{pc_p}\nabla^2\left(\dfrac{\mathrm{d}Q}{\mathrm{d}t}\right)$ 非绝热项的空间分布是相当复杂的问题。一般情况下常常将它忽略不计。但是在有的问题中又不能这样简化。例如，当极地冷气团移到暖洋面上时。洋面有热量向大气输送。又如当气旋移到暖洋面上来时，常常有所发展，经过陆地就有减弱的趋势；当进入暖洋面时又有所发展。说明有热量从洋面向大气输送。这种作用称为感热输送。另外还有一个热源，即潜热作用。当潮湿空气上升发生凝结时，从而产生凝结潜热，这个热量加给大气，使大气受热后加剧上升运动。在研究夏季暴雨时，这种加热作用是不容忽视的。

大气加热方式可分为两种，一种叫天气尺度凝结加热；另一种叫对流尺度凝结加热。在这两种加热下计算 ω 值是不一样的。

第一种，天气尺度凝结加热下 ω 的计算。

天气尺度的上升运动使未饱和空气达到饱和状态，凝结释放潜热。这里引入稳定度参数，若是干空气，有

$$\sigma = -\frac{\alpha}{\theta}\frac{\partial\theta}{\partial p} = -\frac{RT}{p\theta}\frac{\partial\theta}{\partial p} \tag{4.22}$$

对湿空气，有

$$\sigma_e = -\frac{RT}{p\theta_e}\frac{\partial\theta_e}{\partial p} = \sigma - \frac{RL}{pc_p}\frac{\partial q_S}{\partial p} \tag{4.23}$$

上式中 σ 为干空气稳定度参数，σ_e 为湿空气稳定度参数，$\theta_e=\theta\exp(Lq_s/c_pT)$（相当湿球位温），$q_s$ 为饱和比湿。

大气稳定度可分为以下几种情况：

$\sigma>0$，$\sigma_e>0$　　绝对稳定

$\sigma>0$，$\sigma_e<0$　　条件不稳定

$\sigma<0$，$\sigma_e<0$　　绝对不稳定

在天气尺度运动中常见的是前两种情况。对于绝对稳定的情况，加热函数是

$$H_L = -L\omega\frac{\partial q_s}{\partial p} \tag{4.24}$$

其具体条件是空气接近饱和、有上升运动和 $\sigma_e>0$。在计算 ω 时，设 ω_R 为除了潜热项外的其他各项产生的垂直速度，ω_L 为潜热产生的垂直速度。这时 ω 方程可写成

$$\sigma\nabla^2\omega_L+f(f+\xi)\frac{\partial^2\omega_L}{\partial p^2}=\frac{RL}{pc_p}\nabla^2\left(\omega_R\frac{\partial q_s}{\partial p}\right) \tag{4.25}$$

求出 ω_R 后利用上式可以求出 ω_L

第二种，对流尺度凝结加热下 ω 的计算。

在低纬度地区的夏季暴雨并不是产生在大气为绝对稳定的情况下，而常常是产生于 $\sigma_e<0$ 且 $\sigma>0$ 的条件不稳定的情况下，这时 ω 方程不能求解。在一般情况下，通常是采用参数化的方案。这里介绍一种所谓次网格尺度加热的参数化的方法，就是说将加热函数当作天气尺度所引起的水汽净辐合量的函数。对于单位面积的气柱，水汽的辐合

$$I=I_1+I_2=\frac{1}{g}\int_{p_B}^{p_T}\mathbf{V}\cdot\nabla q\mathrm{d}p \tag{4.26}$$

下标 B 表示摩擦层顶，下标 T 表示大气上界。对于一个气柱来讲，水汽辐合可以分成两部分之和，即水平方向的辐合(I_1)和通过摩擦层顶部的水汽垂直输送(I_2)，其相应的加热函数可以写成

$$H_L=-\frac{L}{q_B}\frac{\partial q_s}{\partial p}\beta I \tag{4.27}$$

β 是一个无量纲系数。上式的意义是接近于饱和的潮湿空气，在上升运动的作用下，水汽凝结成水滴，放出相变潜热。其中的一部分加热大气，则 ω 方程可写成

$$\sigma\nabla^2\omega_L+f(f+\xi)\frac{\partial^2\omega_L}{\partial p^2}=\frac{RL}{pc_p}\nabla^2H_L \tag{4.28}$$

如果是绝热的大气，则(4.28)式变得更为简单些

$$\nabla^2\omega+\frac{f(f+\xi)}{\sigma}\frac{\partial^2\omega}{\partial p^2}=\frac{f}{\sigma}\frac{\partial}{\partial p}[\mathbf{V}\cdot\nabla(\xi+f)]-\nabla^2\left(\mathbf{V}\cdot\nabla\frac{\partial\Phi}{\partial p}\right)\Big/\sigma \tag{4.29}$$

无论是(4.28)式或(4.29)式都没有包括时间变化项，没有预报意义，只是表示各种物理量在空间分布的制约关系，所以常称诊断方程。由于(4.29)式是一个椭圆方程，在一般的情况下求解析解是困难的，必须采用数值解法。(4.29)式右端是 x、y、p 的已知函数，令

$$F(x,y,p)=\frac{f}{\sigma}\frac{\partial}{\partial p}[\mathbf{V}\cdot\nabla(\xi+f)]-\nabla^2\left(\mathbf{V}\cdot\nabla\frac{\partial\Phi}{\partial p}\right)\Big/\sigma \tag{4.30}$$

(4.29)式可改写成

$$\nabla^2\omega + \frac{f(f+\xi)}{\sigma}\frac{\partial^2\omega}{\partial p^2} = F(x,y,p) \tag{4.31}$$

下面介绍两种数值解法。

(1)在解 ω 方程时,我们引入郭晓岚做的关于 ω 的垂直分布的假定。他指出,在天气研究中已发现在近地面 ω 值相当小,向上增加,在对流层中部达到最大值,再向上随高度的增加而减小,到大气层顶为零。他同时指出 ω 可用一个函数 $\omega = p(p-p_0)\cdot M(x,y,t)$ 表示。而 M 是只随 p 缓慢变化的函数。根据以上的假定,我们不难将(4.31)式中的 $\frac{\partial^2\omega}{\partial p^2}$ 求出来

$$\frac{\partial^2\omega}{\partial p^2} = \frac{2\omega}{p(p-p_0)} \tag{4.32}$$

将(4.32)式代入(4.31)式,则

$$\nabla^2\omega + \frac{2f(f+\xi)\omega}{p(p-p_0)\sigma} = F(x,y,p) \tag{4.33}$$

令 $\lambda = \frac{2f(f+\xi)}{p(p-p_0)\sigma}$,式(4.33)还可以写成

$$\nabla^2\omega + \lambda\omega = F(x,y,p) \tag{4.34}$$

这样简化后,消去了 ω 的垂直差分,在解 ω 方程时比较方便。

数值解时,一般常用有限差分代替微分,在水平方向上用五点差分格式,即

$$\frac{\partial^2\omega}{\partial x^2} = \frac{\omega_{i+1,j} + \omega_{i-1,j} - 2\omega_{i,j}}{\Delta x^2} \tag{4.35}$$

$$\frac{\partial^2\omega}{\partial y^2} = \frac{\omega_{i,j+1} + \omega_{i,j-1} - 2\omega_{i,j}}{\Delta y^2} \tag{4.36}$$

取 $\Delta x = \Delta y = d$,一起代入式(4.34),得

$$\frac{\omega_{i+1,j} + \omega_{i-1,j} + \omega_{i,j+1} + \omega_{i,j-1} - 4\omega_{i,j}}{d^2} + \lambda\omega = F(x,y,p) \tag{4.37}$$

将(4.37)式两边都乘以 d^2,并令 $\bar{F}(x,y,p) = d^2F(x,y,p)$,得

$$\omega_{i+1,j} + \omega_{i-1,j} + \omega_{i,j+1} + \omega_{i,j-1} - (4-\lambda d^2)\omega_{i,j} = \bar{F}(x,y,p) \tag{4.38}$$

在进行诊断分析时,面上有许许多多的网格点,有多少个网格点就有多少个方程,因此要解数目众多的方程组。网格点少的可以手算。最实用的方法叫张弛法,用

这种方法求解效果也比较好。张弛法实际上就是一种迭代法。因为我们在数值解微分方程时不可能没有误差，只是要求误差在许可范围内就可以了。

在求解(4.38)式中，ω 迭代次数用 $\mu(0,1,2,3,\cdots,n)$表示。ω 在第 μ 次的估计值 ω^{μ} 在每个网格点上应当接近 ω，当 $\mu\to\infty$时，ω 的估计值 ω^{μ} 在每个网格点上应当接近 ω 的真值。

在开始求解时所用初始场 μ 用 0 代替，将初始场代入(4.37)式，则有

$$\omega^{0}_{i+1,j}+\omega^{0}_{i-1,j}+\omega^{0}_{i,j+1}+\omega^{0}_{i,j-1}-(4-\lambda d^{2})\omega^{0}_{i,j}=\overline{F}(x,y,p) \tag{4.39}$$

上式经过计算后对每一点，两边不等，有一个差值 $R^{0}_{i,j}$，叫作残差。因此有

$$R^{0}_{i,j}=\omega^{0}_{i+1,j}+\omega^{0}_{i-1,j}+\omega^{0}_{i,j+1}+\omega^{0}_{i,j-1}-(4-\lambda d^{2})\omega^{0}_{i,j}-\overline{F}(x,y,p) \tag{4.40}$$

对于任意点(i,j)，第一次迭代用下式定义

$$\omega^{1}_{i,j}=\omega^{0}_{i,j}+\frac{R^{0}_{i,j}}{4-\lambda d^{2}} \tag{4.41}$$

用(4.41)式的 $\omega_{i,j}$ 代入(4.40)式，使其他值不变就能使该点残差值为零。同时可求出 $\omega^{1}_{i,j}$组成的一个新估计量的场。类似做下去，第 $\mu+1$ 次的估计值可以用下式表示

$$\omega^{\mu+1}_{i,j}=\omega^{\mu}_{i,j}+\frac{R^{\mu}_{i,j}}{4-\lambda d^{2}} \tag{4.42}$$

这样，利用前一次场的值去计算后一次场的 $\omega^{\mu}_{i,j}$ 的各点值，直到满足要求允许误差为止。这种方法叫同时张弛法。掌握了这种方法后，对顺张弛法和超张驰法也就容易掌握了。

(2)利用(4.31)式解 ω 时，除了考虑 ω 水平方向变化外，还要考虑 ω 随 p 的变化时，其数值解法就比较麻烦，但还是可以求解的。

ω 在水平方向差分与(4.35)、(4.36)式是一样的。在垂直方向上，采用下列差分格式

$$\left(\frac{\partial^{2}\omega}{\partial p^{2}}\right)_{k}=\frac{\omega_{k+1}+\omega_{k-1}-2\omega_{k}}{\Delta p^{2}} \tag{4.43}$$

上式中 k 代表层次的号数。令

$$\nabla^{2}\omega_{i,j,k}=\omega_{i+1,j,k}+\omega_{i-1,j,k}+\omega_{i,j+1,k}+\omega_{i,j-1,k}-4\omega_{i,j,k}$$

(4.31)式变为

$$\frac{\nabla^2 \omega_{i,j,k}}{d^2} + \frac{f(f+\xi)(\omega_{k+1}+\omega_{k-1}-2\omega_k)}{\sigma \Delta p^2} = F(x,y,p) \tag{4.44}$$

令 $r^2 = \dfrac{2f(f+\xi)d^2}{\sigma \Delta p^2}$，上式可写成

$$\nabla^2 \omega_{i,j,k} + \frac{r^2}{2}(\omega_{k+1}+\omega_{k-1}) - r^2 \omega_{i,j,k} = d^2 F(x,y,p) = \overline{F}(x,y,p) \tag{4.45}$$

将水平的 $\nabla^2 \omega_{i,j,k}$ 变成差分的格式并进行整理后，得

$$\omega_{i+1,j,k} + \omega_{i-1,j,k} + \omega_{i,j+1,k} + \omega_{i,j-1,k} + \frac{r^2}{2}(\omega_{k+1}+\omega_{k-1}) - (r^2+4)\omega_{i,j,k} = \overline{F}(x,y,p) \tag{4.46}$$

用张弛法可以求解

$$\omega_{i,j,k}^{\mu+1} = \omega_{i,j,k}^{\mu} + \frac{R_{i,j,k}^{\mu}}{4+r^2} \tag{4.47}$$

实践证明，用张弛法不如用"超张弛法"。所谓超张弛法就在残差上乘以一个系数 α（一般在 1～2 之间）。上式可以写成

$$\omega_{i,j,k}^{\mu+1} = \omega_{i,j,k}^{\mu} + \frac{\alpha R_{i,j,k}^{\mu}}{4+r^2} \tag{4.48}$$

α 就是超张弛系数，α 究竟取什么值好，对于一个固定方程来讲，可以用数值试验方法确定最优的 α 值。

以上两种方法总的步骤可以归纳为如下几点：

(1)首先要根据所处理的问题确定要计算的范围和网距，水平用 i、j 表示，垂直用 k 表示。

(2)确定边界条件，例如大气上界 ω 为 0，大气下界地面 ω 也可以为零；有时也可用地面爬坡垂直速度和地面摩擦垂直速度作为地面的 ω。

(3)计算出 σ、λ 和 γ 的值，σ 由式(4.22)或式(4.23)计算，$\lambda = \dfrac{2f(f+\xi)}{p(p-p_0)\sigma}$，$r^2 = \dfrac{2f(f+\xi)d^2}{\sigma \Delta p^2}$。

(4)用一般差分的方法计算 $F(x,y,p)$。

(5)用迭代的方法，也可以张弛法进行运算。

4.3 运动学方法

4.3.1 计算 ω 的连续性方程原始方案

如果我们直接应用连续性方程积分法来计算垂直速度 ω,则可谓“原始方案”。p 坐标系中的连续性方程为

$$\frac{\partial u}{\partial x}+\frac{\partial v}{\partial y}+\frac{\partial \omega}{\partial p}=0 \tag{4.49}$$

当对(4.49)式从 p_0 向上积分到 p_1 时则得

$$\omega(p_1)-\omega(p_0)=-\int_{p_0}^{p_1}\left(\frac{\partial u}{\partial x}+\frac{\partial v}{\partial y}\right)\mathrm{d}p$$

或

$$\omega(p_1)=\omega(p_0)-\int_{p_0}^{p_1}\left(\frac{\partial u}{\partial x}+\frac{\partial v}{\partial y}\right)\mathrm{d}p \tag{4.50}$$

假定在 p_0 -p_1 之间$\left(\frac{\partial u}{\partial x}+\frac{\partial v}{\partial y}\right)$随 p 呈线性变化,并令

$$\overline{D}_1=\overline{\left(\frac{\partial u}{\partial x}+\frac{\partial v}{\partial y}\right)_{01}}=\frac{1}{2}\left[\left(\frac{\partial u}{\partial x}+\frac{\partial v}{\partial y}\right)_0+\left(\frac{\partial u}{\partial x}+\frac{\partial v}{\partial y}\right)_1\right] \tag{4.51}$$

将(4.51)式代入(4.50)式得

$$\omega(p_1)=\omega(p_0)+(p_0-p_1)\overline{D}_1$$

或

$$\omega_1=\omega_0+\Delta p_1\overline{D}_1 \tag{4.52}$$

各层散度的具体计算可按第三章介绍的方法进行。依照(4.52)式,我们可得出如下计算垂直速度 ω_k 的递推公式

$$\omega_k=\omega_{k-1}+\Delta p_k\overline{D}_k \tag{4.53}$$

其中 $\omega_k=\omega(p_k)$、$\omega_{k-1}=\omega(p_{k-1})$分别为第 k 层和第 $k-1$ 等压面上的垂直速度,并且 $\Delta p_k=(p_{k-1}-p_k)$,$\overline{D}_k=\frac{1}{2}(D_k+D_{k-1})$,在垂直方向可取等距值,即 $\Delta p_k=\Delta p=$常数。

由(4.53)式可知,当Δp给定后,ω_{k-1}已知,则ω_k的计算就变成$\overline{D}_k$的计算了。由(4.52)式知,若给定$\omega_0=0$,即地面垂直速度为零,则ω_1可求得,按照(4.53)式可自下向上求得任意等压面p_k上的垂直速度ω_k。从理论上讲,上述方法完全是可以的,但实际上不能这样简单地递推。一般情况下,大气柱中的质量可认为是定常的。如果在大气的下层出现辐散,那么高层就会有辐合来“补偿”,叫做补偿原理,这一原理的数学表达式为

$$\int_{p_0}^{0} D\mathrm{d}p = 0 \tag{4.54}$$

式中p_0为地面气压,上下边界条件为

$$p = p_0 \qquad \omega = \omega(p_0)$$

$$p = 0 \qquad \omega = 0$$

这两个边界条件可以说是对ω_k值在物理上的约束。然而用(4.53)式计算的结果表明,仅在对流层中、下部较好,而高层较差。ω_k值的可信程度是越向高层越差。分析其问题的原因,并不在于连续方程本身。连续方程在推导过程中不曾做过什么假设,方程本身是严谨的。那么原因可能有两方面:其一,ω_k的计算是对散度进行垂直积分,这样风场分析上的误差和计算的误差是自下而上逐步累积的,到了高层这种误差可能较大;其二,测风本身的精确度也是随高度而降低的,这是因为仪器本身的局限,高层风速较大以及探测的持续时间长(气球所在的高度就是用放球时间来间接计算的)等几方面的因素,高层的散度也就包含较大的误差。这些都导致ω_k计算值的精度随高度增加而降低,以致到了气柱顶部,ω_k值还很大,根本无法满足上边界条件。因此需要对垂直ω_k的计算进行修正。

4.3.2　垂直速度计算的修正方案

修正方案就是对各层的散度做调整,在垂直速度满足上下边界条件的情况下,使原始计算值最高层得到最大修正。

为了便于说明问题,我们由(4.53)式作1到k的求和,得ω_k如下

$$\omega_k = \omega_0 + \sum_{j=1}^{k} \Delta P_j \overline{D}_j \tag{4.55}$$

根据实际资料分析,散度的修正量应是气压的线性函数。设修正后的垂直速度、散度分别为ω'、D',则有

$$D'_j - D_j = a + bj \tag{4.56}$$

$$D'_{j-1} - D_{j-1} = a + b(j-1)$$

$$\overline{D}'_j = \frac{1}{2}(D'_j + D'_{j-1}) = \frac{1}{2}(D_j + D_{j-1}) + \left(a - \frac{b}{2}\right) + bj$$

$$= \overline{D}_j + \left(a - \frac{b}{2}\right) + bj$$

不妨取 $a = \dfrac{b}{2}$，则有

$$\overline{D}'_j = \overline{D}_j + bj \tag{4.57}$$

ω'、D'之间也应满足连续方程，即

$$D' + \frac{\partial \omega'}{\partial p} = 0 \tag{4.58}$$

写成差分形式为

$$\omega'_k - \omega'_{k-1} = \Delta p \overline{D}'_k \tag{4.59}$$

进行求和，同样可得

$$\omega'_k = \omega'_0 + \Delta p \sum_{j=1}^{k} \overline{D}'_j \tag{4.60}$$

将式(4.57)代入式(4.60)有

$$\omega'_k = \omega'_0 + \Delta p \sum_{j=1}^{k} (\overline{D}'_j + bj) = \omega'_0 + \Delta p \sum_{j=1}^{k} \overline{D}_j + \Delta p b \sum_{j=1}^{k} j$$

$$= \omega'_0 - \omega_0 + \omega_k + \frac{1}{2} k(k+1) \Delta p b \tag{4.61}$$

在地面层垂直速度不作修正，即 $\omega'_0 = \omega_0$；在最高层 $k = N$ 时有：$\omega'_N = \omega_T$，由此可以得出

$$b = \frac{2(\omega_T - \omega_N)}{\Delta p N(N+1)} \tag{4.62}$$

代入式(4.56)和式(4.61)得出

$$\begin{cases} D'_k = D_k - \dfrac{2k+1}{\Delta p N(N+1)}(\omega_N - \omega_T) \\ \omega'_k = \omega_k - \dfrac{k(k+1)}{N(N+1)}(\omega_N - \omega_T) \end{cases} \tag{4.63}$$

式中各项的物理意义如前面所述，ω_T 是用绝热法或解 ω 方程而求出的，由于一般数值很小($\omega_T \approx 0.5\times10^{-3}$ cm/s≈ 0)，故规定：$\omega_T \approx 0$。

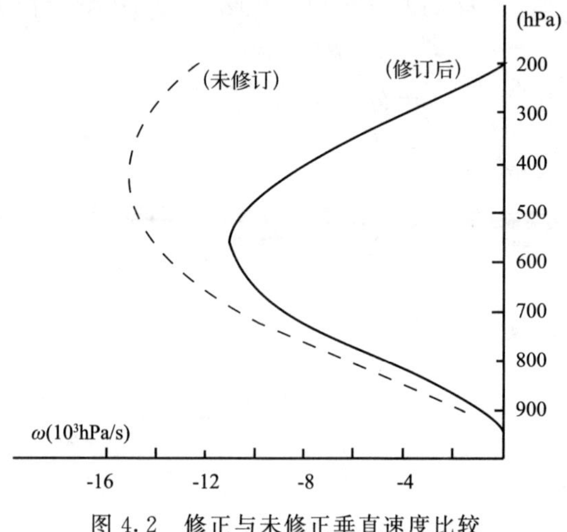

图 4.2　修正与未修正垂直速度比较

修正与未修正垂直速度比较如图 4.2 所示，修正的垂直速度分布更接近实际情况。对于非平原地区，因海拔高度的差异，对不同计算格点，地面距最高层之间所分层次总数 N 是不同的。例如，若某区域格点海拔均在 5000 m 左右，那么 100 hPa 层至地面可能只有五层。这样相当 $N(N=5)$ 的有关式子为

$$\begin{cases} N(N+1) = 5\times 6 = 30 \\ D_k' = D_k - \dfrac{2k+1}{30\Delta p}(\omega_N - \omega_T) \\ \omega_k' = \omega_k - \dfrac{k(k+1)}{30}(\omega_N - \omega_T) \end{cases} \tag{4.64}$$

其余各式照此类推。

因此，在具体设计计算程序时，对计算区域内每个格点上须进行海拔高度的判断或计算，进而确定 N 值。这样将使同一等压面上，因地形高度不同而得到不同的修正量。

4.4　从降水量反算大气的垂直速度

降水量反算大气的垂直速度这种方法比较老旧，Fulks 在 1935 年就用过此法。作为一种思路，介绍一下还是有必要的。

首先根据降水强度的计算公式

$$I = -\int_0^\infty \rho \frac{dq}{dt} dz \tag{4.65}$$

上式中 I 为降水强度，ρ 为空气密度，q 为比湿，z 为高度。(4.65)式说明，假定整层大气的水汽达到饱和状态，并将全部水汽凝结为水滴全部降落下来。所谓降水强度即是单位时间、单位面积上的降水量。

将静力学方程代入(4.65)式，则

$$I = -\int_0^\infty \rho \frac{dq}{dt} dZ = \frac{1}{g}\int_{p_0}^0 \frac{dq}{dt} dp = \frac{1}{g}\int_{p_0}^0 \frac{dq}{dp}\frac{dp}{dt} dp$$

$$= -\frac{1}{g}\int_0^{p_0} \frac{dq}{dp}\omega dp = -\frac{\bar{\omega} q_s}{g} \tag{4.66}$$

上式中 $\bar{\omega}$ 为大气层中的平均垂直速度，q_s 为近地面层饱和比湿。

降水强度 I 是可以测量的，q_s 可以计算出来的，唯一的未知数即 $\bar{\omega}$，因此在这个方程中求解

$$\bar{\omega} = -Ig/q_s \tag{4.67}$$

举例：若某地降水强度为 5 mm/h，近地面饱和比湿为 30 g/kg，求整层的平均垂直速度。

[**解**] 将 I、q_s 代入(4.67)式则

$$\omega = -\frac{(0.005\ \text{m} \cdot 10^6\ \text{g/m}^3) \cdot 9.8\ \text{m/s}^2}{3600\ \text{s} \cdot 30\ \text{g}/1.0\ \text{kg}} = -4.54\ \text{Pa/s}$$

复习题

1. 垂直速度的计算方法有哪几种？如何计算？

2. 根据大气水平运动方程和热力学方程推导出 ω 方程，并解释各项物理意义。

3. 导出引入郭晓岚假定后的 ω 方程及差分格式。

4. 张弛法求解 ω 方程的有哪些步骤？

5. 根据连续方程和散度误差随高度线性增加的事实，导出 O'Brien 修正方案下散度 $D'K$、垂直速度 $\omega'K$ 的表达式。

6. 已知某区内 29 个测站的 850 hPa、500 hPa 的位势高度、温度、风向风速，假定

局地变化为0，用热成风法求解各测站的垂直速度 w。

7. 假定700 hPa某矩形区域网格距 $d=100$ km，网格点上的温度场、风场分布已知。

(1)求矩形区域内的温度平流。

(2)假定 $\frac{\partial T}{\partial t}=0$，$\gamma_d=0.98$℃/100 m，$\gamma=0.65$℃/100 m，求垂直速度 W。

8. 在一给定的区域网格上(11行×10列，网格距 $d=100$ km，第一纬度为60°N)，假定850 hPa、500 hPa的位势高度、温度、风速 U、V 已知。

(1)计算 ω 方程右方第一项、第二项的值。

(2)用郭晓岚假定后用张弛法计算 ω 场。

参考文献

丁一汇. 1994. 现代天气学中的诊断分析方法. 北京:气象出版社.

顾震潮. 1954. 大范围垂直运动的分析计算. 气象学报，**25**(3):147-164.

康文朠. 1957. 等熵面坡度公式及其对计算空气垂直运动的应用. 气象学报，**28**(1):86-90.

刘式适，刘式达. 1991. 大气动力学. 北京:气象出版社.

孙淑清. 1964. 平流层垂直运动的计算方法与1958年1月平流层热源热汇的分布. 气象学报，**34**(4):397-408.

王德翰，吴宝俊. 1985. 暴雨分析方法. 北京:气象出版社.

王永生等. 1987. 大气物理学. 北京:气象出版社.

伍荣生. 1959. 变压假定下垂直运动计算方法. 气象学报，**30**(2):72-84.

伍荣生. 1999. 现代天气学原理. 北京:高等教育出版社.

杨大升，刘玉滨，刘式适. 1980. 动力气象学. 北京:气象出版社.

张玉玲，吴辉碇，王晓林. 1986. 数值天气预报. 北京:科学出版社.

第5章　湿度场分析

形成暴雨的必要条件之一是要有足够多的水分。有计算表明，单靠当地已有的水分，是不可能形成暴雨的，必须要有水汽从周边源源不断地输入暴雨区。这样，在做暴雨分析和预报时，水汽输送是必须考虑的问题。水汽通量与水汽通量散度，是为了定量描述水汽输送的方向、大小、积聚，从而了解形成暴雨的水汽条件而引入的。近年来，国外一些气象学家还将水汽通量散度作为强对流天气的触发因子或预报因子。

5.1　水汽通量

水汽通量有时又称为水汽输送量，它是表示水汽输送强度的物理量。其定义是：在单位时间内流经某一单位面积的水汽质量。

5.1.1　水平水汽通量

按其含义，水汽输送应包括两种方式，即水平输送和垂直输送。我们一般所说的水汽输送是指水平输送 vq/g。为了推导出它的单位和理解其物理意义，我们取一个既垂直于地面又垂直于风速矢量的截面积 $ABCD$，如图5.1所示，它的高度为 ΔZ，底边长为 ΔL，设空气在单位时间内由 $ABCD$ 面流到 $A'B'C'D'$，此时空气体积为 $|\mathbf{V}| \cdot \Delta L \cdot \Delta Z$，又设 ρ 为空气密度，q 为比湿，则在此体积内所含的水汽量为

$$\rho \cdot q \cdot |\mathbf{V}| \cdot \Delta L \cdot \Delta Z \tag{5.1}$$

考虑到气象上的习惯用法和资料情况（多数都是各等压面上的资料），将垂直高度坐标 Z 变换成气压坐标 p，即 $\Delta Z=-\Delta p/\rho g$，将此代入(5.1)式并取绝对值得到

$$\rho \cdot q \cdot |\mathbf{V}| \cdot \Delta L \cdot \Delta p/\rho g = q/g \cdot |\mathbf{V}| \cdot \Delta L \cdot \Delta p \tag{5.2}$$

上式中各物理量 g、V、q、p、L 的单位分别为 m/s^2、m/s、g/kg、hPa(kg/(cm·s^2))、cm。故水汽通量的单位是 g/s。根据水汽通量的定义，若截面积的高取1 hPa，底边长为1 cm，并考虑水汽输送的方向，则此时水平水汽通量的表达式为

$$\frac{1}{g}q\mathbf{V} \tag{5.3}$$

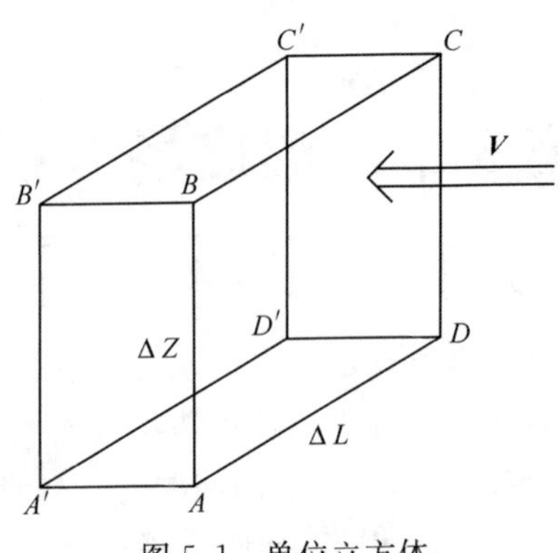

图 5.1 单位立方体

这样计算得出的水汽通量的单位应为 g/(s·hPa·cm)。风的方向即为水汽输送的方向。

5.1.2 垂直水汽通量

关于水汽的垂直输送，一般较少单独应用，多在水汽平衡中计算，它的表达式可写为

$$-\omega q/g \tag{5.4}$$

式中 $\omega=\mathrm{d}p/\mathrm{d}t$。按类似方法可把垂直输送的单位化为 g/(s·cm^2)，即单位时间内通过水平的单位面积的水汽输送量。

5.2 水汽通量散度

上节讲的水汽通量的数值和方向只能表示水汽的来源，在做降水成因分析，尤其是做暴雨成因分析及其预报时，特别需要进一步考虑从各个方向输送来的水汽能否在某地集中起来。表示这种输送来的水汽集中程度的物理量就是水汽通量散度。它的意义是在单位时间内，单位体积(底面积 1 cm^2，高 1 hPa)内汇合进来或辐散出去的水汽质量。

水平方向的水汽通量散度 A 的表达式为

$$A=\nabla\cdot\left(\frac{1}{g}q\mathbf{V}\right)=\frac{\partial}{\partial x}\left(\frac{1}{g}uq\right)+\frac{\partial}{\partial y}\left(\frac{1}{g}vq\right) \tag{5.5}$$

若 $A>0$，则水汽通量是辐散的(该区域内水汽是减少的)；若 $A<0$，则水汽通量是辐合的(该区域内水汽是增加的)。水汽通量散度的单位为 g/(s·cm^2·hPa)。

在具体计算时为了单位的一致，必须将网格距(Δx，Δy)化为cm。

水汽通量散度也可以写成

$$A=\nabla\cdot\left(\frac{1}{g}q\mathbf{V}\right)=\frac{1}{g}\mathbf{V}\cdot\nabla q+\frac{1}{g}q\nabla\cdot\mathbf{V} \tag{5.6}$$

上式右边第一项表示水汽的水平平流，第二项表示由于风场辐合(辐散)引起的水汽通量辐合(辐散)。这就是说，即使在水平方向上q是均匀分布的，仍可出现水汽通量辐合。一些暴雨个例研究指出，在暴雨区散度项是主要的，平流项的作用较小。这说明风场的辐合对暴雨的生成起很大作用，而单凭水汽的水平平流，不能生成暴雨或使暴雨持续。

若采用(5.5)式进行计算，则用在天气图网格点上的具体计算公式为

$$A_{i,j}=\frac{1}{g}\frac{m_{i,j}}{d}\left[(uq)_{i+1,j}-(uq)_{i-1,j}+(vq)_{i,j+1}-(vq)_{i,j-1}\right] \tag{5.7}$$

式中各网格点上的q值可由(3.19)式求得，地图放大因子$m_{i,j}$可根据第一章的有关公式求得。

5.3 水汽净辐合的计算

前面我们讲过，水汽通量散度是表示水汽能否在某地集中起来的物理量。由于各层的水汽通量散度不同，即有的层次辐合，有的层次辐散，某一时段内气柱内的水汽究竟是增加，还是减少，这就需要对整个气柱内各层的水汽通量散度进行垂直积分，来计算气柱内的水汽净辐合量。水汽净辐合量的大小，是决定降水量的重要因子。

我们知道，水汽的输送通常是呈带状的，而且这种水汽带在空间各层的交界位置及强度均不一样，在同一地区上空有时可能是一个水汽通道，有时可能有一个以上的水汽通道，有时水汽输送带主要集中在低空，有时则可能垂直伸展到对流层上部。因此对一个区域而言，我们既不能只考虑某一层的水汽量，也不能只考虑某一个方向的水汽通量，而只有考虑整个气柱的水汽净辐合量，才有助于对降水量的诊断分析。一般说来，在一个水汽相对集中的水汽净辐合区，如果有恰当的上升运动相配合，总会有降水出现的，许多实例分析证明确实如此。以下我们就来讨论这个问题。

从水汽守恒方程出发，单位体积内的水汽净辐合量R^*可表示为

$$R^*=-\nabla\cdot\rho q\mathbf{V} \tag{5.8}$$

其中$\nabla=\boldsymbol{i}\frac{\partial}{\partial x}+\boldsymbol{j}\frac{\partial}{\partial y}+\boldsymbol{k}\frac{\partial}{\partial p}$，$\mathbf{V}=u\boldsymbol{i}+v\boldsymbol{j}+\omega\boldsymbol{k}$，进入单位面积大气柱(底为$Z_B$取摩擦层

顶，顶为 Z_T 取大气柱顶）的底部和侧面的总水汽净辐合量 R 则为

$$R=\int_{Z_B}^{Z_T} R^* \mathrm{d}z=-\int_{Z_B}^{Z_T} \nabla\cdot\rho q\mathbf{V}\mathrm{d}z \tag{5.9}$$

利用静力近似关系式 $\mathrm{d}z=-\mathrm{d}p/\rho g$ 代入(5.9)式，相应积分应变为 p_B 到 p_T，则有

$$\begin{aligned}R&=\frac{1}{g}\int_{p_B}^{p_T}\nabla\cdot q\mathbf{V}\mathrm{d}p=\frac{1}{g}\int_{p_B}^{p_T}\nabla_h\cdot q\mathbf{V}_h\mathrm{d}p+\frac{1}{g}\int_{p_B}^{p_T}\frac{\partial q\omega}{\partial p}\mathrm{d}p\\&=\frac{1}{g}\int_{p_B}^{p_T}\nabla_h\cdot q\mathbf{V}_h\mathrm{d}p-(q\omega)\Big|_{p_B}^{p_T}\\&=\frac{1}{g}\int_{p_B}^{p_T}\nabla_h\cdot q\mathbf{V}_h\mathrm{d}p-\frac{q_B\omega_B}{g}\end{aligned} \tag{5.10}$$

令

$$\begin{cases}R_1=\dfrac{1}{g}\displaystyle\int_{p_B}^{p_T}\nabla_h\cdot q\mathbf{V}_h\mathrm{d}p\\[2ex]R_2=-\dfrac{q_B\omega_B}{g}\end{cases} \tag{5.11}$$

下面对 R_1 和 R_2 的计算分别讨论如下：

(1)侧向水平净辐合 R_1 的计算

如果我们将气柱由边界层顶 $p_B=p_1=850$ hPa 到积分上界 $p_T=p_7=250$ hPa，以等差间距 $\Delta p=100$ hPa 分作六层，则 R_1 积分表示为

$$R_1=\frac{1}{g}\left(\int_{850}^{750}+\int_{750}^{650}+\cdots+\int_{350}^{250}\right)\cdot(\nabla_h\cdot q\mathbf{V}_h)\mathrm{d}p \tag{5.12}$$

若各层水汽通量散度的积分取其中值，则积分式(5.12)可以下述求和形式计算

$$R_1=\frac{\Delta p}{g}\sum_{k=800}^{k=300}(\nabla_h\cdot q\mathbf{V}_h)_k \tag{5.13}$$

上式中各标准等压面层上的水汽通量散度可由(5.6)式计算，800 hPa 用 850 hPa 代替。

(2)垂直向净辐合 R_2 的计算

对垂直水汽净辐合量的计算，实际上主要取决于由边界进入气柱底部而流入气柱内部的水汽量。因此，可以认为该水汽净合量就等于 R_2，即

$$R_2 = -\frac{q_B \omega_B}{g} \tag{5.14}$$

由(5.14)式可见,R_2 主要取决于边界层次的比湿 q_B 和垂直速度 ω_B。q_B 由(3.2)、(3.7)式计算,而 $\omega = -\rho_B g w_B$,故有

$$R_2 = \rho_B q_B w_B = \frac{p_B q_B w_B}{RT_B} \tag{5.15}$$

p_B 和 T_B 分别为边界层顶 Z_B 处的气压和温度,w_B 为该处的垂直速度,它可由边界层埃克曼螺旋解求得,具体表达式如下

$$w_B = \xi_{gB} \sqrt{K/2f} \tag{5.16}$$

其中 ξ_{gB} 为边界层顶的地转风涡度,K 为涡动粘滞系数,f 为地转参数。将(5.16)式代入(5.15)式得

$$R_2 = \left(\frac{pq\xi_g}{RT} \sqrt{k/2f}\right)_B \tag{5.17}$$

其中,下标 B 表示括号中各量均为边界层顶的相应量。显然因地形高度的差异,计算区域内不同网格点的边界层顶高度也必然不相同。通常边界层顶高度在距地面 1 km 左右,$f=10^{-4}s^{-1}$,K 值可取 5×10^4 cm^2/s。

R_1 和 R_2 都求得后,它们两者的代数和即为气柱水汽净辐合量 R,单位为 $g/(cm^2 \cdot s)$。

5.4 降水率 P 的计算

5.4.1 根据水汽净辐合量计算降水率

5.3 节我们介绍了如何求单位面积和气柱内的水汽净辐合量 R,若水汽的净辐合量 R 全部凝结而变成降水,则它就可表示可能的降水率 P,则有

$$P = \frac{R}{\rho} = R\,\frac{g}{cm^2 \cdot s}\Big/\frac{g}{cm^3} = R(cm/s) = 10R(mm/s) \tag{5.18}$$

或

$$P = \frac{10}{g}\left[\int_{P_B}^{P_T} \nabla_h \cdot q\mathbf{V}_h \, dP + \left(\frac{pq\xi_g}{RT}\sqrt{\frac{K}{2f}}\right)_B\right] (mm/s) \tag{5.19}$$

用(5.19)式就可计算出某瞬时场的降水率,或称为降水强度。

5.4.2 大气可降水量

大气可降水量(precipitable water, PW)是指从地面垂直到大气顶的单位截气柱中所含水汽总量全部凝结并降落到地面可以产生的降水量,常用在同面积容器中相当水量的深度表示,以 cm 或 mm 为单位。

其积分形式的计算公式可按如下步骤导出,如图 5.2 所示,从单位截面大气柱中裁出厚度为 dz 的一段气柱,其容积为 dz,其中水汽质量为

$$\mathrm{d}m_v = \rho_v \mathrm{d}z \tag{5.20}$$

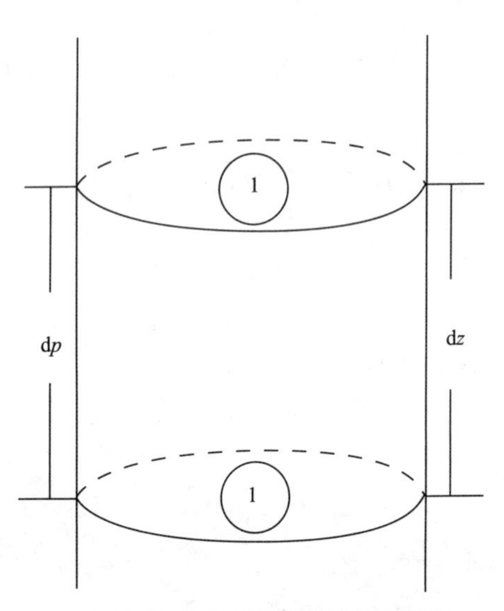

图 5.2 推导 PW 计算公式的示意图

考虑到比湿 $q=\rho_v/(\rho_v+\rho_d)$,即 $\rho_v=q(\rho_v+\rho_d)$,式(5.20)则可以变形为

$$\mathrm{d}m_v = (\rho_v + \rho_d)q\mathrm{d}z \tag{5.21}$$

考虑到空气密度 $\rho=(\rho_v+\rho_d)$,即 $\mathrm{d}p=-\rho\mathrm{d}z$,式(5.21)则可以变形为

$$\mathrm{d}m_v = \rho q \mathrm{d}z = -1/g\ q\mathrm{d}p \tag{5.22}$$

将上式对单位截面气柱从底到顶积分,即得

$$PW_1 = \int_0^{\infty} \mathrm{d}m_v = \int_0^{\infty} \rho g\,\mathrm{d}z = \frac{1}{g}\int_0^{p_0} q\mathrm{d}p \tag{5.23}$$

其中 q 为比湿,它随气压 p 而变,g 为重力加速度,p_0 为地面气压。

对于可降水量,实用中有以下几种算法:

(1)根据探空资料采用近似公式计算;

(2)根据水汽密度随高度分布的经验公式计算；

(3)用地面露点计算。

在水文气象学中常常用可降水量 PW_2 表示垂直气柱中的总水汽量，并换算成水深。它代表单位气柱中的水汽凝结后积聚在单位气柱底面上液态水的深度。

计算可降水量的 PW_2 一般公式为

$$PW_2 = \sum_i \left(\frac{\bar{q}\Delta p}{g\rho_w}\right)_i \tag{5.24}$$

其中 PW_2 代表已换算成水深的可降水量，以 cm 为单位。它是把积分式(5.23)改变为相应的差分求和形式，再除以水的密度得出的。

在一般情况下，可降水量比实际的降水量约大 1～2 倍。但在较强的降水系统中，特别是在暴雨中，实际降水量往往显著超过可降水量。对于前者易于理解，对于后者，尚未达成共识。有人认为，这是因为含有大量水汽的空气不断向降水系统中辐合造成的。

在某些文献中，有时会遇到可降水汽量(precipitable water vapor)，它就是指可降水量。

“可降水量”这个量是一种理论假设，实际大气中没有任何一种自然过程能把气柱中的水汽全部凝结或者降落下来。若用“水汽的液态水含量”代替“可降水量”，也许更贴切。

5.4.3 凝结函数法

假定饱和空气中凝结出来的水分在瞬时内全部下降至地面，那么 $-\rho\frac{dq_s}{dt}dz$ 就是截面积厚度为 dz 的薄层气柱对地面降水率(又称降水强度，指单位时间内的降水量)的贡献。于是降水率 P 可写成

$$P = -\int_0^\infty \rho\frac{dq_s}{dt}dz \tag{5.25}$$

利用准静力方程 $dp = -\rho g dz$ 对上式进行变换得

$$P = -\frac{1}{g}\int_0^{p_s}\frac{dq_s}{dt}dp \tag{5.26}$$

现在，问题的核心是，如何计算 dq_s/dt。

对 $q_s \approx 0.622e_s/p$ 两边取对数，再对 t 求导数，得

$$\ln q_s = \ln 0.622 + \ln e_s - \ln p$$

$$\frac{1}{q_s}\frac{dq_s}{dt} \approx \frac{1}{e_s}\frac{de_s}{dt} - \frac{1}{p}\frac{dp}{dt} = \frac{1}{e_s}\frac{de_s}{dt} - \frac{\omega}{p} \tag{5.27}$$

根据克劳修斯—克拉珀龙方程

$$\frac{\mathrm{d}e_s}{e_s} \cong \frac{L}{R_v T^2}\mathrm{d}T \tag{5.28}$$

代入式(5.27),得

$$\frac{1}{q_s}\frac{\mathrm{d}q_s}{\mathrm{d}t} = \frac{L}{R_v T^2}\frac{\mathrm{d}T}{\mathrm{d}t} - \frac{\omega}{p} \tag{5.29}$$

假设空气块除了凝结释放热量以外,无其他热量来源,则按照热力学第一定律有

$$-L\frac{\mathrm{d}q_s}{\mathrm{d}t} = c_p\frac{\mathrm{d}T}{\mathrm{d}t} - \frac{RT}{p}\omega \tag{5.30}$$

用 $R_v T^2/L$ 乘以(5.29)式,得

$$\frac{R_v T^2}{Lq_s}\frac{\mathrm{d}q_s}{\mathrm{d}t} = \frac{\mathrm{d}T}{\mathrm{d}t} - \frac{R_v T^2}{Lp}\omega \tag{5.31}$$

用 $1/c_p$ 乘以(5.30),得

$$-\frac{L}{c_p}\frac{\mathrm{d}q_s}{\mathrm{d}t} = \frac{\mathrm{d}T}{\mathrm{d}t} - \frac{RT}{c_p p}\omega \tag{5.32}$$

(5.31)－(5.32)得

$$\left(\frac{R_v T^2}{Lq_s} + \frac{L}{c_p}\right)\frac{\mathrm{d}q_s}{\mathrm{d}t} = \left(-\frac{R_v T^2}{Lp} + \frac{RT}{c_p p}\right)\omega \tag{5.33}$$

化简得

$$\left(\frac{c_p R_v T^2 + L^2 q_s}{c_p L q_s}\right)\frac{\mathrm{d}q_s}{\mathrm{d}t} = \left(\frac{RL - c_p R_v T}{c_p L}\right)\frac{T}{p}\omega$$

最后可得

$$\frac{\mathrm{d}q_s}{\mathrm{d}t} = \frac{q_s T}{p} \times \left(\frac{RL - c_p R_v T}{c_p R_v T^2 + L^2 q_s}\right)\omega = F\omega \tag{5.34}$$

代入(5.26)得

$$P = \frac{-1}{g}\int_0^{p_0}\frac{\mathrm{d}q_s}{\mathrm{d}t}\mathrm{d}p = \frac{-1}{g}\int_0^{p_0}F\omega\,\mathrm{d}p \tag{5.35}$$

其中 $F=\frac{q_s T}{p}\frac{LR-c_p R_v T}{c_p R_v T^2+q_s L^2}$称为凝结函数。$F$ 只是 P 和 T 的函数,因此只要由第四章中讲的“修正方案”计算出垂直速度 ω,并用相应层次上的 P 和 T 值计算出 F,就可以算出降水率。实际计算时,可用下述近似方案。取 $p_0=850$ hPa,上界取为 550 hPa,则

$$P = -\frac{1}{g}\int_{550}^{850}F\omega\,\mathrm{d}p \tag{5.36}$$

对上述积分可采用辛普生公式来计算,而这公式可按下述方式推导出来。

设 $y=f(x)=ax^2+bx+c$,则

$$\int_{x}^{x_2} f(x)\mathrm{d}x=\int_{x}^{x_2}(ax^2+bx+c)\mathrm{d}x=\left(\frac{a}{3}x^3+\frac{b}{2}x^2+cx\right)\Bigg|_{x_0}^{x_2} \tag{5.37}$$

设 $f(x)$经过点 M_0、M_1、M_2,并且 x_1 为 x_2 与 x_0 的中点,即 $x_1=\frac{1}{2}(x_0+x_2)$,则 $y_0=ax_0^2+bx_0+c$,$y_1=ax_1^2+bx_1+c$,$y_2=ax_2^2+bx_2+c$,并令 $\Delta x=\frac{1}{2}(x_2-x_0)$,代入式(5.37)得

$$\begin{aligned}\int_{x}^{x_2} f(x)\mathrm{d}x&=\frac{a}{3}(x_2^3-x_0^3)+\frac{b}{2}(x_2^2-x_0^2)+c(x_2-x_0)\\&=\frac{x_2-x_0}{6}[2a(x_2^2+x_2x_0+x_0^2)+3b(x_2+x_0)+6c]\\&=\frac{\Delta x}{3}[(ax_0^2+bx_0+c)+(ax_2^2+bx_2+c)+\\&\quad a(x_2+x_0)^2+2b(x_2+x_0)+4c]\end{aligned}$$

即

$$\begin{aligned}\int_{x}^{x_2} f(x)\mathrm{d}x&=\frac{\Delta x}{3}[y_0+y_2+4ax_1^2+4bx_1+4c]\\&=\frac{\Delta x}{3}[y_0+y_2+4y_1]\end{aligned} \tag{5.38}$$

现在,我们取 $\Delta p=150$ hPa,并用 500 hPa 的 $F\omega$ 近似代替 550 hPa 的 $F\omega$,便可将式(5.36)变换为

$$\begin{aligned}P&=-\frac{1}{g}\int_{550}^{850}F\omega\mathrm{d}p=-\frac{150}{3g}[(F\omega)_{850}+4(F\omega)_{700}+(F\omega)_{550}]\\&=-\frac{150}{3g}[(F\omega)_{850}+4(F\omega)_{700}+(F\omega)_{500}]\end{aligned} \tag{5.39}$$

若计算 1 小时降水强度,则上式可写成

$$P=-\frac{150\ \mathrm{hPa}}{3g}\frac{3600\ \mathrm{s}}{1\ \mathrm{h}}[(F\omega)_{850}+4(F\omega)_{700}+(F\omega)_{500}]$$

由于 $1\ \mathrm{hPa}=10^3\ \mathrm{g/(s^2\cdot cm)}$,$g=980\ \mathrm{cm/s^2}$,所以上式的系数为

$$-\frac{150\ \mathrm{hPa}}{3g}\frac{3600\ \mathrm{s}}{1\ \mathrm{h}}=-\frac{150\times10^3\ \mathrm{g/(s^2\cdot cm)}\times3600\ \mathrm{s}}{3\times980\ \mathrm{cm/s^2}\cdot1\ \mathrm{h}}$$

$$=-1.84\times10^{5}\ \mathrm{g\cdot s\cdot cm^{-2}\cdot h^{-1}}$$
$$=-1.84\times10^{6}\ \mathrm{mm\cdot s\cdot cm^{-2}\cdot h^{-1}}$$

(因为 1 g 水的降水的量相当于 10 mm 的降水量)。

假如我们取气压的单位为 hPa,q 的单位为 g/kg$=10^{-3}$,由于大尺度 ω 值一般为 10^{-3} hPa/s 左右,ω 的单位为不妨取为该值,F 的单位可取为 q 与 ω 的单位之比乘以 s,即 10^{-5}/hPa,则 $F\omega$ 的单位为 10^{-8}/s,故 P 的表达式可写成

$$P=-1.84\times10^{-2}\left[(F\omega)_{850}+4\ (F\omega)_{700}+(F\omega)_{500}\right]\mathrm{mm\cdot cm^{-2}\cdot h^{-1}} \tag{5.40}$$

5.5　总降水量的计算

由上述两种计算降水量的方法求得 P 以后,则在某一时段(t_1-t_2)内单位面积上的总降水量为

$$W=\int_{t_1}^{t_2}P\mathrm{d}t \tag{5.41}$$

由(5.41)式就可计算出某一地区,某时段内的总降水量。

5.6　降水效率

降水效率(precipitation efficiency)是指在一个降水系统(云、雷暴、中尺度对流系统、天气尺度系统等)中,实际产生的降水总量除以理论上可能的最大降水总量所得出的比值(王鹏飞,李子华,1989)。

理论上可能的最大降水总量有几个定义,目前尚未统一。以云或风暴为例,一般采用进入云或风暴系统的全部水汽总量,或云或风暴中凝结和凝华的全部水量。理论上最大可能降水量的这种估算很不精确,致使降水效率的估算也不精确。

从已有的结果看来,各种云和风暴的降水效率差别很大。非降水云的降水效率为 0,降水云的降水效率一般为 0.1～0.8,层状云的降水效率一般比对流云高,上升气流过强的对流云(如雹云)降水效率较低,在风垂直切变强的大气中发展的积云降水效率也低。

复习题

1. 如何计算水汽通量、水汽通量散度?

2. 如何计算水汽净辐合、侧向辐合和垂直辐合？

3. 导出凝结函数法计算降水率的计算公式。

4. 假定 850～250 hPa 某区域网格上(18 行×10 列，网格距 d=100 km)的温度、露点温度、风速 U、V 已知，计算侧向净水汽辐合 R_1。

5. 某区域网格上的温度、露点温度及垂直速度 ω 已知，用凝结函数法计算降水率。

参考文献

蔡英，宋敏红，钱正安，等. 2015. 西北干旱区夏季强干、湿事件降水环流及水汽输送的再分析. 高原气象，**34**(3)：597-610.

高晓清. 1994. 西北干旱地区大气中水汽的平均输送. 高原气象，**13**(3)：307-313.

何金海，T. 村上多喜雄. 1983. 1979 年 6 月东亚和南亚上空的水汽通量. 大气科学学报，**2**：159-173.

曲延禄，张程道. 1986. 大气中水汽输送的气候学计算、分析方法的一个注释. 气象学报，**44**(3)：63-67.

施永年等. 1962. 我国西北地区夏季水汽输送的初步计算结果. 大气科学学报，**2**：33-40.

施永年，刘蕙兰，马开玉. 1982. 我国东部夏季的水汽输送和水汽含量. 气象科学，**Z1**：147-153.

王赐震. 1979. 可能最大暴雨的动力计算. 海洋湖沼通报，**1**：33-43.

王鹏飞，李子华. 1989. 微观云物理学. 北京：气象出版社，417-423.

吴国雄. 1990. 大气水汽的输送和收支及其对副热带干旱的影响. 大气科学，**14**(1)：53-63.

谢义炳，戴武杰. 1956. 中国东部地区夏季水汽输送个例计算. 气象学报，**30**(2)：173-185.

徐淑英. 1958. 我国的水汽输送与水份平衡. 气象学报，**29**(1)：33-43.

尹浩，王咏青，钟玮. 2015. 西北太平洋热带气旋快速加强过程中的水汽特征分析. 气候与环境研究，**20**(4)：433-442.

俞樟孝，翟国庆，王泽厚，等. 1983. 长江中下游低空急流中心产生暴雨的条件. 气象学报，**41**(3)：365-371.

张淮. 1981. 海面动量、感热和水汽输送的动力学分析. 地球物理学报，**24**(1)：11-18.

郑斯中，杨德卿. 1962. 中国大陆上空的水汽含量. 地理学报，**28**(2)：124-136.

邹进上，刘蕙兰. 1983. 我国大陆上空平均水汽含量及其季节变化. 气象科学，**1**：32-40.

Lorenz E N, Organization W M. 1967. The nature and theory of the general circulation of the atmosphere. *Reports on Progress in Physics*, **218**(1)：213-267.

第6章　稳定度和能量分析

空气的垂直运动对天气的变化和发展起着重要的作用，对于云雨等重要天气现象的生消有着直接的影响。大气中的垂直运动按其产生的原因、影响范围的不同，可以分为两大类：一类是系统性的垂直运动，另一类是对流性垂直运动。本章讨论的是与对流性垂直运动密切相关的大气静力稳定度问题。

6.1　稳定度分析

所谓大气层结是指大气密度和温度在垂直方向上的分布，密度的垂直分布称为密度层结，温度的垂直分布称为温度层结。

对流层是大气的最低层，温度是随高度减小的。该层大气质量约占全部大气质量的80%，大气的主要天气现象均出现在对流层中。若令γ表示气温随高度的递减率，即

$$\gamma = -\frac{\partial T}{\partial z} \tag{6.1}$$

则当温度随高度减小时，γ为正值，反之γ为负值。在对流层中，高度增加100 m，气温平均下降0.6℃，即$\gamma = 0.6$℃/100 m。

6.1.1　空气微团的稳定度分析

(1)稳定度判据

设想在层结大气中有一空气块，由于某种原因，使它从起始位置产生一垂直位移，在静力平衡条件下若层结大气使空气块趋于返回原来位置，则称层结是稳定的；若层结大气使空气块趋于继续上升，则称层结是不稳定的，若层结大气对空气块的作用力使其恢复或继续离开原来位置，则称层结是中性的。层结稳定、中性、不稳定统称层结稳定度。所以，层结稳定度就是讨论大气层结对于垂直运动的空气的作用，因静止大气满足静力平衡，所以层结稳定度又称为静力稳定度。

用在静止大气中受到垂直扰动的气块的运动状况来鉴别大气静止稳定度，这种方法称为气块法。气块法假定受扰动气块的影响在运动过程中保持绝热状态。

从密度层结看，密度随高度减小，即重空气位于轻空气之下，似乎大气层结是稳定的。但它还受温度层结的制约，因此层结稳定度乃是所有大气层结状态的综合作用。

干空气或未饱和湿空气微团的运动可看成是绝热的，这是因为其运动是非常迅速的，且空气中的热传导性相对较小。因此，对于这个微团，根据热力学第一定律 $c_p\mathrm{d}T=\alpha\mathrm{d}P=-g\mathrm{d}z$ 和静力平衡条件，可导出绝热递减率为

$$\gamma_d=-\left(\frac{\mathrm{d}T}{\mathrm{d}z}\right)_{ad}=\frac{g}{c_p} \tag{6.2}$$

即差不多 1℃/100 m。

运动中的微团受重力和气压梯度力作用即

$$\frac{\mathrm{d}w}{\mathrm{d}t}=-g-\frac{1}{\rho}\frac{\partial p}{\partial z} \tag{6.3}$$

而环境空气满足静力平衡条件

$$0=-g-\frac{1}{\rho_A}\frac{\partial p}{\partial z} \tag{6.4}$$

这里 ρ 和 ρ_A 分别是微团和环境空气的密度。假定每一时刻作用在微团上的气压与同一水平面上的环境气压相同($p=p_A$)，则根据以上两个方程有

$$\frac{\mathrm{d}w}{\mathrm{d}t}=g\frac{\rho_A-\rho}{\rho} \tag{6.5}$$

假定空气是理想气体，上式可化为

$$\frac{\mathrm{d}w}{\mathrm{d}t}=g\frac{T-T_A}{T_A} \tag{6.6}$$

上式即为判断一空气微团是否稳定的基本条件。

(2)干空气或未饱和湿空气稳定度判别

由于干空气或未饱和湿空气微团的运动可看成是绝热的，如果微团由 Z_0 处开始移动，这里微团的温度等于环境温度 $T_A(Z_0)$，则空气微团位移一小段 ΔZ 后的终态温度为

$$T(Z_0+\Delta Z)=T_A(Z_0)-\gamma_d\Delta Z$$

环境温度为

$$T_A(Z_0+\Delta Z)=T_A(Z_0)-\gamma\Delta Z$$

γ_d为干绝热递减率，$\gamma=-\partial T_A/\partial Z$是环境温度递减率。因此对干空气或未饱和湿空气(6.6)式可表述为

$$\frac{\mathrm{d}w}{\mathrm{d}t}=g\Delta Z\frac{\gamma-\gamma_d}{T_A} \tag{6.7}$$

由上式可知，$\frac{\mathrm{d}w}{\mathrm{d}t}$与$\Delta Z$符号相同时气块不稳定，否则是稳定的，由此得到如下判据

$$\begin{cases}\gamma<\gamma_d & \text{稳定}\\ \gamma=\gamma_d & \text{中性}\\ \gamma>\gamma_d & \text{不稳定}\end{cases} \tag{6.8}$$

对$\theta=T\left(\frac{1000}{p}\right)^{\frac{R}{c_p}}$求$Z$的偏导数得$\frac{T}{\theta}\frac{\partial\theta}{\partial Z}=\gamma_d-\gamma$，因此(6.8)式也可表述为

$$\frac{\partial\theta}{\partial Z}\begin{cases}>0 & \text{稳定}\\ =0 & \text{中性}\\ <0 & \text{不稳定}\end{cases} \tag{6.9}$$

(3)饱和湿空气稳定度判别

对饱和湿空气微团其温度递率为γ_m，相应的判据为

$$\begin{cases}\gamma<\gamma_m & \text{稳定}\\ \gamma=\gamma_m & \text{中性}\\ \gamma>\gamma_m & \text{不稳定}\end{cases}\quad \text{或}\quad \frac{\partial\theta_e}{\partial Z}\begin{cases}>0 & \text{稳定}\\ =0 & \text{中性}\\ <0 & \text{不稳定}\end{cases} \tag{6.10}$$

$$e_e=\theta\exp(Lq/c_pT)$$

6.1.2　天气分析中常用的不稳定判据

(1)K指数

在暴雨分析和预报中，K指数是一个可供参考的指标，K指数的定义是

$$K=(T_{850-}-T_{500})+T_{d850}-(T-T_d)_{700} \tag{6.11}$$

式中等号右边第一项代表温度直减率，第二项表示低层的水汽条件，第三项可反映饱和程度和湿层厚度。可见，K指数是一个时反映稳定度和湿度条件的综合指标。一般说来，K值愈高，潜能愈大，大气愈不稳定。

(2)R_i数(理查逊数)

在干空气中,R_i数的定义为

$$R_i = \frac{g}{\theta}\frac{\partial\theta}{\partial Z}\Big/\left(\frac{\partial \mathbf{V}}{\partial Z}\right)^2 \tag{6.12}$$

R_i数最早是用作湍流能否发展的判据,后来根据风垂直切变讨论斜压不稳定时,R_i是区分各种尺度扰动系统不稳定性判据之一。在物理上,它是表示大气静力稳定度和动力稳定度的综合参数。在能量上可看作气块浮升要消耗的能量和大尺度风场能得到的能量之比,在降水分析和预报中,以$\partial T_\sigma/\partial Z$($T_\sigma$ 为湿静力总温度)代替$\partial\theta/\partial Z$,并作以下变换

$$\begin{aligned}R_i &= \frac{g}{T_\sigma}\frac{\partial T_\sigma}{\partial Z}\Big/\left(\frac{\partial V}{\partial Z}\right)^2 = \frac{g}{\overline{T}}\frac{\partial T_\sigma}{\partial Z}\Big/\left(\frac{\partial V}{\partial Z}\right)^2 \\ &= \frac{g}{\overline{T}}\frac{\partial T_\sigma}{\partial P}\frac{\partial P}{\partial Z}\Big/\left(\frac{\partial V}{\partial P}\frac{\partial P}{\partial Z}\right)^2 = \frac{g}{\overline{T}}\frac{\partial T_\sigma}{\partial P}\frac{\partial Z}{\partial P}\Big/\left(\frac{\partial V}{\partial P}\right)^2\end{aligned} \tag{6.13}$$

将静力方程和状态方程代入(6.13)式,并写成差分形式,得

$$R_i = -2.87\frac{\Delta P}{P}\frac{\Delta T_\sigma}{(\Delta V)^2}\times 10^2 = -C\frac{\Delta T_\sigma}{(\Delta V)^2}\times 10^2 \tag{6.14}$$

其中$(\Delta V)^2 = (\Delta u)^2 + (\Delta v)^2$,经验性判据如下

$$\begin{cases} R_i < -2 & \text{积雨云} \\ R_i < -1 & \text{雷暴} \\ -1 < R_i < 1/4 & \text{系统性对流} \end{cases} \tag{6.15}$$

在 850~500 hPa 气层内,$C=2.87(\Delta P/P)\approx 1.488$,$\Delta T_\sigma$ 和 ΔV 为气柱上、下层的总温度差和全风速差。

当湿空气的潜热释放,使得层结接近于中性,静力稳定度变小,湿静力温度 T_σ 在垂直方向比较均匀(即$\partial T_\sigma/\partial P\approx 0$),这样等能面上等压线密集,大气湿斜压性增强,而在湿斜压大气中最大不稳定波长与湿层结因子的平方根成正比,即

$$L_m \propto \left(-\frac{g}{T}\frac{\partial T_\sigma}{\partial P}\right)^{1/2} \tag{6.16}$$

加上当低层存在急流时,风速垂直切变很大,使 R_i 很小,这有利于中尺度扰动的发展,产生强烈的上升运动。

(3)沙氏指数

$$SI = T_{500} - T_S \tag{6.17}$$

其中,T_{500}为 500 hPa 的实际温度,T_S为气块从 850 hPa 开始按干绝热状态上升到抬升凝结高度后,再按湿绝热状态上升,到达 500 hPa 处的温度。$SI>0$ 表示气层稳定,$SI<0$ 表示气层不稳定,负值越大,气层越不稳定。在 850 hPa 之间存在锋面或逆温时,SI 无意义。

(4)K_y 指数

日本的山崎孝治(1975)分析了产生对流的三个条件,并把它们综合为一个指数K_y(y 是作者的英文缩写),用于 12～24 小时的暴雨预报,效果较好。对流的三个条件是:

①沙氏指数 $SI<1.5$℃

②850 hPa 的温度露点差$(T-T_d)<3$℃

③850 hPa 到 500 hPa 这层平均温度平流 T_A,如果这气层有暖平流,又假定 500 hPa 以上没有温度平流,则大气的不稳定度就会增加,条件是

$$T_A \geqslant 2\times10^{-5}\,℃/\mathrm{s}$$

$$K_y=\begin{cases}(8.64\times10^4T_A-SI)/[1+(T-T_d)_{850}] & T_A>SI\\ 0 & T_A\leqslant SI\end{cases} \tag{6.18}$$

根据一些地区的统计,$K_y>3$ 时,出现大雨的可能性较大;当 $K_y>5$ 时,很可能有大到暴雨产生。

在使用这些不稳定判据时,应取多大的数值作为预报暴雨之标准,不能完全照搬别人的具体数值,因为判据的临界值可能因时、因地而有所不同,必须根据各地的实际情况而定。

(5)对流性不稳定指数

在日常天气分析中用的对流不稳定判据通常被简单地表示为

$$\Delta\theta_{se} = \theta_{se(\text{高层})} - \theta_{se(\text{低层})} \tag{6.19}$$

当 $\Delta\theta_{se}<0$ 时,为不稳定。这反映一种下湿上干的状态,一般的做法是高层取 500 hPa,低层取 850 hPa。因为对流层中不稳定能量的释放主要在中下层,在过去的分析中,有人认为采用 $\theta_{se(600)}-\theta_{se(1000)}$ 较好。对于高原地区相应的层次应取高一些。当对流中层有一股干冷的气流,而低层有潮湿的空气输送时,就具备了产生对流的良好条件。

计算结果表明 $\Delta\theta_{se}$ 的负值中心或附近地区,有出现较大降水的可能。从大量的

实例统计可以找出有一定预报意义的 $\Delta\theta_{se}$ 指标。但必须着重指出，当 $\Delta\theta_{se}$ 的负值迅速减小，甚至在为正值（稳定）时，这种情况下，$\Delta\theta_{se}$ 这个指标不能很好地反映实际的稳定度状况。也就是说，这时算得的 $\Delta\theta_{se}$ 负值很小，或为正值，并不能说明暴雨已经结束。所以除了使用单站 $\Delta\theta_{se}$ 外，还可以用 $\Delta\theta_{se}$ 的分布和气流图结合起来分析。因此，分析 $\Delta\theta_{se}$ 的计算结果，不仅是静态分析（分析当时的情况）更重要的是从运动（平流的观点）方面分析它的发展变化，这对于预报很有帮助。

(6)位势不稳定

所谓位势不稳定，就是由于整层上升的结果，起始稳定平衡的状态，变得不稳定了。不稳定的条件是空气达到饱和。位势不稳定可以用来诊断冷锋、辐合和地形等引起的大尺度上升运动使整层空气抬升而产生的不稳定度。整层空气被抬升达到饱和，因而变为不稳定，但整层空气被抬升达到饱和，不一定均变为不稳定，这要看上下层 θ_{se} 的差值，当上层的 θ_{se} 大于下层的 θ_{se} 时，抬升前稳定，抬升后达到饱和时仍稳定。只在当上层的 θ_{se} 小于下层的 θ_{se} 且下层 $T-T_D$ 很小（近于饱和），上层的却很大（特干），整层空气被抬升到饱和时，才变成不稳定的。例如对 850～500 hPa 气层，

$$T_{500}=1℃ \qquad T_{d500}=-14℃ \qquad \theta_{se500}=342.13\ \mathrm{K}$$

$$T_{850}=20℃ \qquad T_{d850}=10℃ \qquad \theta_{se850}=331.36\ \mathrm{K}$$

显然 $\theta_{se850}<\theta_{se500}$，可算得 $IL=-10.68$ K，属于稳定。

6.2　能量分析

能量天气分析、预报方法，在我国是中国气象科学研究院首先研究并逐步推广的。目前，全国绝大部分省、市、自治区都有一些单位将这种观点和方法应用在暴雨、冰雹和台风路径等的分析、预报上。

早在一百年前，恩格斯就指出，能量守恒与转化定律，是“从星云到人的一切物体的普遍的自然规律”，它表明了“自然界中的一切运动都可以归结为一种形式向另一种形式不断转化的过程”。气象学是以研究我们地球上的大气运动过程和规律为任务的，因此，人们很早就开始从大气能量学的观点研究天气变化了。

大气能量学包括两个方面：第一是各种形式大气能量的分配情况，第二是不同形式的能量间的转换过程。在考虑短期天气变化中，大气同外界的能量交换或质量（主要是水分）交换是可以忽略的，即忽略能和水的源和汇，也就是只包括了大气中已具有的能和水的形式变化。水滴的凝结和蒸发是大气中水汽含量变化的唯一过程。水汽凝结后的水滴全部降落称为假绝热过程。水汽凝结后的水滴全部不降落，并用在以后蒸发时，称为可逆的湿绝热过程。两者统称为湿绝热过程。实际情况是凝结的

水滴部分降落，部分存留在大气中后被蒸发，即介于假绝热过程和可逆湿绝热过程之间的。

把大气看成一个包含各种形式的能量闭合系统。由能量守恒原理，对于一个孤立系统，能量只能是由一种形式转换成另一种形式。大气中各种天气，从发生到消亡的过程都伴随着大气能量的转换过程。对种种不稳定能量的积累和爆发释放过程，进行分析有助于认识大气运动的规律。

6.2.1　大气中能量的种类：

大气中单位质量的空气具有以下几种能量：

(1)动能

$$E_k = \frac{V^2}{2} \tag{6.20}$$

式中 V 为全风速。

(2)位能

$$E_p = gZ \tag{6.21}$$

式中 Z 为气块距海平面的高度，g 为重力加速度。

(3)感(显)热能

$$E_T = c_p T = (c_v + R)T \tag{6.22}$$

式中 c_p 为定压比热容，T 为温度(K)，c_v 为定容比热容，即单位质量气块的内能，R 为气体常数。

(4)水汽相变潜热能

$$E_q = Lq \tag{6.23}$$

式中 q 为空气比湿，L 为凝结潜热，$L \approx 2500$ J/g。

6.2.2　总能量和总温度

在处理湿对流过程时，还有一个很有用的热力学变量：湿静力温度 T_σ。

研究表明，可以直接决定大气运动状态的主要能量是：显热能、潜热能、位能、动能。所谓总能量，是指上述 4 种能量之和。对于单位质量(下同)的空气块

$$E_t = c_p T + Lq + gZ + V^2/2 \tag{6.24}$$

式(6.24)右端各项虽是和差关系，但在 20 世纪 70 年代，我国气象台站计算设备非常落后，直接使用观测资料计算仍有困难，为此雷雨顺等(1986)引入与总能量相应

的温度——总温度

$$T_t=\frac{E_t}{c_p}=T+\frac{Lq}{c_p}+\frac{gZ}{c_p}+\frac{V^2/2}{c_p} \tag{6.25}$$

上式中 T_t 和 T 的单位分别为 K 或℃，其中干空气定压比热容 $c_p=1004$ J/(kg·K)，重力加速度 $g=9.8$ m/s²，海拔高度 Z 的单位取 m，水的汽化潜热 $L=2500$ J/K，比湿 q 的单位取 g/kg，风速 v 的单位取为 m/s。不难看出上式各项的单位都为温度的单位。不言而喻，当已知用绝对温度表示的总温度时，只要再乘以 c_p，就可得到总能量 E。

一个物理量 $F(x,y,z,t)$ 如果其个别变化为零，则称该物理量具有保守性。可以证明在绝热、无摩擦、气压场为定常的条件下，空气块的总能量 E 具有保守性（雷雨顺，1986）。

6.2.3　总温度的几种形式

将各项常数代入(6.25)式中，得

$$T_t=T+2.5q+10Z+5\times10^{-4}V^2 \tag{6.26}$$

上式中 T_t 和 T 的单位分别为 K 或℃，动能项数值小于 0.5℃，因动能项一般比其他项小，故常略去。略去动能项后，T_t 可近似地写成

$$T_t\approx T_\sigma=T+2.5q+10Z \tag{6.27}$$

其中 T_σ 称作湿静力总温度。此式为比较常用的计算公式。在气压、温度不变的条件下，假定空气达到饱和时的湿静力温度，称为饱和湿静力温度。该物理量最初是为了分析雹暴而引入的。实践表明，这是一个重要的物理量，它在制作对流天气分析预报时非常有用。

另外当气压和温度不变，假定空气达到饱和时（即 $T=T_d$）的总温度，称之为饱和总温度 T_s，其表达式为

$$T_s\approx T+2.5q_s+10Z \tag{6.28}$$

其中，$q_s(T)$ 为与温度 T 相应的饱和比湿，单位为 g/kg，其余单位与(6.28)式相同。一般讲来 T_s 是假定物理量，但在对流性天气的分析和预报中很有用处。

6.2.4　能量形式图和能量天气系统分析

(1)能量形式图分析

根据观测资料中的温度、露点、高度计算各站 $T_\sigma(T_t)$ 值，分析等值线，就得到总

能量形势图。

①由 T_σ 线所围中心值的大小，即表示高(低)能区。

②由中心向外伸出的狭长部分，称高(低)能舌。

③T_σ 线特别密集的地区，称为能量锋区。它以能量的形式考虑了两种气团之间温、压、湿、风各要素的综合作用。在高层能量锋区与高空锋区相当。

(2)能量天气系统分析

实践证明，中小尺度天气系统，在能量形势图上反应更为明显。在等高线稀疏，短波系统不明显的区域出现次天气尺度的高能中心，而且在高能中心的边缘，未来24小时，都有大暴雨对流天气出现。

在地面能量场上，中尺度高低能中心，常以超出10～30 K的量值叠加在能量的背景场上；扰动值为背景值的3%～10%。而一般中尺度高低压，仅以超出2～10 hPa的量值叠加在背景气压场上。扰动值为背景值的0.2%～1.0%。

一般情况，天气尺度能量锋的水平总温度梯度在4℃/100 km以上。而中小尺度的能量锋的水平总温度梯度竟达10～30℃/100 km以上。

6.2.5　全球平均能量分布

表6.1给出了两半球和全球各种能量形式的平均值。由表可见，最重要的能量形式为内能(占全球平均的70.4%)、位能(27.1%)和潜热能(2.5%)，动能仅占大气总能量的很小一部分(0.05%)。然而，在对大气有效的能量中，动能占相当大的部分，它在大气环流的能量学中起着非常重要的作用。北半球年循环的振幅比南半球几乎要大一倍，这主要是由于两半球海陆分布的差异所造成的。

表6.1　两半球和全球大气能量的积分(单位：10^7 J/m^2)

能量形式	北半球	南半球	全球
内能(Ⅰ)	180.6	180.0	180.3
位能(Φ)	70.0	68.7	69.3
潜热能(LH)	6.48	6.28	6.38
动能(K)	0.116	0.131	0.123
总能(E)	257.2	255.1	256.1
K/E(%)	0.05	0.05	0.05
LH/E(%)	2.52	2.46	2.49

复习题

1. 如何判断干空气或未饱和湿空气稳定度判据、饱和湿空气稳定度判据?

2. 如何计算 K 指数、R_i 指数、沙氏指数、K_y 指数?

3. 何为总能量和总温度?

4. 已知某区内 29 个测站 850 hPa、500 hPa 的位势高度、温度、露点温度，计算各站 K 指数、Ri 数、$\theta_{e850}-\theta_{e500}$。

参考文献

雷雨顺. 1980. 强对流天气的几个问题. 大气科学,**4**(1):95-101.

雷雨顺. 1980. 特大暴雨的静力能量分析. 气象科技,**8**(12):1-5.

雷雨顺. 1980. 特大暴雨的夜间多发性. 自然杂志,**3**(10):774-777.

雷雨顺,吴正华. 1981. 能量天气分析方法在我国的发展. 气象科技,**9**(3):1-6.

雷雨顺. 1986. 能量天气学. 北京:气象出版社.

李洪勳. 1985. 计算不稳定能量的新方法及其应用. 气象学报,**43**(1):63-721.

李耀东,刘健文,高守亭. 2004. 动力和能量参数在强对流天气预报中的应用研究. 气象学报,**62**(4):401-409.

李跃清. 1984. 湿有效位能在强降水预报中的应用. 气象,**10**(12):23-24.

秦宏德. 1983. 青藏高原那曲地区强对流天气的大气静力能量垂直分布. 高原气象,**2**(1):61-65.

秦丽,李耀东,高守亭. 2006. 北京地区雷暴大风的天气一气候学特征研究. 气候与环境研究,**11**(6):754-762.

王沛霖. 1964. 对流预报的平均不稳定能量指标. 气象学报,**34**(3):299-303.

吴池胜. 1990. 层结大气中重力惯性波的发展. 大气科学,**14**(3):379-383.

谢义炳. 1978. 能量天气分析、预报方法的现状和将来的可能发展. 气象科技资料,**1**:5-9.

张成年,朱俊峰,陈红萍,等. 2007. 沙氏指数计算方案探讨. 气象科技,**35**(2):171-174.

赵桂香,李新生,袁崇民,等. 2006. 华北盛夏暴雨过程的能量特征分析. 山西气象,**19**(1):4-7.

周振樟,侯喜良. 2010. 南安市秋季一次大暴雨天气过程诊断. 气象科技,**38**(1):53-57.

朱乾根,林锦瑞,寿绍文,等. 2000. 天气学原理和方法. 北京:气象出版社.

山崎孝治. 1975. 对流 3 条件と. Y. Index—大雨予想の一方法. 研究时报,**27**:347-352.

第7章 若干新的诊断量

随着大气科学的发展进步，20世纪80年代以后，出现了很多新的诊断物理量，在天气分析预报(特别是重大天气预报)中发挥了重要作用。本章介绍Q矢量分析方法、位涡思想的应用、条件性对称不稳定的分析应用以及在强对流天气分析预报中新近引入的几个参数。

7.1 Q矢量分析

众所周知，垂直运动是大气过程发展的产物，是导致云、降水等天气现象的重要动力条件。大气中发生的凝结和降水过程，热量和动量的垂直输送，以及大气中位能与动能之间的相互转换等，都与垂直运动有密切关系，因而垂直运动常被作为天气系统生成、发展的一个重要指标，对天气预报有着十分重要的意义。但垂直运动至今无法直接测量，一般都是基于其他观测物理量资料，通过诊断分析而得，因此，能否较好地描述垂直运动，对其诊断方法的先进与否将显得尤为重要。

7.1.1 Q矢量及其物理意义

准地转理论是近代动力气象学的基础。中纬度大气的许多基本结构都可以使用准地转理论加以描述，因此，它是中纬度天气学或者说是中纬度地区天气预报的主要理论依据。早在20世纪40年代后期，准地转方法就被用来诊断中纬度斜压扰动产生的垂直运动。20世纪50年代以后，得到了一般形式的ω方程。到了20世纪70年代，准地转原理在业务气象学中事实上已经成为从模式产品估算垂直运动的基础。用ω方程诊断垂直环流的优点在于它是个诊断方程，只需一个时间资料，而且方程的物理意义很清楚。但是ω方程右边包含垂直导数值，这使得定量计算时，至少需要两层资料，给定性诊断也带来不便。此外，大气中的垂直运动可以认为是由绝对涡度的差动平流和温度平流的拉普拉斯强迫产生的。当这两项的符号相反时，很难定性地判断垂直运动的方向，并且这两项之间还存在部分抵消效应，如果分别计算两项强迫的垂直运动时会得出不正确的结果。所以这种形式的方程在定量计算ω及定性应用上都有一定的困难。

1947年，Sutcliffe在气旋发展方程中引用了准地转近似(风速和气压梯度保持近似平衡),不仅用热力涡度平流作为一种计算散度的垂直廓线和地面气压变化的方法,而且用热成风作为气旋移动的“引导”机制。在 Sutcliffe 的发展理论中,强迫形式简单,这在描述中纬度大尺度天气系统移动和发展时,效果是比较好的。但由于其简化过多,失去了描述中尺度的信息。实例分析表明,其在描述垂直于锋区及急流入口区、出口区的非地转环流时,出现混乱现象。1978 年,Trenberth 采用类似 Sutcliffe 的方法将方程的强迫项表示成热成风涡度平流,提出在某厚度层的中部由整层热成风形成的涡度平流可以近似表示方程中准地转的强迫。它不仅克服了在对流层中存在最明显的抵消现象的缺点,而且在没有进行实际计算的情况下,采用此近似,通过检验热成风涡度平流,能得到对垂直运动场的较好的定性评估。但同 Sutcliffe 一样,在该形式的强迫项中忽略了地转变形项的作用,因此这种形式的 ω 方程仅适用于斜压性比较小的对流层中层。

Hoskins 等(1974)论证了在忽略了科氏参数随纬度变化这一小的作用,不考虑非绝热加热以后 ω 方程的右侧可以写成一种避开潜在抵消作用的形式。

P 坐标中不考虑摩擦项、略去垂直变化项的水平运动为

$$\begin{aligned}\frac{\partial u}{\partial t}+u\frac{\partial u}{\partial x}+v\frac{\partial u}{\partial y}&=fv-\frac{\partial \Phi}{\partial x}=fv-fv_g=fv_a\\\frac{\partial v}{\partial t}+u\frac{\partial v}{\partial x}+v\frac{\partial v}{\partial y}&=-fu-\frac{\partial \Phi}{\partial y}=-fu+fu_g=fu_a\end{aligned}\tag{7.1}$$

式中 $v_a=v-v_g$,$u_a=u-u_g$。将上式作 $f\dfrac{\partial}{\partial p}$运算,得方程如下

$$\begin{aligned}\left(\frac{\partial}{\partial t}+\mathbf{V}\cdot\nabla\right)\left(f\frac{\partial u}{\partial p}\right)-f^2\frac{\partial v_a}{\partial p}&=-f\frac{\partial \mathbf{V}}{\partial p}\cdot\nabla u\\\left(\frac{\partial}{\partial t}+\mathbf{V}\cdot\nabla\right)\left(f\frac{\partial v}{\partial p}\right)+f^2\frac{\partial u_a}{\partial p}&=-f\frac{\partial \mathbf{V}}{\partial p}\cdot\nabla v\end{aligned}\tag{7.2}$$

利用地转近似得

$$\begin{aligned}\left(\frac{\partial}{\partial t}+\mathbf{V}_g\cdot\nabla\right)\left(f\frac{\partial u_g}{\partial p}\right)-f^2\frac{\partial v_a}{\partial p}&=-f\frac{\partial \mathbf{V}_g}{\partial p}\cdot\nabla u_g\\\left(\frac{\partial}{\partial t}+\mathbf{V}_g\cdot\nabla\right)\left(f\frac{\partial v_g}{\partial p}\right)+f^2\frac{\partial u_a}{\partial p}&=-f\frac{\partial \mathbf{V}}{\partial p}\cdot\nabla v_g\end{aligned}\tag{7.3}$$

利用热成风

$$f\frac{\partial \mathbf{V}_g}{\partial p}=-\nabla\left(\frac{\partial \Phi}{\partial p}\right)\times \boldsymbol{k}$$

即

$$f\frac{\partial u_g}{\partial p}=-\frac{\partial}{\partial y}\left(\frac{\partial \Phi}{\partial p}\right)\qquad f\frac{\partial v_g}{\partial p}=\frac{\partial}{\partial x}\left(\frac{\partial \Phi}{\partial p}\right)$$

和

$$\frac{\partial u_g}{\partial x}+\frac{\partial v_g}{\partial y}=0$$

可得

$$\begin{aligned}-f\frac{\partial \mathbf{V}_g}{\partial p}\cdot\nabla u_g&=\left[\nabla\left(\frac{\partial \Phi}{\partial p}\right)\times\boldsymbol{k}\right]\cdot\left(-\frac{\partial v_g}{\partial y}\boldsymbol{i}+\frac{\partial u_g}{\partial y}\boldsymbol{j}\right)\\&=\left[\nabla\left(\frac{\partial \Phi}{\partial p}\right)\times\boldsymbol{k}\right]\cdot\left[\boldsymbol{k}\times\frac{\partial}{\partial y}(u_g\boldsymbol{i}+v_g\boldsymbol{j})\right]\\&=-\frac{\partial \mathbf{V}}{\partial y}\cdot\nabla\left(\frac{\partial \Phi}{\partial p}\right)\end{aligned}$$

$$\begin{aligned}-f\frac{\partial \mathbf{V}_g}{\partial p}\cdot\nabla v_g&=\left[\nabla\left(\frac{\partial \Phi}{\partial p}\right)\times\boldsymbol{k}\right]\cdot\left(\frac{\partial v_g}{\partial x}\boldsymbol{i}-\frac{\partial u_g}{\partial x}\boldsymbol{j}\right)\\&=\left[\nabla\left(\frac{\partial \Phi}{\partial p}\right)\times\boldsymbol{k}\right]\cdot\left[\frac{\partial}{\partial x}(u_g\boldsymbol{i}+v_g\boldsymbol{j})\times\boldsymbol{k}\right]\\&=\frac{\partial \mathbf{V}}{\partial x}\cdot\nabla\left(\frac{\partial \Phi}{\partial p}\right)\end{aligned}$$

(7.3)式化为

$$\begin{aligned}&\left(\frac{\partial}{\partial t}+\mathbf{V}_g\cdot\nabla\right)\left(-\frac{\partial}{\partial y}\left(\frac{\partial \Phi}{\partial p}\right)\right)-f^2\frac{\partial v_a}{\partial p}=-\frac{\partial \mathbf{V}}{\partial y}\cdot\nabla\left(\frac{\partial \Phi}{\partial p}\right)\\&\left(\frac{\partial}{\partial t}+\mathbf{V}_g\cdot\nabla\right)\left(\frac{\partial}{\partial x}\left(\frac{\partial \Phi}{\partial p}\right)\right)+f^2\frac{\partial u_a}{\partial p}=\frac{\partial \mathbf{V}}{\partial x}\cdot\nabla\left(\frac{\partial \Phi}{\partial p}\right)\end{aligned}\tag{7.4}$$

绝热的热力学方程为

$$\left(\frac{\partial}{\partial t}+\mathbf{V}\cdot\nabla\right)T-\frac{\alpha}{g}(\gamma_d-\gamma)\omega=0\tag{7.5}$$

令 $\sigma=-(\alpha/\theta)(\partial\theta/\partial p)=-\dfrac{\alpha}{\theta}\dfrac{\partial\theta}{\partial p}=\dfrac{R\alpha}{pg}(\gamma_d-\gamma)$，$\sigma$ 称为大气稳定度参数，再应用状态方程和静力公式

$$T=\frac{p}{\rho R}=-\frac{p}{R}\frac{\partial \Phi}{\partial p}\tag{7.6}$$

代入(7.5)式，则

$$\left(\frac{\partial}{\partial t}+\mathbf{V}\cdot\nabla\right)\frac{\partial \Phi}{\partial p}+\sigma\omega=0\tag{7.7}$$

对上式作$\frac{\partial}{\partial x}$和$\frac{\partial}{\partial y}$运算得

$$\left(\frac{\partial}{\partial t}+\mathbf{V}\cdot\nabla\right)\left(\frac{\partial}{\partial x}\frac{\partial\Phi}{\partial p}\right)+\frac{\partial\sigma\omega}{\partial x}=-\frac{\partial\mathbf{V}}{\partial x}\cdot\nabla\left(\frac{\partial\Phi}{\partial p}\right)$$
$$\left(\frac{\partial}{\partial t}+\mathbf{V}\cdot\nabla\right)\left(\frac{\partial}{\partial y}\frac{\partial\Phi}{\partial p}\right)+\frac{\partial\sigma\omega}{\partial y}=-\frac{\partial\mathbf{V}}{\partial y}\cdot\nabla\left(\frac{\partial\Phi}{\partial p}\right) \tag{7.8}$$

与(7.4)式

$$\left(\frac{\partial}{\partial t}+\mathbf{V}_g\cdot\nabla\right)\left(-\frac{\partial}{\partial y}\left(\frac{\partial\Phi}{\partial p}\right)\right)-f^2\frac{\partial v_a}{\partial p}=-\frac{\partial\mathbf{V}}{\partial y}\cdot\nabla\left(\frac{\partial\Phi}{\partial p}\right)$$

$$\left(\frac{\partial}{\partial t}+\mathbf{V}_g\cdot\nabla\right)\left(\frac{\partial}{\partial x}\left(\frac{\partial\Phi}{\partial p}\right)\right)+f^2\frac{\partial u_a}{\partial p}=\frac{\partial\mathbf{V}}{\partial x}\cdot\nabla\left(\frac{\partial\Phi}{\partial p}\right)$$

比较可得

$$\frac{\partial\sigma\omega}{\partial x}-f^2\frac{\partial u_a}{\partial p}=-2\frac{\partial\mathbf{V}}{\partial x}\cdot\nabla\left(\frac{\partial\Phi}{\partial p}\right)$$
$$\frac{\partial\sigma\omega}{\partial y}-f^2\frac{\partial v_a}{\partial p}=-2\frac{\partial\mathbf{V}}{\partial y}\cdot\nabla\left(\frac{\partial\Phi}{\partial p}\right) \tag{7.9}$$

令:$\boldsymbol{Q}_x=\frac{\partial\mathbf{V}}{\partial x}\cdot\nabla\left(\frac{\partial\Phi}{\partial p}\right)$　$\boldsymbol{Q}_y=\frac{\partial\mathbf{V}}{\partial y}\cdot\nabla\left(\frac{\partial\Phi}{\partial p}\right)$,将(7.9)式的第一式作$\frac{\partial}{\partial x}$运算,第二式作$\frac{\partial}{\partial y}$运算,相加得

$$\left(\frac{\partial^2}{\partial x^2}+\frac{\partial^2}{\partial y^2}\right)\sigma\omega-f^2\frac{\partial}{\partial p}\left(\frac{\partial u_a}{\partial x}+\frac{\partial v_a}{\partial y}\right)=-2\left(\frac{\partial Q_x}{\partial x}+\frac{\partial Q_y}{\partial y}\right)=-2\nabla\cdot\boldsymbol{Q} \tag{7.10}$$

运用连续方程$\frac{\partial u_a}{\partial x}+\frac{\partial v_a}{\partial y}+\frac{\partial\omega}{\partial p}=0$,得

$$\nabla^2(\sigma\omega)+f^2\frac{\partial^2\omega}{\partial p^2}=-2\nabla\cdot\boldsymbol{Q} \tag{7.11}$$

这一简洁形式的方程表明:当 $\boldsymbol{Q}$ 矢量场辐合时,垂直运动向上;当 $\boldsymbol{Q}$ 矢量场辐散时,垂直运动向下。这种方法称为 $\boldsymbol{Q}$ 矢量方法,它不仅避免了传统方法中两项互相抵消的问题,而且物理意义清楚,计算简单,同时又避免了 Sutcliffe 方法的不足,它包括了变形项,适用于整个对流层。

利用$\frac{\partial\Phi}{\partial p}=-\alpha=-\frac{RT}{p}$,$\boldsymbol{Q}$ 矢量还可以写成

$$Q_x = -\frac{R}{p}\frac{\partial \mathbf{V}}{\partial x}\cdot\nabla T \qquad Q_y = -\frac{R}{p}\frac{\partial \mathbf{V}}{\partial y}\cdot\nabla T \tag{7.12}$$

由(7.12)式可知，$\boldsymbol{Q}$ 矢量场辐合区为上升运动，$\boldsymbol{Q}$ 矢量场辐散区为下沉运动。如果上升运动很深厚，伸展到整个对流层，那么必然是低层低压、空气质量辐合，高层高压、空气质量辐散，而 $\boldsymbol{Q}$ 矢量高、低层都辐合；如果下沉运动很深厚，伸展到整个对流层，那么必然是低层高压、空气质量辐散，高层低压、空气质量辐合，而 $\boldsymbol{Q}$ 矢量高、低层都辐散。这意味着，在对流下部 $\boldsymbol{Q}$ 矢量由高压区指向低压区，$\boldsymbol{Q}$ 矢量与非地转同方向；在对流上部 $\boldsymbol{Q}$ 矢量由低压区指向高压区，$\boldsymbol{Q}$ 矢量与非地转反方向。注意到

$$\frac{\partial \mathbf{V}}{\partial x} = \frac{\partial u_g}{\partial x}\boldsymbol{i} + \frac{\partial v_g}{\partial y}\boldsymbol{j} \qquad \frac{\partial \mathbf{V}}{\partial y} = \frac{\partial u_g}{\partial y}\boldsymbol{i} + \frac{\partial v_g}{\partial y}\boldsymbol{j}$$

其中 i 和 j 是沿 x 和 y 轴的单位矢量。由于 x 和 y 轴是互相正交的，而且不受其他限制，为便于理解 $\boldsymbol{Q}$ 矢量的物理意义，在给定点取 x 轴沿等温线方向，则有—$\partial T/\partial x=0$，这样 $\boldsymbol{Q}$ 矢量便可写成

$$\boldsymbol{Q} = -\frac{R}{p}\frac{\partial T}{\partial y}\left(\frac{\partial v_g}{\partial x}\boldsymbol{i} + \frac{\partial v_g}{\partial y}\boldsymbol{j}\right)$$

$$= \underbrace{\left(-\frac{R}{p}\frac{\partial T}{\partial y}\frac{\partial v_g}{\partial x}\right)}_{Q_x}\boldsymbol{i} + \underbrace{\left(-\frac{R}{p}\frac{\partial T}{\partial y}\frac{\partial v_g}{\partial y}\right)}_{Q_y}\boldsymbol{j} \tag{7.13}$$

其中 Q_y 表示了温度梯度(—$\partial T/\partial y$)大小的变化，Q_x 表示了温度梯度(—$\partial T/\partial y$)方向的改变。由此可见，$\boldsymbol{Q}$ 矢量代表了试图改变温度场的地转扰动。当 $\boldsymbol{Q}$ 矢量平行于热成风方向时，地转扰动试图使等温线方向发生旋转，如图 7.1(a)所示；当 $\boldsymbol{Q}$ 矢量垂直于热成风时，地转扰动将导致锋生或锋消，如图 7.1(b)所示。值得指出的是，地转风场是无辐散的，因此锋生或锋消主要是由于地转变形作用引起的。

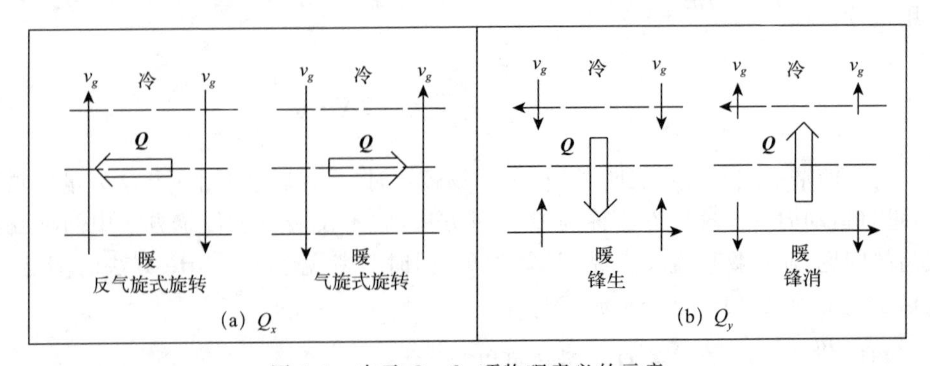

图 7.1　表示 Q_x、Q_y 项物理意义的示意

7.1.2　垂直运动的诊断

利用 Q 矢量方法诊断垂直运动，可以避免直接求解 ω 方程的大量计算，只需一层等压面资料即可计算，Q 矢量本身和 Q 矢量散度亦可在多层等压面上计算和显示出来。在 Q 矢量辐合区有上升运动，在 Q 矢量辐散区有下沉运动，在 Q 矢量极大值的前方有上升运动，而在 Q 矢量极大值的后方有下沉运动。因此，只要计算 Q 矢量，在天气图上标出 Q 矢量的分布，即可判断出垂直运动的方向，根据 Q 矢量辐合的强度可以判断垂直运动的强弱。另外，在剖面图和时间高度图上也可以显示 Q 矢量散度的垂直分布。

下面介绍一种在天气图上定性判断 Q 矢量的方法。在给定点取 x 轴沿等温线方向，y 轴指向冷空气一侧，这样可以直接利用(7.13)式。取 f 为常值，则地转风辐散为零，因此有

$$\frac{\partial v_g}{\partial y}=-\frac{\partial \boldsymbol{u}_g}{\partial x}$$

代入(7.13)式，可以把 Q 矢量写成

$$\boldsymbol{Q}=-\frac{R}{p}\frac{\partial T}{\partial y}\left(\frac{\partial v_g}{\partial x}\boldsymbol{i}-\frac{\partial \boldsymbol{u}_g}{\partial x}\boldsymbol{j}\right) \tag{7.14}$$

或者写成矢量等式

$$\boldsymbol{Q}=-\frac{R}{p}\frac{\partial T}{\partial y}\frac{\partial \mathbf{V}_g}{\partial x}\times\boldsymbol{k} \tag{7.15}$$

其中 $\boldsymbol{k}$ 是垂直方向的单位矢量。按照这一表达式，Q 矢量可通过沿着等温线方向行进，并计算行进中地转风矢量的改变来得到，把这一地转风矢量的改变量沿顺时针方向旋转 90°就得到了 Q 矢量的方向，Q 矢量的数值正比于地转风矢量变率与温度梯度强度的乘积。

图 7.2 所示的是一个一连串高、低压的海平面等压线和等温线的理想分布，其地面为低压，上下游两侧为高压，并处在仅有轻微扰动的偏西热成风场中。在低压上空，地转风的变化是由低压后部的偏北风到其前部的偏南风，因此，地转风矢量的改变量指向北，将其沿顺时针方向旋转 90°，就得到了沿热成风方向的 Q 矢量。同样道理，在高压上空，Q 矢量与热成风反向，因为风的变化是由高压前部的偏北风到其后部的偏南风。因此，在低压与其下游一侧的高压之间，Q 矢量场辐合，对应上升运动。而在低压与其上游一侧的高压之间，Q 矢量场辐散，对应下沉运动。这与经验以及温度平流和垂直运动的联系是一致的。

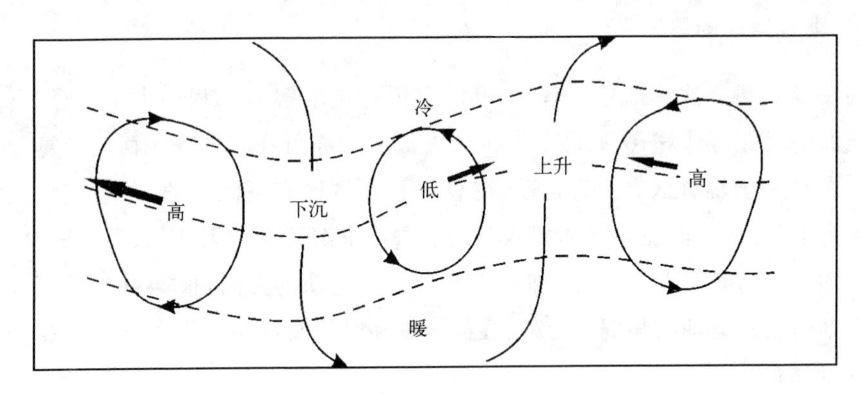

图 7.2　一连串高、低压的海平面等压线(实线)和等温线(虚线)的理想分布

粗箭头为 $\boldsymbol{Q}$ 矢量

7.1.3　锋生锋消的分析

锋生一般是指密度或温度不连续形成的一种过程,或者是指已有一条锋面存在,其密度或温度水平梯度增大的过程,而锋消是指与锋生过程相反的过程。锋生锋消过程可以用锋生函数来描述。锋生函数定义为

$$F=\frac{D}{Dt}|\nabla S| \tag{7.16}$$

其中$\frac{D}{Dt}=\frac{\partial}{\partial t}+u\frac{\partial}{\partial x}+v\frac{\partial}{\partial y}+\omega\frac{\partial}{\partial p}$,$|\nabla S|$代表了密度或温度水平梯度的绝对值。$F>0$ 表示锋生,$F<0$ 表示锋消。利用 $\boldsymbol{Q}$ 矢量方法可以分析地转风场中的锋生锋消作用。考虑一种纯地转的斜压运动,其垂直运动为零,所以有

$$\frac{D_g}{Dt}=\left(\frac{\partial}{\partial t}+\mathbf{V}_g\cdot\nabla\right)T=0 \tag{7.17}$$

因此$\frac{\partial}{\partial x}\left(\frac{\partial}{\partial t}+\mathbf{V}_g\cdot\nabla\right)T=\left(\frac{\partial}{\partial t}+\mathbf{V}_g\cdot\nabla\right)\frac{\partial T}{\partial x}+\frac{\partial\mathbf{V}_g}{\partial x}\cdot\nabla T=0$

即

$$\left(\frac{\partial}{\partial t}+\mathbf{V}_g\cdot\nabla\right)\frac{\partial T}{\partial x}=\frac{Q_1 p}{R}$$

类似地

$$\left(\frac{\partial}{\partial t}+\mathbf{V}_g\cdot\nabla\right)\frac{\partial T}{\partial y}=\frac{Q_2 p}{R}$$

写成矢量等式有

$$\frac{D_g}{Dt}\left(\frac{R}{p}\nabla T\right)=\boldsymbol{Q} \tag{7.18}$$

由此可见，$\boldsymbol{Q}$ 矢量正比于地转运动所强迫的水平温度梯度变化率。由(7.18)式点乘 ∇T，可以得到

$$\frac{D_g}{Dt}|\nabla T|^2=\frac{2p}{R}\boldsymbol{Q}\cdot\nabla T \tag{7.19}$$

其中，$\frac{D_g}{Dt}|\nabla T|^2$ 称为准地转锋生函数，$|\nabla T|$ 数值的变化反映了在地转风场中的锋生锋消作用，即 $|\nabla T|$ 数值增大时为锋生，数值减小时为锋消。由此可以得到以下的分析判断规则：

(1)当 $\boldsymbol{Q}$ 与 ∇T 的交角小于90°时，$\boldsymbol{Q}\cdot\nabla T>0$，即 $\boldsymbol{Q}$ 穿过锋区由冷区指向暖区，表明有锋生作用，如图7.3(a)所示；

(2)当 $\boldsymbol{Q}$ 与 ∇T 的交角大于90°时，$\boldsymbol{Q}\cdot\nabla T<0$，即 $\boldsymbol{Q}$ 穿过锋区由暖区指向冷区，表明有锋消作用，如图7.3(b)所示。

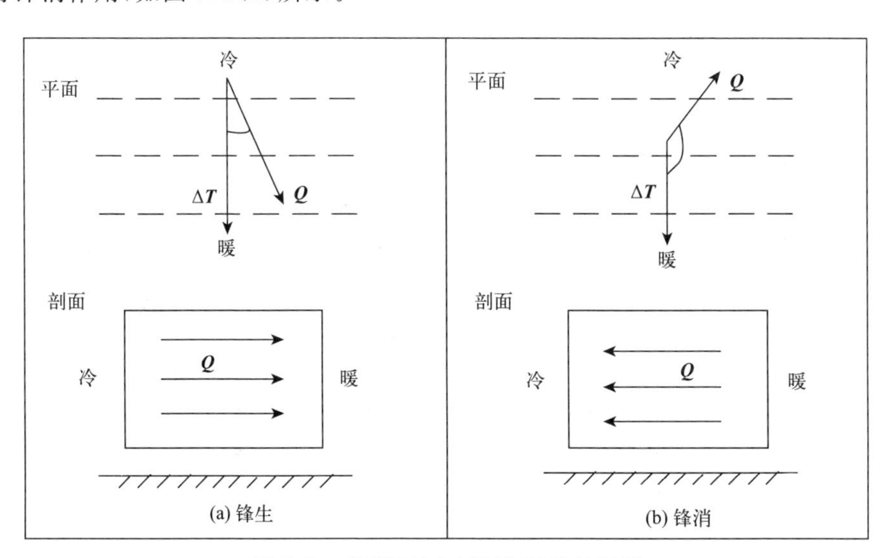

图7.3　表示锋生(a)锋消(b)的示意图

在图7.3(a)中，大尺度的地转风场倾向于加强温度梯度，因而 $\boldsymbol{Q}$ 穿过锋区由冷区指向暖区，对应的横穿锋区的环流是一个暖空气上升，低空非地转气流朝向暖区的直接环流；在图7.3(b)中，大尺度的地转风场倾向于减弱温度梯度，因而 $\boldsymbol{Q}$ 穿过锋区由暖区指向冷区，对应的横穿锋区的环流是一个冷空气上升，低空非地转气流朝向冷

区的间接环流。

在地转风场中，锋生锋消只能通过变形场的作用来实现。而在实际风场中，风场的辐合也能导致锋生，风场的辐散也能导致锋消。同时，垂直运动和非绝热加热也可以改变$|\nabla T|$的大小。

我们知道，地转风场中的锋生锋消作用是与横穿锋区的环流圈相联系的。如果将用$\boldsymbol{Q}$矢量表示的ω方程右边简化了的强迫项($FQ=\nabla_p \cdot \boldsymbol{Q}$，它正比于$\omega$)分解为沿等温线方向和垂直于等温线方向的两部分，我们可以来计算环流的强迫作用大小，即

$$FQ = \nabla \cdot (\boldsymbol{Q}_s \boldsymbol{S}) + \nabla \cdot (\boldsymbol{Q}_n \boldsymbol{n}) = FQ_s + FQ_n \tag{7.20}$$

其中FQ_n表示造成横穿锋区的环流圈的强迫项，其作用是在锋生情形下出现暖空气上升冷空气下沉的直接环流圈(如图7.4所示)，而在锋消情形下出现冷空气上升暖空气下沉的间接环流圈。因此，造成的垂直运动的分布形式呈带状且其走向平行于锋区。

FQ_s项的作用主要通过沿等温线方向涡度的变化来实现。在斜压波情形下，上升运动出现在槽前，下沉运动出现在槽后(如图7.5所示)。一般来说，FQ_s天气系统强烈发展的触发机制。如图7.5所示的是一个发展的斜压波，通过FQ_s的辐合辐散，反映了暖中心处上升，冷中心处下沉。

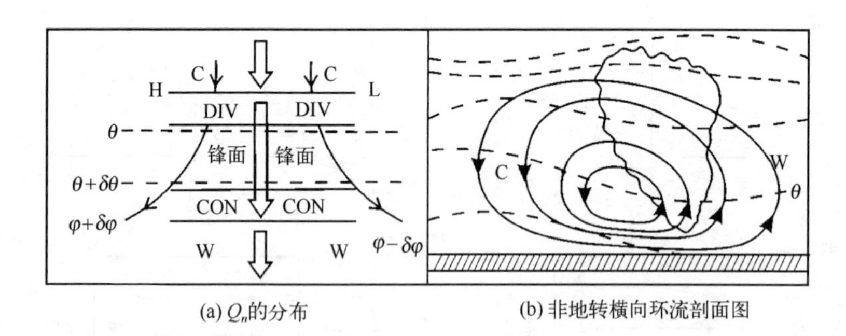

(a) Q_n的分布　　(b) 非地转横向环流剖面图

图7.4　锋生情形下Q_n和FQ_n的分布和非地转横向环流的剖面图(取自Kurz，1994)
图中空心箭头表示Q_n，DIV表示Q_n辐散，CON表示Q_n辐合，L为低压，
H为高压，C为冷区，W为暖区。阴影区表示云区

7.1.4　Q矢量在天气预报中的应用

白乐生(1988)用$\boldsymbol{Q}$矢量分析方法诊断了1987年8月4日在辽宁出现的一次强对流天气过程，并与数值预报结果进行了比级，结果表明，在4日08时400 hPa，有三个主要的$\boldsymbol{Q}$矢量辐合中心分别位于东海北部、日本海南部及辽宁与吉林之间的地区(图7.6)。前两个中心与云图上的主要云带相对应。位于辽宁北部的负值中心北侧

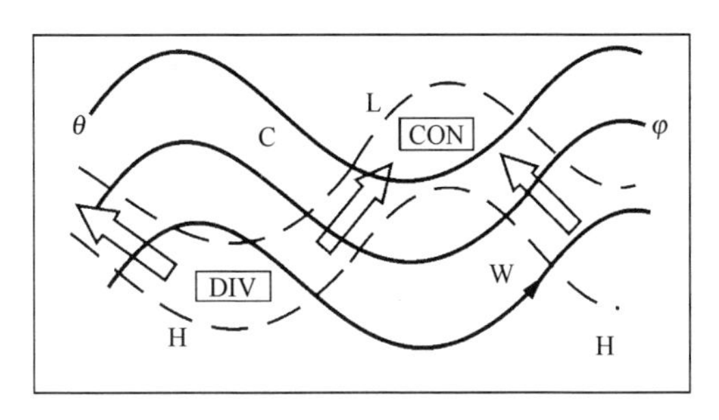

图 7.5　不稳定斜压波中 Q_s 及 FQ_s 的分布(取自 Kurz,1994)
图中空心箭头表示 Q_s,DIV 表示 Q_s 辐散,CON 表示 Q_s 辐合,其他说明同图 7.4

有由小块对流单体组成的冷锋云线。800 hPa、600 hPa 上这个负值中心在吉林与黑龙江之间。到 20 时,这个负值中心略向南移,强度变化不大,这时在这个负值中心附近偏南地区已形成发展强盛的对流单体。由于 **Q** 矢量散度所表示的是产生 ω 的强迫机制,在 **Q** 矢量辐合区的准地转上升运动会在一定时间内得以维持,这就为强对流的发展提供了有利的动力条件。**Q** 矢量辐合区与中尺度云团的位置有很好的对应关系。

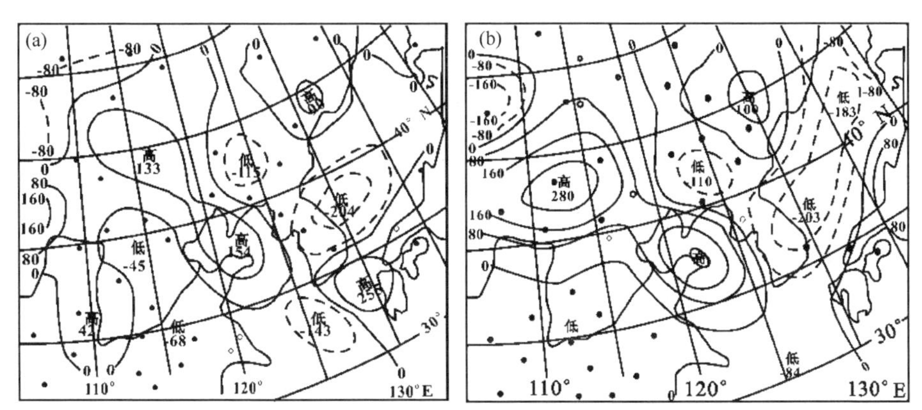

图 7.6　400 hPa 的 **Q** 矢量散度(单位:$10^{-18}\,\mathrm{s}^{-1}\cdot\mathrm{hPa}^{-1}$)
(a)1987 年 8 月 4 日 08 时;(b)8 月 4 日 20 时

郁淑华(1993)对 1982 年 7 月 24—29 日一次高原北侧槽活动过程进行了 **Q** 矢量分析。发现低压槽在高原上南伸时,槽前 500 hPa 上有 **Q** 矢量辐合带,200 hPa 上有 **Q** 矢量辐散中心或辐散区,同时槽线南端伴有强冷锋锋生中心。说明上升运动的维持、加强和冷锋锋生作用是低压槽在高原上南伸的重要机制。

汪克付和叶金印(1995)应用 **Q** 矢量分析方法对 20 次伴有暴雨的江淮梅雨锋过程进行分析,结果表明:**Q** 矢量分析能够揭示次级环流的活动,且计算简便、客观;在江淮梅雨锋活动期的对流层低层，江淮流域通常被东西向的带状 $\boldsymbol{Q}$ 矢量辐合区覆盖，而中尺度辐合中心只在高空短波槽前，700 hPa 切变线南侧及低空急流的左侧出现；在与静止锋垂直的经向剖面图上，$\boldsymbol{Q}$ 矢量散度的垂直分布有 3 种配置关系（南倾、北倾和垂直），它们对副高及切变线和低空急流的短期变化有较好的指示意义；$\boldsymbol{Q}$ 矢量散度对梅雨期急流切变线暴雨的落区有较好的预报意义，其后延性较好，而对低槽冷锋暴雨过程的指示意义则较差；切变线附近的 $\boldsymbol{Q}$ 矢量辐合带与梅雨锋降雨带基本一致，雨带中的暴雨区则是与 $\boldsymbol{Q}$ 矢量散度、位势稳定度、水汽条件三者的特征线重合区有较好的对应关系；由于 $\boldsymbol{Q}$ 矢量辐合是产生次级环流的强迫机制，因而上升运动会在一定的时间内得以维持，而急流轴右侧的下沉气流又必然会加强低层水汽的横向输送，最终导致暴雨发生。

7.2　位涡思想的应用

7.2.1　位涡及其分析方法

(1)位涡概念的导出

位涡是位势涡度(potential vorticity)的简称，1940 年由 Rossby 首次提出，1942 年 Ertel 又引入了广义位涡的概念。

在位涡方程推导之前，回顾一下矢量的有关运算规则

$$\boldsymbol{A}\times(\boldsymbol{B}\times\boldsymbol{C})=(\boldsymbol{A}\cdot\boldsymbol{C})\boldsymbol{B}-(\boldsymbol{A}\cdot\boldsymbol{B})\boldsymbol{C} \tag{7.21}$$

$$\nabla\times(\boldsymbol{A}\times\boldsymbol{B})=(\boldsymbol{B}\cdot\nabla)\boldsymbol{A}-(\boldsymbol{A}\cdot\nabla)\boldsymbol{B}+(\nabla\cdot\boldsymbol{B})\boldsymbol{A}-(\nabla\cdot\boldsymbol{A})\boldsymbol{B}$$

$$\nabla\times(\nabla\cdot\boldsymbol{A})=0\qquad\nabla\cdot(\nabla\times\boldsymbol{A})=0 \tag{7.22}$$

运动学和热力学方程可表述成如下形式

$$\begin{cases}\dfrac{\partial\boldsymbol{V}}{\partial t}+(\boldsymbol{V}\cdot\nabla)\boldsymbol{V}+2\boldsymbol{Z}\times\boldsymbol{V}=-\alpha\nabla p+\boldsymbol{g}+\boldsymbol{F}\\[2ex]\dfrac{\partial\theta}{\mathrm{d}t}+(\boldsymbol{V}\cdot\nabla)\theta=\dfrac{\theta}{T}\dfrac{\bar{Q}}{c_p}=G\end{cases} \tag{7.23}$$

式中，θ 为位温，$G=\dfrac{\theta}{T}\dfrac{\bar{Q}}{c_p}$ 为加热场。

利用$(\boldsymbol{V}\cdot\nabla)\boldsymbol{V}=-\boldsymbol{V}\times(\nabla\times\boldsymbol{V})+\nabla\left(\dfrac{1}{2}V^2\right)$，$\boldsymbol{g}=-\nabla\varphi$ 运动学方程可变为

$$\frac{\partial\boldsymbol{V}}{\partial t}-\boldsymbol{V}\times(\nabla\times\boldsymbol{V}+2\boldsymbol{Z})=-\alpha\nabla p-\nabla\left(\frac{1}{2}V^2+\varphi\right)+\boldsymbol{F} \tag{7.24}$$

对上式作旋度运算得

$$\frac{\partial(\nabla\times\mathbf{V})}{\partial t}-\nabla\times(\mathbf{V}\times(\nabla\times\mathbf{V}+2\mathbf{Z}))$$

$$=-\nabla\times(\alpha\nabla p)-\nabla\times\left(\nabla\left(\frac{1}{2}V^2+\varphi\right)\right)+\nabla\times\boldsymbol{F} \tag{7.25}$$

利用$\nabla\times(\alpha\nabla p)=\nabla\alpha\times\nabla p+\alpha\nabla\times(\nabla p)=\nabla\alpha\times\nabla p$，$\nabla\times\left(\nabla\left(\frac{1}{2}V^2+\varphi\right)\right)=0$，令 $\boldsymbol{q}_a=\nabla\times\mathbf{V}+2\mathbf{Z}$ 得

$$\frac{\partial\boldsymbol{q}_a}{\partial t}-\nabla\times(\mathbf{V}\times\boldsymbol{q}_a)=-\nabla\alpha\times\nabla p+\nabla\times\boldsymbol{F} \tag{7.26}$$

再利用 $\nabla\times(\mathbf{V}\times\boldsymbol{q}_a)=(\boldsymbol{q}_a\cdot\nabla)\mathbf{V}-(\mathbf{V}\cdot\nabla)\boldsymbol{q}_a-\boldsymbol{q}_a(\nabla\cdot\mathbf{V})+\mathbf{V}(\nabla\cdot\boldsymbol{q}_a)$得

$$\frac{\partial\boldsymbol{q}_a}{\partial t}+(\mathbf{V}\cdot\nabla)\boldsymbol{q}_a+\boldsymbol{q}_a(\nabla\cdot\mathbf{V})-(\boldsymbol{q}_a\cdot\nabla)\mathbf{V}$$

$$=-\nabla\alpha\times\nabla p+\nabla\times\boldsymbol{F} \tag{7.27}$$

将连续方程$\frac{1}{\rho}\frac{\mathrm{d}\rho}{\mathrm{d}t}=-\nabla\cdot\mathbf{V}$ 代入上式得

$$\frac{\partial\boldsymbol{q}_a}{\partial t}+(\mathbf{V}\cdot\nabla)\boldsymbol{q}_a-\boldsymbol{q}_a\frac{1}{\rho}\frac{\mathrm{d}\rho}{\mathrm{d}t}-(\boldsymbol{q}_a\cdot\nabla)\mathbf{V}$$

$$=-\nabla\alpha\times\nabla p+\nabla\times\boldsymbol{F} \tag{7.28}$$

上式乘以 $1/\rho$ 得

$$\frac{1}{\rho}\frac{\partial\boldsymbol{q}_a}{\partial t}+\frac{1}{\rho}(\mathbf{V}\cdot\nabla)\boldsymbol{q}_a-\boldsymbol{q}_a\frac{1}{\rho^2}\frac{\mathrm{d}\rho}{\mathrm{d}t}-\frac{1}{\rho}(\boldsymbol{q}_a\cdot\nabla)\mathbf{V}$$

$$=-\frac{1}{\rho}\nabla\alpha\times\nabla p+\frac{1}{\rho}\nabla\times\boldsymbol{F} \tag{7.29}$$

化简得

$$\frac{d}{\partial t}\left(\frac{\boldsymbol{q}_a}{\rho}\right)=\left(\frac{\boldsymbol{q}_a}{\rho}\cdot\nabla\right)\mathbf{V}-\frac{1}{\rho}\nabla\alpha\times\nabla p+\frac{1}{\rho}\nabla\times\boldsymbol{F} \tag{7.30}$$

对热力学方程作梯度运算得

$$\frac{\partial\nabla\theta}{\mathrm{d}t}+(\mathbf{V}\cdot\nabla)\nabla\theta+\nabla\theta\cdot(\nabla\mathbf{V})=\nabla G \tag{7.31}$$

整理得

$$\frac{\mathrm{d}\nabla\theta}{\mathrm{d}t}=-(\nabla\boldsymbol{V})\cdot\nabla\theta+\nabla G \tag{7.32}$$

由于$\nabla\theta\cdot(-\nabla\alpha\times\nabla p)=\left(\frac{\partial\theta}{\partial\rho}\nabla\rho+\frac{\partial\theta}{\partial p}\nabla p\right)\cdot\left(\frac{1}{\rho^2}\nabla\rho\times\nabla p\right)=0$ 这里，$\theta=\theta(p,\rho)$。

$\nabla\theta\cdot$(7.30)式，$\frac{\boldsymbol{q}_a}{\rho}\cdot$(7.32)式，则

$$\nabla\theta\cdot\frac{\mathrm{d}}{\partial t}\left(\frac{\boldsymbol{q}_a}{\rho}\right)=\nabla\theta\cdot\left(\frac{\boldsymbol{q}_a}{\rho}\cdot\nabla\right)\boldsymbol{V}-\frac{1}{\rho}\nabla\theta\cdot(\nabla\alpha\times\nabla p)+\frac{1}{\rho}\nabla\theta\cdot(\nabla\times\boldsymbol{F})$$

$$\frac{\boldsymbol{q}_a}{\rho}\cdot\frac{\mathrm{d}\nabla\theta}{\mathrm{d}t}=-\frac{\boldsymbol{q}_a}{\rho}\cdot(\nabla\theta\cdot(\nabla\boldsymbol{V}))+\frac{\boldsymbol{q}_a}{\rho}\cdot\nabla G$$

整理得

$$\frac{\mathrm{d}}{\mathrm{d}t}\left(\frac{\boldsymbol{q}_a\cdot\nabla\theta}{\rho}\right)=\frac{\boldsymbol{q}_a}{\rho}\cdot\nabla G+\frac{1}{\rho}\nabla\theta\cdot(\nabla\times\boldsymbol{F}) \tag{7.33}$$

利用：$\nabla\cdot(G\boldsymbol{q}_a)=\boldsymbol{q}_a\cdot\nabla G+G\nabla\cdot(\boldsymbol{q}_a)=\boldsymbol{q}_a\cdot\nabla G$

$\nabla\cdot(\theta\nabla\times\boldsymbol{F})=\theta\nabla\cdot(\nabla\times\boldsymbol{F})+\nabla\theta\cdot(\nabla\times\boldsymbol{F})=\nabla\theta\cdot(\nabla\times\boldsymbol{F})$

并定义：$PV=\frac{\boldsymbol{q}_a\cdot\nabla\theta}{\rho}$为广义位涡

(7.33)可以写成如下通量形式

$$\frac{\mathrm{d}}{\mathrm{d}t}PV=\frac{1}{\rho}\nabla\cdot(G\boldsymbol{q}_a+\theta\nabla\times\boldsymbol{F}) \tag{7.34}$$

位涡作为一个综合反映大气动力学、热力学性质的物理量，无论在理论研究还是在实际天气分析预报中都有着广泛的应用，Hoskins 等(1985)详细、深入地讨论了位涡的重要性，提出了等熵位涡思想(IPV thinking)的概念，这种位涡理论已经成为当前诊断天气系统发展的一种前沿理论。

在静力平衡条件下位涡可以写成

$$PV\equiv(\zeta_\theta+f)\cdot(-g\partial\theta/\partial p) \tag{7.35}$$

由此，可以将位涡理解为是绝对涡度与静力稳定度的乘积。在某种意义上可以说，位涡是绝对涡度与涡旋有效厚度之比的一个度量。在(7.35)式中，有效厚度为用气压单位度量的相邻等熵面之间的距离($-\partial\theta/\partial p$)，负号决定了在北半球，位涡数值在通常情况下为正。对于典型的中纬度天气尺度运动有

$$PV=(-g\partial\theta/\partial p)\quad 和\quad \partial\theta/\partial p=-10\ \mathrm{K/100\ hPa}$$

由此可以估算出位涡的数量级为

$$PV\approx-(10\ \mathrm{m/s^2})(10^{-4}/\mathrm{s})\left(\frac{10\ \mathrm{K}}{10\ \mathrm{kPa}}\right)\frac{1\ \mathrm{kPa}}{10^3\ \mathrm{kgm(s^2\cdot m^2)}}$$

$$= 10^{-6}\ m^2/K(s \cdot kg) \equiv 1\ PVU$$

这里PVU定义为位涡单位。在对流层中位涡一般小于1.5 PVU，而平流层中的位涡大于4 PVU。对流层低层的位涡从赤道附近的0 PVU增大到中纬度地区的0.3 PVU，在对流层高层中纬度地区典型的位涡为1.0 PVU。在对流层顶附近位涡从1.5 PVU突然增大到4 PVU，然后在平流层中位涡随高度迅速增大。图7.7所示为经向剖面上对流层至平流层低层（100 hPa以下气层中）位涡和位温的纬向平均分布图。图中350 K等位温面的高度随纬度变化不大（约200 hPa），但是在中高纬度地区它位于平流层内，而在热带地区它位于对流层内；300 K等位温面的高度随纬度变化显著（1000～300 hPa），呈现出自热带地区低层向中纬度地区对流层高层方向倾斜上升的现象，但是它几乎都位于对流层内。位涡分布呈现出向上和向极地方向增大的现象。

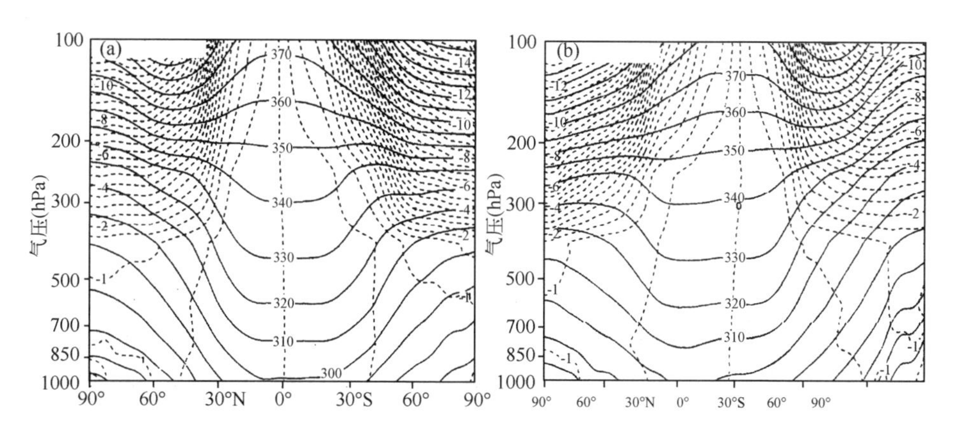

图7.7　经向剖面上100 hPa以下气层中位涡和位温分布图（取自Bluestein，1993）
图中细实线为等位温线，虚线为等位涡线

（2）位涡分析方法

在实际天气分析预报工作中，常用三种位涡分析方法：在等位温面上分析等位涡线，称为等熵位涡分析方法（IPV分析方法）；在等位涡面上分析等位温线，称为等位涡位温分析方法（iso-PV分析方法）；此外，还可以分析等位涡面的位势高度，亦称动力对流层顶（dynamic tropopause）分析。由于位涡PV和位温θ在绝热条件下的守恒性，前两种分析方法对于诊断某一时段内模式大气或实际大气的运动状况是比较理想的。一般可以认为在几天之内大气的位涡保持不变，但是当大气中有显著的凝结过程发生时，在加热区下方，大气的位涡增大，而在其上方位涡减小，变化量可达到每天1 PVU，这时如果空气仍停留在凝结区时其影响将是很明显的。

在作IPV分析时，一般应选取与极锋地区对流层顶相重合的等位温面。在北半球,冬季可选取 $\theta=315$ K,夏季选取 $\theta=325$ K。在这两个特殊的 θ 面上,$PV=2$(或3)的等值线可以被看作是来自低纬地区对流层低值 PV 大气与来自高纬地区平流层高值 PV 大气,亦称平流层大气库(stratospheric reservoir)之间的边界。显然,在绝热、无摩擦条件下,等 PV 线将在等位温面上做平流运动。在等熵位涡分析中经常可以见到高值位涡区(正位涡异常区)伸向南方和低值位涡区(负位涡异常区)指向北方的现象,这些位涡异常区随空中气流做平流运动,其形状可以发生改变,有时甚至从源地被切断。因此,利用位涡异常区的这种物质守恒性质可以识别和追踪大气扰动的演变。

在作等位涡位温分析和动力对流层顶分析时,通常选取 $PV=2$ 这个特殊的等位涡面。这是由于 $PV=2$ 介于平流层大气 PV 和对流层大气 PV 数值之间,在副热带急流以北地区 $PV=2$ 的等位涡面接近于实际大气的对流层顶,一般称之为动力对流层顶,因此在这个位涡面上作分析的意义是显而易见的。在 $PV=2$ 的面上,θ 数值较低的大气对应于高纬地区大气,而 θ 数值较高的大气对应低纬大气。在绝热条件下,等 θ 线也将做平流运动。

7.2.2　位涡思想及其应用

(1)位涡和位温异常区的结构特征

由(7.34)式可知,位涡具有两个基本性质:一是守恒性,即在绝热无摩擦条件下,运动大气的位涡保持不变;二是反演性,在给定位涡的分布及适当的边界条件,并假定运动是平衡的(地转平衡,梯度风平衡)情况下,可以反演出同一时刻的风、温度、位势高度、垂直运动等的分布。图 7.8 展示了理想的高空正、负位涡异常区和地面温度异常区的结构特征。在正位涡异常区(即位涡比周围地区高的地区)内部为涡度和静力稳定度大值区,由于各等熵面向正位涡异常中心收缩,造成在位涡异常中心下方和上方相邻的等熵面之间的距离拉大,使那里的静力稳定度减小,涡度必然要大于气旋性涡度 f,围绕正位涡异常中心及周围地区出现气旋性环流,如图 7.8(a)中箭头所示。

当纬向风随高度增大时,即热成风为西风,意味着整层等温线呈准东西向,气温南高北低,在这样一大背景场上,出现如图 7.8(a)所示的正位涡异常时,根据前面的论述,将导致其周围地区出现气旋性环流。再根据本章 7.1 节 $\boldsymbol{Q}$ 矢量的相关内容,必将在这一区域出现正的(向东)$\boldsymbol{Q}$ 矢量,与图 7.2 的情形相似,正位涡异常区形成东侧 $\boldsymbol{Q}$ 矢量辐合、西侧 $\boldsymbol{Q}$ 矢量辐散的情形导致正位涡异常区东侧有上升运动,西侧有下沉气流。在上述大背景场上,出现如图 7.8(b)所示的负位涡异常时,将出现相反的情形,在这一区域出现负的(向西)$\boldsymbol{Q}$ 矢量,东侧 $\boldsymbol{Q}$ 矢量辐散,西侧 $\boldsymbol{Q}$ 矢量辐合,导致负位涡异常区东侧有下沉运动,西侧有上升气流。因此,位涡异常区对周围大气的影响是显而易见的。

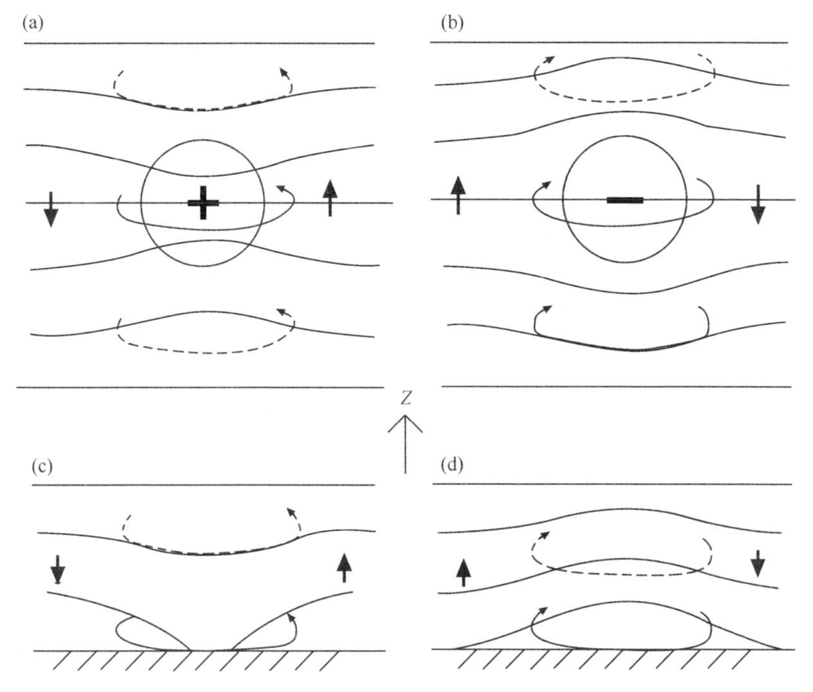

图7.8 与高空正、负位涡异常及地面温度异常相对应的等熵面和环流结构示意图(取自 Hoskins,1997)

对于具有均匀位涡分布的近地面层而言,当有正温度异常出现时,如图7.8(c)所示,各等熵面之间的间隔加大,静力稳定度减小,为保证位涡为常数,必然对应一个气旋性环流,根据 $\boldsymbol{Q}$ 矢量的相关内容,同样激发出其前部的上升和其后部的下沉气流。类似地,负温度异常区对应一个反气旋性环流,导致其前部的下沉和其后部的上升气流,如图7.8(d)所示。

(2)等熵位涡思想的基本要点

利用位涡的守恒性和反演性原理,可以解释准平衡大气运动的动力学特征,Hoskins 等(1985)称这种方法为等熵位涡思想(IPV thinking)。其主要优点是,它能够识别出具有重要动力学意义的,且比等压面上所显示的更为精细的高空形势特征,估计潜在的发展趋势,追踪高空系统的演变等。这种等熵位涡思想的基本要点是:

①大气结构由基本气流及高空正负位涡异常叠加在地面正负位温异常之上所组成。而在涡度观点中,我们将大气结构看成是由高空移动性的槽、脊叠加在地面气旋、反气旋之上所组成的。

②围绕高空正位涡异常中心及周围地区出现气旋性风场,围绕高空负位涡异常中心及周围地区出现反气旋性风场;对于近地面层而言,当有正温度异常出现时对应

一个气旋性风场，而负温度异常出现时对应一个反气旋性风场。上述各异常所诱生的风场之和组成了总的风场。在中纬度地区，对于典型的（水平尺度为 1000 km）IPV 异常，其垂直尺度至少可以达到对流层的平均厚度。

③假设大气运动为绝热无摩擦，位涡在等熵面上作平流运动，从而引起了位涡的局地变化。

④各异常区所诱生的风场改变了 IPV 的分布。

⑤由此造成的新的 IPV 分布又与新的诱生风场相联系。

上述④和⑤的连续相互作用就是等熵位涡思想的核心所在。这是一种所谓的“自我发展”(self-development)过程，这种过程直至上下两个异常区的轴线互相垂直，新的平衡建立为止。

(3)位涡异常与气旋发展

利用 IPV 思想，能够解释地面气旋的发展问题，这种理论已经成为当前诊断天气系统发展的一种前沿理论。当高空有一正的位涡异常区（对应下降的对流层顶）东移叠加在低空原先存在的锋区上空时，如图 7.9(a)所示，气压、风和质量之间原来的平衡关系将遭到破坏，引起随后出现的天气系统的发展。高空正的 IPV 异常区将诱生出一气旋性环流（图中实心箭头所示，箭头粗细表示环流的强弱），其强度向地面方向减弱，此环流向下伸展的垂直尺度 H_R（亦称 Rossby 穿透高度）遵从如下关系式

$$H_R = f(L/N) \tag{7.36}$$

式中 f 为科氏参数，L 为水平尺度，N 为 Brunt-Vaisala 频率。由此可见，垂直尺度 H_R与水平尺度 L 成正比，可以证明在中纬度地区，对于水平尺度为 1000 km 的 IPV 异常，其垂直尺度 H_R至少达到对流层的平均厚度。因此，高空天气尺度的 IPV 异常能够影响到地面；另外，当静力稳定度足够低时，此气旋性环流可以伸展到地面。

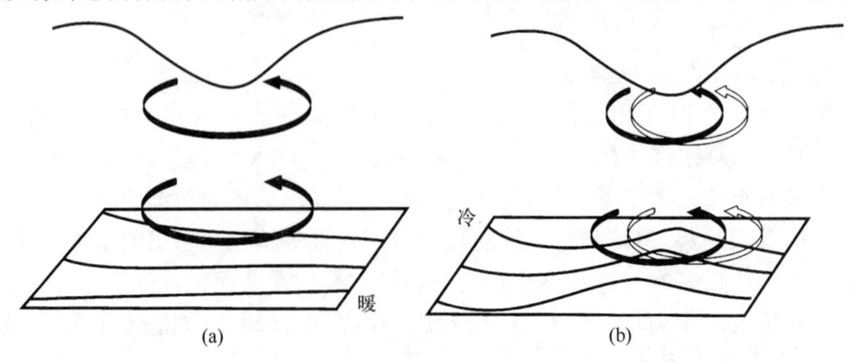

图 7.9　高空正的 IPV 异常区叠加在低空锋区之上，气旋发生发展过程的示意图

图中高空 IPV 异常区用加号和下沉的对流层顶表示，地面上显示的是等位温线

（取自 Hoskins 等，1985）

假设此气旋性环流到达地面，随之出现温度平流，结果在位于高空IPV异常区的东侧下方出现一个低空正的位温异常区，从而产生一个附加的气旋性环流，如图7.9(b)中空心箭头所示，箭头粗细表示强弱。这个附加的气旋性环流叠加在原先的诱生环流之上，结果使低空的气旋性环流加强，同时使环流中心略偏向高空IPV异常区的东侧。依据同样的道理，此加强了的低空气旋性环流也将影响到高空IPV异常区所在的高度，结果使高值IPV空气向南方平流，低值IPV空气向北方平流，从而加强了高空IPV异常，并且减缓了高空IPV异常区向东移动的速度。接着，高空IPV异常区诱生的气旋性环流加强，促使低空位温异常进一步增强，低空气旋性环流进一步加强，这种正反馈过程直至上下两个异常区的轴线垂直，新的平衡建立为止。上述过程恰好就是地面气旋发生发展的过程。

利用IPV思想，还可以解释高空系统的形成和移动，地面气旋和反气旋的移动，地形对地面气旋和反气旋移动的影响，以及高空波动的侧向和垂直传播等。此外，利用位涡特征与卫星水汽图像特征之间存在的良好对应关系，可以检测数值预报模式预报结果的误差。

值得指出的是，在对流层低层，尤其在低纬度，位涡变得很微弱，而且位涡也不包含水汽分布的影响。因此，在低纬度、低空和降水分析中，位涡的应用存在着局限性。在讨论降水特别是暴雨的形成机制时，必须考虑水汽的影响，为此可以引入湿位涡的概念。以相当位温 θ_e 代替 θ，则有湿位涡(MPV)的表达式

$$MPV \equiv (\zeta_\theta + f)(-\partial\theta_e/\partial p) \tag{7.37}$$

如果不考虑非绝热加热和摩擦效应，湿位涡同样具有守恒性，它不仅反映了大气的热力学、动力学属性，而且还考虑了水汽的作用。因而，湿位涡具有广泛的应用性。

(4)位涡理论在天气分析中的应用

新疆气象研究所的李立应用ECWMF 7层客观分析资料对1988年7月22—25日全疆范围内一场大降水过程作了IPV分析。位涡计算用式(7.37)，先求各格点位温和涡度，再线性内插出各等 θ 面位势高度和气压，然后由等 θ 面位势高度线性内插出等 θ 面上的水平风分量，最后求得IPV。

等 θ 面分析一般选290～330 K，夏季取较高值，冬季取较低值，个例发生在夏季，区内多高大地形，为清楚地辨识天气系统，分析中取315 K、330 K和350 K等熵面。

图7.10a～c为315 K等 θ 面IPV、流场及气压的特征。该面约在800～550 hPa之间，可代表对流层中低层的情况，这是对降水天气起主要影响的层次。7月22日20时，有一IPV相对高值区(大于0.5 PVU)位于乌拉尔山东侧到巴尔喀什湖地区，此时在该处及北疆西部有一片降水区。24小时后，该IPV高值区东移到巴尔喀什湖以东到北疆地区，并

扩展到45°N以南，中心强度达2.0 PVU，此时主要雨区在北疆沿天山一带。受南侧高大地形阻挡，来自高层的冷空气在地形北缘堆集，表现为等θ面上气压密集带。受随系统东移的冷空气活动影响及地面降水区绝热冷却效应，使得低层等θ面北部渐次抬高，北倾坡度增大，爬升气流加强，这与降水发生区相对应。到24日20时，IPV高值区东移，强度已有所减弱，且北抬到45°N附近，降水区在北疆东部到东疆北部。330 K等θ面位于550～330 hPa间，代表对流层中高层的情况，该面上IPV及流场分布特征与315 K相似，但强度要大。上述IPV高值区与500 hPa东移的长波槽相对应。

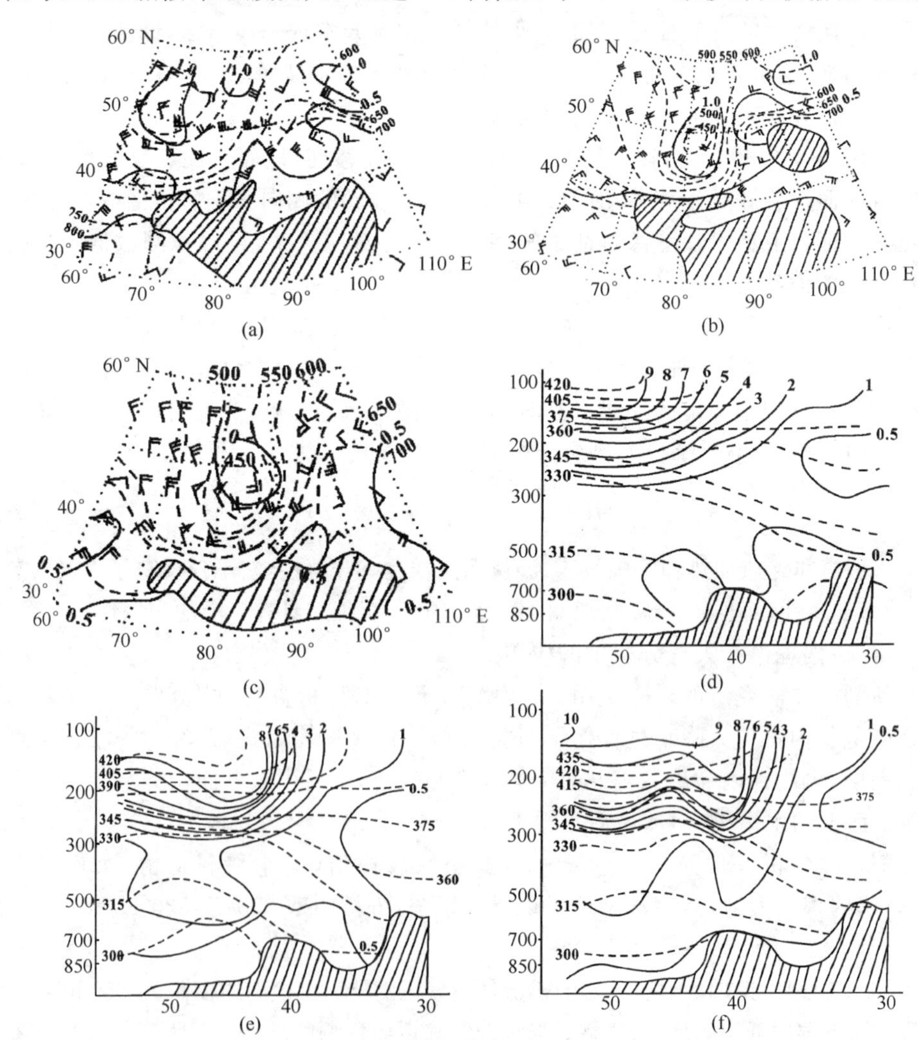

图7.10　315 K等θ面IPV(实线)、气压(虚线)与流场(a～c)，80°E的经向剖面(d～f)

影区为θ面与地形交割处，实线为IPV，虚线为等位温线，影区为地形廓线；

a,d为22日20时，b,e为23日20时，c,f为24日20时

图7.10d～f为沿80°E经向剖面上位温与IPV特征，该面上中高层IPV高值区，可代表高层冷空气主体，据此可进一步考察大气动力过程的垂直结构。7月23日前300 hPa以下IPV值较小，对流层顶在300 hPa以上(IPV密集带)。随系统东移，冷空气分裂南下，到7月23日20时，45°N附近形成1单位的IPV大值区，对流层顶推移到40°N附近。随上述变化，对流层中低层等熵面坡度增大，在40°N附近尤为明显。24小时后，该剖面新疆上空的IPV大值区移走，中低层IPV大值区偏北，对流层顶略有南移。

315 K等θ面上7月22日20时巴尔喀什湖东侧的正IPV平流区及7月23日20时天山附近的正IPV平流区，都在此后12小时内出现较强的降水，说明IPV高值区正IPV平流特征对未来降水天气发生区有一定指示意义。据平流原则知，正IPV平流区可能出现上升运动。

在分析新疆降水天气时，人们注意200 hPa高空急流与降水天气的关系。图7.11为350 K等θ面，该面在300～190 hPa之间，代表对流层中高层到平流层一低层的情况，高空急流和对流层顶的活动在此表现的最为明显。IPV等值线在40°～45°N附近有一密集带，此处为对流层顶与该面的交线。7月22日新疆上空为较平直的西风气流，最大风速为44 m/s，其后24小时对流层顶逐渐南推到40°N附近，高空气流区已明显呈气旋式弯曲，高空气流亦加强，新疆地区处于高空急流出口区右侧，有利于天气系统发展。而后虽高空急流东移并加强(最大风速达56 m/s)，但新疆除偏东地区外，大部分位于急流左侧，降水天气趋于结束。

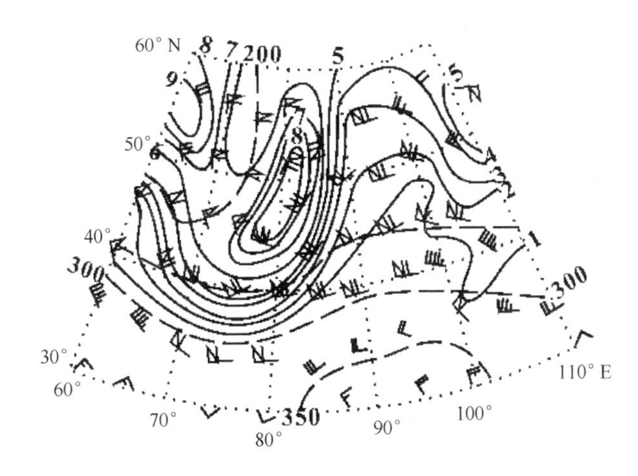

图7.11 1988年7月23日20时350 K等θ面IPV气压及流场

实例分析表明，IPV图可把观测现象同理论概念联系起来，清晰地刻画出影响系统，对流层中IPV相对大值区与对流层中部东移的长波槽相对应。强的正IPV平流可使该区上升运动加强，这主要表现为沿北倾坡度增大的等 θ 面上增强的爬升气流。正 IPV 平流对未来降水区有一定指示意义。IPV 图和地面位温序列可清晰、完整地给出动力学图解，而无须关于垂直运动的复杂知识即可概括出涡度平流、温度平流、垂直运动的联合效应，这对许多实际气象问题来说相当简单，且比起平衡概念在量的精确程度上亦无损失。

7.3 条件性对称不稳定

7.3.1 基本概念

经典的挪威气旋模式展示了一条与冷锋相联系的有组织的狭窄的阵性降水线以及暖锋前宽广的稳定性小雨降水区。然而，大量的研究指出，在气旋降水区中存在着多条中尺度雨带。条件性对称不稳定(Conditional Symmetric Instability，CSI)能够导致中 β(20～200 km)尺度的倾斜对流，使得某些狭窄地带的降水总量大大增加。

所谓条件性对称不稳定，从物理上看，就是在垂直方向上为对流性稳定和在水平方向上为惯性稳定的环境中，空气作倾斜上升运动时可能出现的一种不稳定。因此对称不稳定可以被看成是斜升不稳定或倾斜对流不稳定。

如同讨论对流性不稳定一样，用气块法可简明有效地讨论说明对称不稳定的概念。为简化数学处理和便于理解其物理机制，传统的对称不稳定理论是在一个二维的平面上讨论的(如图 7.12 所示)，其中 y 轴沿着基本气流的方向(基本气流满足热成风关系)，定义绝对动量 M 为

$$M \equiv v + fx \tag{7.38}$$

由于在 y 轴方向上气压梯度力为零，所以 $u_g=0$ 故由 y 轴方向上的动量方程可知

$$\frac{\mathrm{d}M}{\mathrm{d}t} = \frac{\mathrm{d}v}{\mathrm{d}t} + f\frac{\mathrm{d}x}{\mathrm{d}t} = \frac{\mathrm{d}v}{\mathrm{d}t} + fu = 0 \tag{7.39}$$

即气块在运动中保持 M 守恒，x 轴和 z 轴方向上的动量方程分别可写成

$$\frac{\mathrm{d}u}{\mathrm{d}t} = fv_{ag} = f(v - v_g) = f(M_p - M_g) \tag{7.40}$$

$$\frac{\mathrm{d}w}{\mathrm{d}t} = \frac{g}{\theta_{v0}}f(\theta_{vp} - \theta_{vg}) \tag{7.41}$$

式中 f 为科氏参数，g 为重力加速度，θ_v 为虚位温，下标 p、g 分别表示气块和地转平衡的环境，下标 0 表示大气中 θ_v 的典型值。由(7.40)式可知，如果气块的动量 M_p 小

于(大于)未受扰动的环境动量 M_g,气块将向西(向东)做加速运动。同样,由(7.41)式可知,当气块的虚位温 θ_{vp} 大于(小于)环境的虚位温 θ_{vg} 时,气块将向上(向下)做加速运动。

如图 7.12 所示为假设的在饱和大气中垂直于基本气流 y 的 $x-z$ 剖面,基本气流风速随高度增大。图上的直线表示与基本气流相联系的环境等绝对动量(M_g)面,曲线为环境等虚位温(θ_{vg})面,其对流性稳定程度随高度减小。注意到图中 M_g 和 θ_{vg} 的分布具有$\partial M_g/\partial x>0$ 和$\partial\theta_{vg}/\partial x>0$ 的特征。在 A 点,气块受扰后向任一方向发生位移后,都将由于受到惯性力(参见(7.40)式)、重力(参见(7.41)式)或两者的合力作用做加速运动返回到 A 点。在 B 点,虽然气块对于水平位移是惯性稳定的,对于垂直位移是重力稳定的,但是当潮湿气块受扰后沿着介于等 M_g 和 θ_{vg} 面之间倾斜上升时,到一定高度后,气块的绝对动量 M_p 要比周围环境的 M_g 小(即 $M_p<M_g$),气块做向西的加速运动,同时气块的虚位温 θ_{vp} 要比周围环境的 θ_{vg} 大(即 $\theta_{vp}>\theta_{vg}$),这时气块将向上加速运动,两者综合的效果是气块做倾斜向上的加速运动而远离 B 点,我们称 B 点是对称不稳定的。

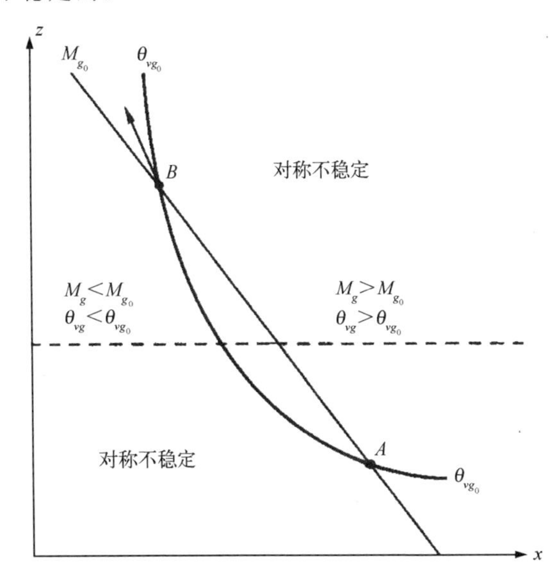

图 7.12　讨论对称不稳定的 $x-z$ 剖面示意图(取自 Snook,1992)

由此可以得出条件性对称不稳定的必要条件是:上升气块是饱和的以及等 M_g 面的坡度小于等 θ_{vg} 面的坡度,或在 θ_{vg} 面上沿 x 方向 M_g 减小。如果上升气块在起始时是未饱和的,则称大气对于倾斜对流而言是潜在不稳定的。

CSI 的判据也适合于在垂直方向上地转风存在风向切变的情形。在锋生区域,风向顺转是一个有利的因子,因为由暖平流引起的上升运动可释放倾斜不稳定能量。

这时，云带和雨带趋向于与热成风方向平行。研究表明，由 CSI 导致的雨带，其宽度一般为 50～100 km，长度为 75～400 km，雨带在某地维持时间大致在 1～3 小时，与 CSI 相联系的倾斜上升速度可以达到 10 m/s，环流圈的坡度大约为 1∶100。

7.3.2 CSI 的定性判断技术

在业务工作中，可以通过以下定性判据分析 CSI：

(1)风速随高度增大，风向随高度顺转，表明大气是斜压的。一般要求对流层中低层中的垂直风切变强度达到中到强，其数量级为在 1～2 km 厚度范围内风速切变达到 10～20 m/s。

(2)CSI 发生在对流层中层为弱的静力稳定、边界层为静力稳定的大气环境中。这种情况往往出现在地面锋线的北侧。因此在温压曲线图上，在相当厚的气层中空气是近似饱和的(相对湿度，$RH>80\%$)，且接近于湿绝热状态。CSI 经常出现在温带气旋暖锋附近和长波槽前强而湿的对流层中层偏西南气流中，因为上述有利于 CSI 的两项必要条件往往能满足。上述地区大气中的大尺度上升运动虽然微弱，但是对于使大气达到饱和是至关重要的。随后由于气块扰动倾斜上升，CSI 被释放。另外，上述地区的绝对涡度数值相对较低。

(3)有多条平行于热成风的云雨带出现，锋生强迫可以解释单条云雨带的存在，但解释不了多条雨带，如果观测到多条雨带，CSI 或对流性不稳定是可能的机制。

7.3.3 CSI 的定量分析技术

(1)剖面图法

通过垂直于对流层中层热成风方向上的剖面上的等 M_g 线和等 θ_v 线可以估计在接近饱和($RH>80\%$)的大气中的 CSI，在等 M_g 面比等 θ_v 面更平的地方可以诊断为 CSI 区域。然而，实际上，在两者接近平行的地区，也应怀疑是否存在 CSI，因为这表明在这种地区仅为微弱的条件性对称不稳定或条件性对称中性。

Shapiro(1982)指出在饱和大气环境下，可以用湿位涡小于零判断 CSI 的存在。二维的湿位涡定义为

$$MPV = \left.\frac{\partial M}{\partial x}\right|_{\theta_e} - \frac{\partial \theta_e}{\partial p} \tag{7.42}$$

由此可见，在条件性稳定($-\partial\theta_e/\partial p>0$)的大气环境中，只有当等 θ_e 面上的绝对涡度小于零时，湿位涡为负，才能满足 CSI 的条件。

(2)有效位能方法

Emanuel(1983)指出用倾斜对流有效位能($SCAPE$)可以估算大气中的对称不

稳定能量。与 $CAPE$ 极其相似，定义 $SCAPE$ 为

$$SCAPE = \int_{LFS}^{EL} \frac{g}{\theta_{v0}} f(\theta_{vp} - \theta_{vg})\mathrm{d}z \tag{7.43}$$

式中 LFS 表示自由倾斜对流高度，EL 表示对流平衡高度，θ_{v0} 是大气中 θ_v 的典型值，积分是沿着等 M_g 面进行的。当计算结果为 $SCAPE>0$ 时，表明大气是倾斜不稳定的。

利用单站探空资料可以估算 $SCAPE$。在假定实测风是地转的，M 的水平和垂直梯度为常数，绝对涡度的垂直分量 $\eta(z)$ 为常数的情况下，$SCAPE$ 可由下式估算

$$SCAPE = \frac{1}{2}\frac{f}{\eta}(V_1 - V_0)^2 + \int_0^1 \frac{g}{\theta_{v0}} \Delta\theta_v \mathrm{d}z \tag{7.44}$$

式中 $\Delta\theta_v$ 是气块和环境大气的虚位温差，0、1 分别是初始层和终点计算层。式中第一项是风速垂直切变对有效位能的贡献，且总大于零；第二项表示了重力对有效位能的贡献，在浮力稳定环境下，该项为负。

(3)相当位涡方法

在一个垂直于对流层中层热成风方向的剖面上，可以快速有效地利用 M_g 和 θ_e 来诊断 CSI，Moore 等(1993)将这种客观方法称为相当位涡(EPV)方法。根据定义，相当位涡 EPV(即等压面上的湿位涡)可以写成

$$EPV = -\eta \cdot \nabla_{\theta} \tag{7.45}$$

这里 η 是三维涡度矢量，∇ 是 x、y 和 p 坐标系的梯度算子，θ 是相当位温。展开(7.45)式，并假设运动是地转的，略去带 ω(P 坐标系下的垂直运动)的项和略去包括随 y 变化的项，再乘上 g(重力加速度)可得到

$$EPV = g\left(\frac{\partial M_g}{\partial p} \cdot \frac{\partial \theta_e}{\partial x} - \frac{\partial M_g}{\partial x} \cdot \frac{\partial \theta_e}{\partial p}\right)$$

项　　A　　B　　C　　D　　(7.46)

其中，第一项＝A 项×B 项，第二项＝C 项×D 项，$Mg=Vg+fx$(Vg 是垂直于剖面的地转风分量)。这里 $g=9.8\ \mathrm{m/s^2}$。由于方程乘上了 g，因此 EPV 的单位与位涡单位(PVU)相同，这里 $1\ PVU=1\times10^{-6}\ \mathrm{m^2K/(s\cdot kg)}$。$EPV$ 可用来确定某地区是否存在 CSI。如果 $EPV<0$，并且大气是对流性稳定的，则大气是条件性对称不稳定的。而当 $EPV>0$ 时，则大气是对称性稳定的。逐一解释(7.46)式中的各项有助于弄清 EPV 和 CSI 之间的关系。

①A 项表示了绝对地转动量随气压的变化，它在急流高度以下通常是一个负数。由定义 $M_g=V_g+fx$ 可知，M_g 与 V_g 成正比，在正常的大气条件下，V_g 随气压减

小而增大，直至到达急流高度为止，这是由剖面的走向所要求的。因而在这些条件下，急流层以下的A项将小于零。随着垂直风切变的增加，由于V_g随高度增加，A项将变得更小(更负)并且等M_g面的坡度将减小(等M_g面变得更水平)，这就增大了锋区中CSI的机会，因为这里的等相当位温面的坡度趋于陡峭。

②由M_g的定义可以知道B项一般是正的，该定义要求剖面取向垂直于地转风。因此剖面与850～300 hPa等厚度线或热成风也是垂直的。由于剖面上x轴的方向指向暖空气一侧，等相当位温面倾斜向下，B项将是大于零的。因此，A项与B项乘积是负的，θ_e的水平梯度越大或垂直风切变越大，则这个负数的绝对值越大。

③C项的数值一般大于零，这有好几个方面的理由可以说明。因为$M_g=V_g+fx$，$\partial M/\partial x$是绝对地转涡度(由于$U_g=0$)。在北半球绝对涡度一般大于零。一种例外的情况是当沿x轴方向V_g迅速减小，其作用可以超过fx使M_g增大的作用，使得C项变成负的。但在绝大多数情况下，x轴方向上V_g的梯度不至于大到足以使C项小于零的程度。

④D项反映了大气的对流稳定度。如果D项小于零，大气是对流性稳定的。如果D项等于零，大气是对流性中性的，如果D项是正的，大气是对流性不稳定的。下面分三种可能出现的情况分别讨论一下D项对EPV数值的影响。讨论中假设第一项(A项乘以B项)是负的，C项是正的，这个假设在一般情况下是成立的。基于上述考虑，有以下三种可能出现的情况：

第一种情况：D项<0，大气是对流性稳定的，这时第二项为一负值。在(7.46)式中第一项减去第二项的净结果是增大了EPV的数值，减少了出现CSI的机会。

第二种情况：D项$=0$，大气是对流性中性的。这时第二项等于零；其结果是第二项对EPV的值没有影响。

第三种情况：D项>0，大气是潜在对流性不稳定的。这时，垂直对流将由于垂直向上的运动而导致一个潮湿的大气，CSI的诊断成为一个争论未决的问题。有人认为大气中可以同时存在CSI和对流性不稳定，然而，由于对流具有较快的增长率，它起着主导的作用，因此他们认为有必要将锋区附近的CSI与通过对流释放的位势不稳定区分开来。

对第一项和第二项的估算显示出，要在对流性稳定的大气中存在CSI，相当位涡必须是负的，CSI的释放需要一个具备抬升机制的接近饱和的环境，典型的情况是(但也不完全都是这样)在暖锋锋区附近可以诊断出CSI的存在。

下面以1991年1月20日出现在美国丹佛附近的一次大雪事件的个例分析来说明应用EPV诊断CSI的方法。图7.13是1991年1月20日00时(UTC)的850～300 hPa厚度图。沿图中AB线作诊断CSI的剖面，它垂直于等厚度线(即热成风方向)。选取这条特殊的直线是由于当地的天气雷达在1月19日23时(UTC)报告有一条回波强度为 32 dBZ 的边界清晰的降水带出现。大约在 1 月 19 日 18 时(UTC)开始下雪并持续了 18 小时左右，当地的积雪深度达到 2.5～12 cm，回波顶高近似为 6.8 km(海拔)，降水带长轴走向与高空气流平行。

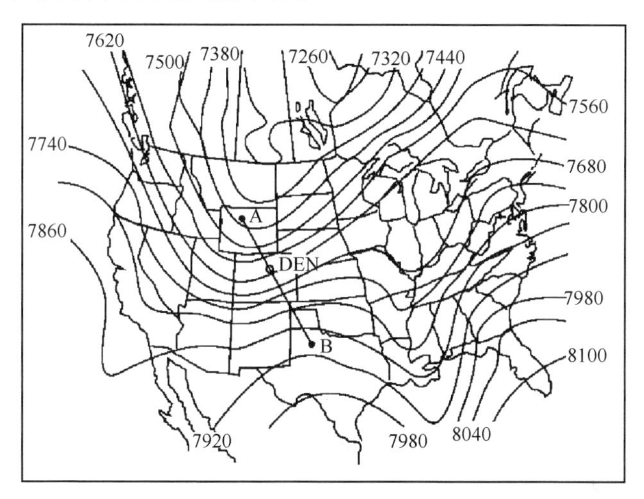

图 7.13　1991 年 1 月 20 日 00 时(UTC)850～300 hPa 厚度(gpm)(取自 Moore 等，1993)

AB 线表示图 7.12 中剖面的位置，DEN 表示丹佛(Denver)的国际机场

图 7.14 表示了(7.46)式中的第一项。正如前面所讨论的那样，这项往往为负值。

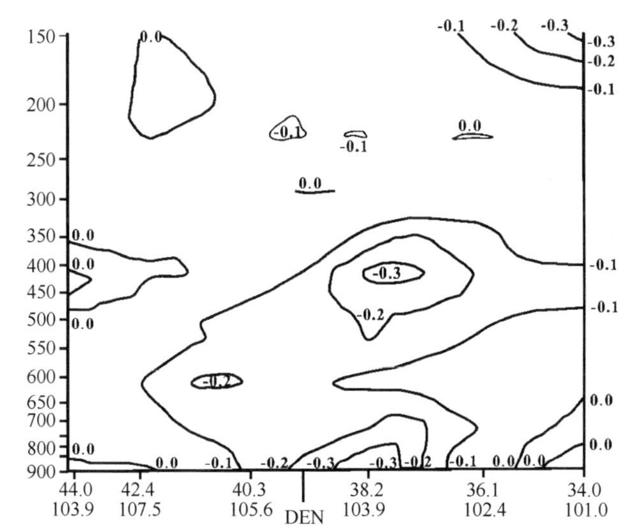

图 7.14　(7.46)式中第一项的垂直剖面图(取自 Moore 等，1993)

1991 年 1 月 20 日 00 时(UTC)沿 AB 线(见图 7.12)的 *EPV*，单位：PVU

7.4　强对流天气分析预报中新近引入的几个参数

雷暴大风、冰雹和强雷雨等强对流天气是夏季主要的灾害性天气事件，对国民经济和军事活动有着重大的影响，历来受到气象工作者的重视。关于强对流天气发生发展的大尺度条件人们早已进行了总结归纳。例如在20世纪40年代中期就提出了普通雷暴发生的三要素，以后在大量观测和理论研究的基础上，进一步归纳出了强对流风暴系统发生发展的条件。目前强对流天气预报方法包括线性外推、概念模式、经验规则、中尺度条件气候学以及中尺度数值预报等。John和Doswell(1992)强调了物理参数估计、形势分型识别和中尺度条件气候学的重要性。有利于强对流天气发生发展的环境条件往往是由特定的形势特征、物理参数等表现出来的。如沙氏指数、抬升指数、盖子强度指数等就是预报员所常用的一些物理参数。近年来，通过大量的观测研究，特别是数值模拟方法的广泛使用，人们对强对流天气的物理机制有了更为深入的了解，引进了许多新的参数，如粗 Ri 数、螺旋度、能量－螺旋度指数和雷暴大风指数等，下面分别介绍。

7.4.1　粗 *R* 数

大量的观测研究和数值试验结果表明，强对流天气可以发生在弱的垂直风切变结合强位势不稳定或相反的大气环境中，两者之间存在着某种平衡关系。为反映这种平衡关系，Weisman和Klemp引入了粗 R 数(BRN)的概念，其形式为

$$BRN = \frac{CAPE}{\frac{1}{2}(\bar{u}^2 + \bar{v}^2)} \tag{7.47}$$

式中 $CAPE$ 为对流有效位能(单位：m^2/s^2)，表示上升气块相对于环境的正浮力大小，即反映了对流发展所需的热力不稳定能量。u、v 分别是0～6 km密度加权平均风与0～500 m近地面层风之间的风矢差值的两个分量，亦称 BRN 切变，反映了垂直风切变的大小。$0.5(\bar{u}^2+\bar{v}^2)$ 表示了上升气流从环境场获得的用以发展对流的动能供应。因而 BRN 表征了两种能量之间的某种平衡关系。

利用粗 R 数，可以区分对流风暴的类型。对于一定量的不稳定能量，在弱垂直风切变的情况下可形成普通单体雷暴，中等切变的情况下可形成多单体雷暴，强切变的情况下可形成超级单体雷暴。因此，普通单体雷暴与较大的 BRN 相对应，而多单体雷暴和超级单体雷暴则分别与中等和较小的 BRN 相对应。根据观测分析和数值模拟，多单体雷暴一般发生在 $BRN>30$ 的情况下，而超级单体雷暴则一般发生在 $10<BRN<40$ 的情况下。但是，由于 BRN 未考虑到不稳定能量和水汽的铅直分

布，亦未考虑到铅直风切变的细节，因此，在制作预报时应结合其他参数进行综合分析。

7.4.2　螺旋度

(1)螺旋度的概念

螺旋度是表征流体边旋转边沿旋转方向运动的动力特性的物理量，最早用来研究流体力学中的湍流问题，在等熵流体中具有守恒性质。其严格定义为

$$H = \iiint \mathbf{V} \cdot (\nabla \times \mathbf{V}) \mathrm{d}\tau \tag{7.48}$$

通常人们所说的螺旋度是局地螺旋度 h，定义为

$$h = \mathbf{V} \cdot (\nabla \times \mathbf{V}) \tag{7.49}$$

螺旋度的重要性还在于它比涡度包含了更多辐散风效应，更能体现大气的运动状况，其值的正负情况反映了涡度和速度的配合程度。自 20 世纪 80 年代以来，气象学者将螺旋度应用到强对流风暴的旋转发展维持机制和其他相关的大气现象研究中，并对其在强对流天气分析预报中的应用进行了数值试验诊断分析。

根据向量分析的定义，螺旋度属于假标量：

$$h = \mathbf{V} \cdot (\nabla \times \mathbf{V}) = u\left(\frac{\partial w}{\partial y} - \frac{\partial v}{\partial z}\right) - v\left(\frac{\partial w}{\partial x} - \frac{\partial u}{\partial z}\right) + w\left(\frac{\partial v}{\partial x} - \frac{\partial u}{\partial y}\right) \tag{7.50}$$

上式右端项各有不同的意义，它们分别与 x、y、z 方向的风速和涡度的分量联系在一起，其值相同时也可能会有不同的运动形式。不妨分别称之为 x—螺旋度，y—螺旋度，z—螺旋度，分别记为 ξ、η、ζ

$$\xi = \left(\frac{\partial w}{\partial y} - \frac{\partial v}{\partial z}\right), \quad \eta = \left(\frac{\partial u}{\partial z} - \frac{\partial w}{\partial x}\right), \quad \zeta = \left(\frac{\partial v}{\partial x} - \frac{\partial u}{\partial y}\right) \tag{7.51}$$

涡度的垂直分量一般比风的垂直切变小一个量级以上(至少在风暴初期)，一些诊断、研究工作也证实了这一点，因而垂直涡度分量相对于水平涡度分量可以忽略掉，同时还可以认为在强对流发生前，垂直速度 W 在水平方向上的变化不大，这样，水平涡度便可简化为

$$\xi = -\frac{\partial v}{\partial z}, \quad \eta = +\frac{\partial u}{\partial z}, \tag{7.52}$$

用矢量形式表示为

$$\boldsymbol{\omega}_H = \boldsymbol{k} \times \frac{\partial \mathbf{V}_H}{\partial z}, \tag{7.53}$$

式中 $\boldsymbol{\omega}_H$ 为水平涡度矢量，$\mathbf{V} = u\boldsymbol{i} + v\boldsymbol{j}$ 为水平风矢。由此可见，水平涡度矢量 $\boldsymbol{\omega}_H$ 主

要是由风的垂直切变引起的，其方向指向切变矢的左侧 90°(图 7.15)。观测表明，由于强垂直风切变的存在所产生的水平涡度，其数值可比风暴发展前的垂直涡度大 100 倍。同时，其预示性和重要性充分体现在业务预报中。通常人们计算的螺旋度实质上是水平螺旋度，确切地说是忽略垂直运动水平分布不均下的相对风暴水平螺旋度。

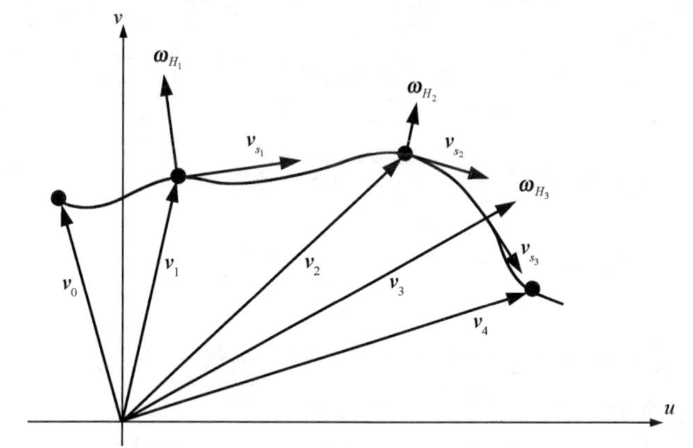

图 7.15　表示垂直风切变矢量与水平涡度矢量关系的风矢端迹示意图
(取自 Doswell,1991)

在一个相对于风暴的坐标系中，流入风暴的低空气流的水平涡度矢量方向主要是顺着气流方向的，空气微团的“旋转”是按照右手定则进行的，即空气微团呈螺旋式旋转进入风暴内部(如图 7.16 所示)。当空气微团进人风暴内部的上升气流后，其旋转轴开始向上倾斜，将水平涡度转化为垂直涡度。因而造成上升气流的气旋式旋转的原因可归因于顺气流方向的水平涡度，即风暴旋转起源于水平涡管的倾斜和拉长，这个假设现已被广泛采用。由于上升气流将水平涡度转化为垂直涡度，所以重要的是风暴相对风，而不是地面相对风。

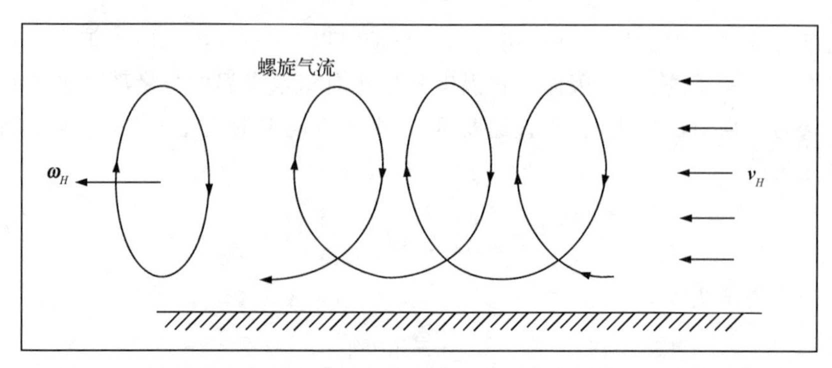

图 7.16　水平涡度矢量与水平气流方向一致时产生螺旋式运动的示意图
(取自 Doswell,1991)

为了定量估计沿风暴入流方向上的水平涡度大小及入流强弱对风暴旋转性的贡献，引入风暴相对螺旋度(storm relative helicity)概念是方便的。考虑到风暴入流主要来自于对流层低层几千米范围内，定义风暴相对螺旋度 H 为

$$H=\int_0^h(\boldsymbol{V}_H-\boldsymbol{C})\cdot\boldsymbol{\omega}_H\mathrm{d}z=\int_0^h(\boldsymbol{V}_H-\boldsymbol{C})\cdot\left(\boldsymbol{k}\times\frac{\partial\boldsymbol{V}_H}{\partial z}\right)\mathrm{d}z \tag{7.54}$$

式中 $C=(Cx,Cy)$ 为风暴移动速度，h 为气层厚度，通常取 h 等于 3 km。由于 $\boldsymbol{\omega}_H$ 主要由风的垂直切变引起，因此，在研究强风暴的意义上，风暴相对螺旋度(以下简称螺旋度)也可以简单地被理解为是低层大气中(0 至 h 高度)风暴相对速度与风随高度顺转的乘积，它的大小反映了旋转与沿旋转轴方向运动的强弱程度(参见图 7.16)，所以这也就是螺旋度这个名称的由来。

(2)螺旋度的计算方法

利用矢量运算法则

$$\boldsymbol{A}\cdot(\boldsymbol{B}\times\boldsymbol{C})=\boldsymbol{B}\cdot(\boldsymbol{C}\times\boldsymbol{A})=\boldsymbol{C}\cdot(\boldsymbol{A}\times\boldsymbol{B})=-\boldsymbol{A}\cdot(\boldsymbol{C}\times\boldsymbol{B})$$
$$=-\boldsymbol{B}\cdot(\boldsymbol{A}\times\boldsymbol{C})=-\boldsymbol{C}\cdot(\boldsymbol{B}\times\boldsymbol{A})$$

由(7.54)式可以得到

$$H=-\int_0^h\boldsymbol{k}\cdot\left[(\boldsymbol{V}_H-\boldsymbol{C})\times\frac{\partial\boldsymbol{V}_H}{\partial z}\right]\mathrm{d}z$$
$$\cong-\sum_{n=0}^{N-1}\boldsymbol{k}\cdot[(\boldsymbol{V}_{n+1}-\boldsymbol{C})\times(\boldsymbol{V}_{n+1}-\boldsymbol{V}_n)] \tag{7.55}$$

或

$$H=-\sum_{n=0}^{N-1}\boldsymbol{k}\cdot\{(\boldsymbol{V}_{n+1}-\boldsymbol{C})\times[(\boldsymbol{V}_{n+1}-\boldsymbol{C})-(\boldsymbol{V}_n-\boldsymbol{C})]\}$$
$$=\sum_{n=0}^{N-1}\boldsymbol{k}\cdot[(\boldsymbol{V}_{n+1}-\boldsymbol{C})\times(\boldsymbol{V}_n-\boldsymbol{C})] \tag{7.56}$$

由此看出，螺旋度 H 在数值上等于风矢端迹图上 0 至 h 气层中风暴相对风矢量所包围面积的两倍(当风向顺转时面积元为正，风向逆转时面积元为负)，如图 7.17 所示。一般认为，在 0～3 km 以下气层中相对于风暴的风速达到 10 m/s 以上并且风向顺转角度大于 90°是强风暴发展的有利条件，它所对应的螺旋度应为 $2\times(\pi\times10^2/4)=150\ \mathrm{m^2/s^2}$，Davies-Jones 等(1990)将其确定为有利于强对流发展的螺旋度临界值。根据上述几何学分析方法，还可以计算出 3 km 以下，在不同的风暴相对风速及风向顺转角度情况下对应的螺旋度数值，结果列于表 7.1 中，在实际工作中可以参考使

用。作为积分的结果，螺旋度计算对观测和内插误差并不敏感。假设风矢端迹曲线是连续的，用简单线性内插就能满足计算要求。图 7.17 中每个面积元素就是以风暴移动矢端点(C_x,C_y)为顶点，以风矢端迹曲线上相邻两个资料点连线为底边的小三角形。令(u_0,v_0)为地面风，(u_l, v_1)，…，(u_{N-l},v_{N-1})依次为 0 到 9 气层内各高度上的风，(u_N,v_N)为 h 高度上的风，则可得到如下利用单站空中风资料计算螺旋度的公式，即

$$H=\sum_{n=0}^{N-1}[(u_{n+1}-C_x)(v_n-C_y)-(v_{n+1}-C_y)(u_n-C_x)] \tag{7.57}$$

式中(u_0,v_0)为地面风，(u_n,v_n)为各高度层上的水平风，(C_x,C_y)为风暴移动速度。若 n 取 6 层，则分别为地面层、925 hPa、850 hPa、700 hPa、500 hPa、400 hPa。

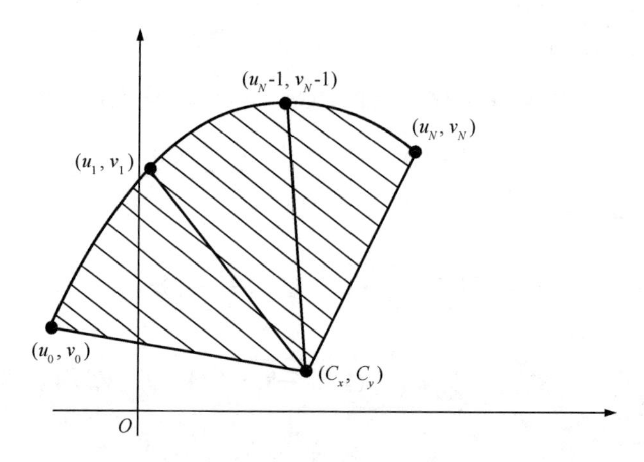

图 7.17　风矢端迹图 0 到 h km 气层中由风暴相对风矢所包围面积(阴影)的示意图

表 7.1　根据几何学分析方法计算的在不同风暴相对风速及风向顺转角度情况下所对应的螺旋度(单位：m^2/s^2)

螺旋度		风暴相对风速(m/s)							
		4	6	8	10	12	14	16	18
风向顺转角度	30°	8	19	33	52	75	103	134	170
	60°	17	28	67	105	151	205	268	340
	90°	25	57	100	157	226	308	402	509
	120°	33	75	134	209	301	410	536	678
	150°	42	94	167	262	377	513	670	848
	180°	50	113	201	314	452	615	804	1017

由于风暴的移动主要受中低层平流运动和自身传播效应的共同影响，通常以 850 hPa 至 400 hPa 气层的平均风风向右移 40°，风速的 75%来确定风暴的移动速度 C。计算式如下：

$$\bar{u} = 0.75\sum_{k=2}^{5} u(k)/4$$
$$\bar{v} = 0.75\sum_{k=2}^{5} v(k)/4 \tag{7.58}$$

$$\alpha = \mathrm{tg}^{-1}\left\| \frac{\bar{v}}{\bar{u}} \right\| \tag{7.59}$$

$$\begin{aligned}
\theta &= 90 - 40 \quad (\bar{u} = 0, \bar{v} > 0) \\
\theta &= 270 - 40 \quad (\bar{u} = 0, \bar{v} < 0) \\
\theta &= \alpha - 40 \quad (\bar{u} > 0, \bar{v} \geqslant 0) \\
\theta &= 180 - \alpha - 40 \quad (\bar{u} < 0, \bar{v} \geqslant 0) \\
\theta &= 180 + \alpha - 40 \quad (\bar{u} < 0, \bar{v} \leqslant 0) \\
\theta &= 360 - \alpha - 40 \quad (\bar{u} > 0, \bar{v} \leqslant 0)
\end{aligned} \tag{7.60}$$

$$C = \sqrt{\bar{u}^2 + \bar{v}^2} \qquad C_x = C \cdot \cos\theta \qquad C_y = C \cdot \sin\theta \tag{7.61}$$

以下是孔玉寿等(2008)利用北京地区空中风资料计算的强对流典型个例的螺旋度。这里强对流天气是指雷暴并伴有平均风速大于或等于 17 m/s，瞬间风速大于或等于 20 m/s 的大风；冰雹、雨量大于或等于 20 mm/h 或达到 50 mm/6h 的降水。

例 7.1　1983 年 7 月 25 日，延庆晚上 21 时 05 分至 21 时 20 分出现降雹，雹粒大如鸡蛋，小似玉米粒，受灾面积达 9650 亩，造成粮食减产 673000 千克，蔬菜减产 424500 千克。当天 08 时 500 hPa 形势为斜槽型，由 19 时空中风资料计算的螺旋度为 219 m^2/s^2。

例 7.2　1985 年 6 月 2 日，密云县境内下午 15 时 30 分至 16 时 55 分出现降雹，最大雹径为 7 cm，一般为 1～2 cm，造成 22000 亩小麦 10%被砸毁，30000 多果树幼果 40%被砸落、砸伤，4000 间瓦房损坏。当日 08 时 500 hPa 形势为槽后型。根据 14 时空中风测风记录计算的螺旋度为 208 m^2/s^2。

例 7.3　1985 年 6 月 8 日，门头沟区、怀柔区、延庆县、石景山区下午 14 时 15 分左右出现降雹，雹粒大如鸡蛋，小似杏仁，粮田和菜地受灾面积 3535 亩，其中毁种 50 亩。当天 08 时 500 hPa 形势为斜槽型。根据 14 时空中风记录计算的螺旋度为 163 m^2/s^2。

螺旋度反映了旋转和沿旋转轴方向上气流的强弱，其数值越大，越有利于风暴的旋转发展。大量的研究表明，在环境大气中具备了对流发展所需要的水汽、不稳定能量和触发机制等基本气象条件的情况下，当螺旋度数值很大时（如 $H \geqslant 150\ m^2/s^2$），发生强对流天气的可能性极大。但是，这只是问题的一个方面，当根据有限时次的空中风观测计算得到的螺旋度小于这个临界值时，并不能排除发生强对流天气的可能性，因为螺旋度是一个极容易变化的参数，在一些观测试验中已经发现它可以在1～2小时之内迅速增大。显然，在这种情况下，预报的难度加大，这时要着重分析在对流层低层有无使风随高度顺转加大和风暴入流加强的机制，对螺旋度是否有增大的趋势作出定性的判断。在有条件的情况下，应不断更新测风资料，如根据空中风的数值预报结果和地面风观测、雷达测风等资料，及时掌握螺旋度的变化。另外，风暴速度对于螺旋度的计算是十分敏感的，因此，如果要编制螺旋度的计算软件用于业务预报，一定要考虑到增强人机交互功能的问题，使预报员能及时输入新的空中风和风暴速度的信息。

7.4.3　能量—螺旋度指数

研究表明，强对流天气既可以发生在低螺旋度（$H < 150\ m^2/s^2$）结合高对流有效位能（$CAPE > 2500\ m^2/s^2$）的环境中，也可以发生在相反的环境中（$H > 300\ m^2/s^2$ 结合 $CAPE < 1000\ m^2/s^2$），即两者之间存在着一种平衡关系。据此，Hart 和 Korotky(1991)将对流有效位能（CAPE）和螺旋度（片）组合成所谓的能量—螺旋度指数（EHI），其定义为

$$EHI = (H \cdot CAPE)/160000 \tag{7.62}$$

这里 EHI 为低空0～2 km的螺旋度。EHI 反映了在强对流出现时，对流有效位能与螺旋度之间的相互平衡关系。初步的研究表明，当 $EHI > 2$ 时，预示着发生强对流的可能性极大，且 EHI 数值越大，发生强对流天气的潜在强度越大。例如，根据Davies(1993)的研究，当 EHI 的数值在2.0～2.5之间时，可能产生中等强度的中尺度气旋；当 EHI 的数值在7.0～7.9之间时，可能产生强的中尺度气旋；而最为强烈的中尺度气旋所对应的 EHI 的数值往往大于4.0。因此，EHI 可以用于预报强对流天气的强度。但是利用 EHI 并不能有效地区别龙卷中尺度气旋和非龙卷中尺度气旋。其原因在于包含在 EHI 参数之中的因子与低层中尺度气旋发展没有直接的关系。而数值试验结果表明，3～7 km气层中风的强度对于低层中尺度气旋的发展和维持是至关重要的。因此，在实际工作中可以将 EHI 与一些能够反映2～9 km气层中垂直风切变强度的参数结合起来使用，以便改善强天气类别的预报。

7.4.4　雷暴大风指数

雷暴大风是雷暴外流区前缘的特征，在有深对流发生发展的情况下，在地面能否产生雷暴大风，很大程度上取决于下沉气流强度。一般认为，空中强的环境风向下的

水平动量输送，以及中空（3～7 km）干冷空气卷入与下沉气流强度关系密切。最近的观测研究和数值模拟试验结果表明，由固态降水粒子下降过程中的融化以及随后发生的蒸发冷却所产生的负浮力，加强了下沉运动，是地面雷暴大风产生的重要机制。由此出现的雷暴大风，其潜在的最大风速可以用所谓的雷暴大风指数来估算。

利用垂直动量方程和连续方程，可以给出描写雷暴下沉气流强度的模式，其垂直动量方程可以写成

$$\frac{\mathrm{d}w}{\mathrm{d}t} = g\frac{\theta'}{\theta} - g(l+i) + \frac{P'_z}{\rho_0} \tag{7.63}$$

式中 w 是名坐标系中的垂直速度，t 是时间，g 是重力加速度，θ_0 是环境大气的位温，θ' 是气块扰动位温，$(l+i)$ 是液态水加上冰的混合比，p' 是扰动气压，ρ_0 是环境大气的密度，下标 z 表示对高度的偏微分。作一些简单的假设后，(7.63)式右侧可以近似写成

$$\frac{\mathrm{d}w}{\mathrm{d}t} \approx \left(\frac{w^2}{2}\right)_z \tag{7.64}$$

将(7.64)式代入(7.63)式并对高度积分可知，垂直速度的大小依赖于下沉气流的厚度，即

$$w^2 \approx F \times \Delta z \tag{7.65}$$

式中的强迫项 F 包含了浮力（可以通过探空估算）、降水负荷以及气压的垂直扰动三项。可以证明其中的浮力项与下沉气流所通过的气层中的温度垂直递减率的平方成正比，即

$$\theta' \approx \Gamma \tag{7.66a}$$

或

$$w^2 \approx \Gamma \Delta z \tag{7.66b}$$

研究结果表明，雷暴大风的产生在很大程度上与冰冻状降水粒子下沉通过融化层有关，融化过程吸收大量的潜热使气块变冷，产生负浮力使下沉运动加速。随后发生的蒸发冷却过程又进一步加速了下沉运动。因此，所考虑的气层厚度 Δz 应从地面至融化层高度。由此 McCann(1994)引入了一个可以用于估算潜在的雷暴大风强度的经验参数，称为风指数（Wind Index，WI），其形式为

$$WI = 2.5\left[H_M R_Q(\Gamma^2 - 30 + Q_L - 2Q_M)\right]^{\frac{1}{2}} \tag{7.67}$$

式中 H_M（单位：km）为融化层高度；$R_Q = Q_L/12$ 为一经验订正系数，规定 $R_Q \leqslant 1$；Γ（单位：℃/km）为地面至融化层高度之间的温度递减率；Q_L（单位：g/kg）为地面至

1.0 km 气层内的平均混合比；Q_M是 H_M高度上的混合比；WI（单位：m/s）则表示了潜在的雷暴大风强度。注意，当 $\Gamma<5.5$℃/km 时，(7.67)式括号内可能出现负值，这时令 $WI=0$，表示没有雷暴大风发生。

经验订正系数 R_Q是用来修正由于低空水汽多寡对蒸发冷却的影响的。当低空十分潮湿时，一方面有利于空中降水粒子的产生，但另一方面却不利于降水粒子下降过程中的蒸发；而当低空十分干燥时，虽然有利于降水的蒸发，但是可供产生降水的水汽有限。因此，要形成大风，低空水汽含量要适中。当低空大气干燥（$Q_L<12$ g/kg）时，$R_Q<1$，其作用是使 WI 数值变小；当低空大气潮湿（$Q_L>12$ g/kg）时，$R_Q>1$，这时令 $R_Q=1$，其作用也是避免对潜在大风强度估算得过大。

孔玉寿等(2008)根据北京午后 13 时（或 14 时）探空资料，计算了 25 次发生在北京地区的雷暴大风实例的风指数。为了作一些必要的分析比较，还计算了相应时次的对流有效位能(CAPE)，抬升指数(LI)以及地面与中空 θ_{se}最小值之间的差值 $\Delta\theta_{se}$，比较计算结果不难看出，计算的风指数 WI 数值与实际出现的大风强度比较接近，一般误差在正负 5 m/s 以内。与常用的不稳定指数（例如 $CAPE$ 和 LI）相比较，WI 更能够直接反映雷暴大风的潜在可能性。例如，1988 年 6 月 14 日 13 时北京的 $CAPE$ 为 1143 m^2/s^2，LI 为－5℃，而 1990 年 8 月 20 日 13 时北京的 $CAPE$ 为 3291 m^2/s^2，LI 为－10℃，明显比前者的不稳定度要大，但有意思的是两者的风指数 WI 的数值十分接近，都在 22 m/s 左右，与实际出现的大风强度相当（分别为 20 m/s 和 22 m/s）。可见，有必要将上升气流的不稳定与下沉气流的不稳定区分开来，风指数正是反映了下沉气流的不稳定程度，而 $CAPE$ 和 LI 则表示了上升气流的不稳定程度，两者反映的是不同的物理过程。

地面 θ_{se}与中空 θ_{se}最小值之间的差值 $\Delta\theta_{se}$表示了大气的对流不稳定度状况，随高度的增加 θ_{se}值减少越多，表示大气潜在的不稳定度越大，就越有利于强对流的发展。对于雷暴大风来说，大值的 $\Delta\theta_{se}$还有另一层意义，就是要求中空的 $\Delta\theta_{se}$数值要小。根据在湿绝热过程中 θ_{se}的守恒原理，可以确定风暴内部下沉气流的起始高度，一般认为到达地面的下沉气流源自中空 θ_{se}最小值所在气层，许多研究工作都强调了中空 θ_{se}最小值对于产生地面大风的重要性，中空 θ_{se}越小，越有利于下沉气流的加强，也就越有利于地面大风的形成。从我们所研究的 25 次个例表明，在绝大多数的雷暴大风个例中（占 22/25），$\Delta\theta_{se}$大于或等于 20 K，这与 Atkins 和 Wakimoto(1991)预报美国下击暴流的 $\Delta\theta_{se}$临界值大于或等于20 K 是一致的，说明这个参数对于雷暴大风的预报来说具有某种本质的、普遍的意义。但是，$\Delta\theta_{se}$数值的大小并不能直接反映出潜在的大风强度。例如，1990 年 7 月 24 日 13 时北京的 $\Delta\theta_{se}$为 43 K，而 1991 年 6 月 15 日 13 时北京的 $\Delta\theta_{se}$为 20 K，约为前者的一半，但计算表明，两天的风指数 WI 数值十分相近，都在 26 m/s 左右，与两天中实际出现的大风强度相当（分别为 27 m/s 和

24 m/s)。由此说明,利用 $\Delta\theta_{se}$ 大于或等于 20 K 这一临界值,可以做出有无雷暴大风的定性预报,而由风指数 WI 确定的大风强度,预报效果比较好。

最后需要指出的是,在引入雷暴大风指数时,仅考虑了垂直动量方程中的浮力项作用,虽然抓住了下沉气流的主要影响因子,但是与实际情况仍有差异,特别是当垂直风切变很大时,方程中的气压垂直扰动项作用不可忽视,如何将这些因子的作用考虑进去,还有待于进一步的研究。

复习题

1. 如何判断和计算 $\boldsymbol{Q}$ 矢量?

2. 根据 $\begin{cases}\dfrac{\partial u}{\partial t}+u\dfrac{\partial u}{\partial x}+v\dfrac{\partial u}{\partial y}=fv-\dfrac{\partial\varphi}{\partial x}\\ \dfrac{\partial v}{\partial t}+u\dfrac{\partial v}{\partial x}+v\dfrac{\partial v}{\partial y}=-fu-\dfrac{\partial\varphi}{\partial y}\end{cases}$ 和 $\left(\dfrac{\partial}{\partial t}+\mathbf{V}\cdot\nabla\right)\dfrac{\partial\Phi}{\partial p}+\sigma\omega=0$,推导出 ω 方程。

3. 如何利用 $\boldsymbol{Q}$ 矢量判断锋生锋消和垂直运动?

4. 什么叫惯性不稳定、对流性不稳定、条件性对称不稳定?

5. 位涡分析方法有哪些?

6. 如何计算螺旋度、粗 R 数、位涡和雷暴大风指数?

7. 在一给定的区域网格上(11 行 × 10 列,网格距 $d=100$ km,第一纬度为 60°N),假定位势高度、温度、风速 U、V 已知。计算 $\boldsymbol{Q}$ 矢量及 $\boldsymbol{Q}$ 矢量的散度。

8. 已知 29 个测站的各层风,计算风暴相对螺旋度。

参考文献

白乐生. 1988. 准地转 $\boldsymbol{Q}$ 矢量分析及其在短期天气预报中的应用. 气象,**14**(8):25-30.

白月玲,汤达章,徐芬,等. 2013. 基于多普勒雷达垂直风廓线产品的风暴相对螺旋度对山西暴雨的诊断. 干旱气象,**31**(4):778-783.

侯定臣. 1990. 梅雨锋附近的条件性对称稳定度. 热带气象,**6**(2):180-187.

胡伯威. 2003. 关于位涡理论及其应用的几点看法. 大气科学学报,**26**(1):111-115.

孔玉寿,章东华. 2008. 现代天气预报技术. 北京:气象出版社, 4.

李柏,李国杰. 1997. 半地转 $\boldsymbol{Q}$ 矢量及其在梅雨锋暴雨研究中的应用. 大气科学研究与应用, **12**(1):31-38.

李丁民. 1987. 能盆位涡度平衡方程及其在暴雨诊断分析中的应用. 高原气象,**6**(3): 201-206.

李立. 1992. 等熵位涡理论及其在天气分析中的应用. 新疆气象,**15**(6):1-4.

留小强,王田民,吴宝俊. 1994. 湿位涡方程及其应用. 大气科学,**18**(5):569-575.

罗德海,谭本馗. 1991. Ertel 位涡和非线性对称不稳定性问题. 气象学报,**49**(4):440-447.

全林生. 2003. WINDEX 指数在雷暴大风预报中的应用. 中国民航飞行学院学报,**14**(1): 20-24.

石燕茹,寿绍文,王丽荣,等. 2011. 风暴相对螺旋度与强对流天气类型的关系分析. 气象与环境学报, **27**(1):65-71.

汪克付,叶金印. 1995. 江淮梅雨锋暴雨过程 *Q* 矢量分析及落区预报. 气象,**21**(3):40-43.

王文,程麟生. 2002. "96.1"高原暴雪过程三维条件性对称不稳定的数值研究. 高原气象,**21**(3): 225-232.

王永中,杨大升. 1984. 暴雨和低层流场的位涡. 大气科学,**8**(4):411-417.

吴国雄,蔡雅萍,唐晓菁. 1995. 湿位涡和倾斜涡度发展. 气象学报, **53**(4):387-404.

姚秀萍. 于玉斌. 2000. 非地转湿 *Q* 矢量及其在华北特大台风暴雨中的应用. 气象学报,**58**(4): 436-446.

姚秀萍. 于玉斌. 2001. 完全 *Q* 矢量的引入及其诊断分析. 高原气象,**20**(2): 208- 213.

郁淑华. 1993. 一次高原北侧槽个例的 *Q* 矢量分析. 高原气象,**12**(4):437-441.

岳彩军. 1999. *Q* 矢量及其在天气诊断分析中应用研究的进展. 气象,**25**(11):3-8.

岳彩军,曹钎,寿绍文. 2010. *Q* 矢量研究进展. 暴雨灾害,**29**(4):297-306.

岳彩军, 寿绍文, 董美莹. 2003. 定量分析几种 *Q* 矢量. 应用气象学报,**14**(1):39-48.

岳彩军,寿亦查,姚秀萍,等. 2005. 中国口矢量分析方法的应用与研究. 高原气象,**24**(3):450-455.

张健宏. 2004. 风暴相对螺旋度的应用. 陕西气象,**3**:5-7.

张述文,王式功. 2001. 位涡及位涡反演. 高原气象,**20**(4):468-473.

张兴旺. 1998. 湿 *Q* 矢量表达式及其应用. 气象,**24**(8):3-7.

张兴旺. 1999. 修改的 *Q* 矢量表达式及其应用. 热带气象学报,**15**(2):162-167.

章东华. 1995. 利用相当位涡诊断条件性对称不稳定. 气象科技,**23**(1):6-22.

赵其庚. 1991. 等熵位涡图的性质及其在动力分析和预报中的应用. 气象,**17**(6):3-10.

Atkins Nolan T, Wakimoto Roger M. 1991. Wet microburst activity over the Southeastern United States: Implications for forecasting. *Weather and Forecasting*, **6**(4):470-482.

Bluestein H B. 1993. Synoptic-dynamic meteorology in mid-latitudes. Oxford University Press, **2**: 180-219.

Davies-Jones Robert. 1993. Useful, formulas for computing divergence, vorticity, and their errors from three or more stations. *Monthly Weather Review*, **121**(3):713-725.

Doswell C A. 1991. A review for forecasters on the application of hodographs to forecasting severe thunderstorms. *Natl. Wea. Dig.*, **16**(1):2-16.

Emanuel Kerry 1983. On assessing local conditional symmetric instability from atmospheric soundings. *Monthly Weather Review*,**111**(10): 2016-2033.

Hoskins B J . 1985. On the use and significance of isentropic potential vorticity maps. *Q. J. R. Meteorol. Soc.*, **111**:877-946.

Hoskins B J. 1997. A potential vorticity view of synoptic development. *Meteorol. Appl.*, **4**:

325-334.

Hoskins B J. 2006. The role of potential vorticity in symmetric stability and instability. *Quarterly Journal of the Royal Meteorological Society*, **100**(425):980-482.

Johns Robert H, Charles A, Doswell III. 1992. Severe local storms forecasting. *Weather and Forecasting*, **7**(4):588-612.

Kurz M. 1994. The role of diagnostic tools in modern weather forecasting. *Meteorol. Appl.*, **1**: 45-67.

McCann Donald W. 1994. WINDEX—A new index for forecasting microburst potential. *Weather and Forecasting*, **9**(4):532-541.

Moore J T, Lambert T E. 1993. The use of equivalent potential vorticity to diagnose regions of conditional symmetric instability. *Weather & Forecasting*, **8**(3):301-308.

Shaprio Lloyd J. 1982. The response of balanced hurricanes to local sources of heat and momentum. *Journal of the Atmospheric Sciences*, **39**(2):378-394.

Snook J S. 1992. Current techniques for real time evaluation of conditional symmetric instability. *Wea. Forecasting*, **7**:430-438.

第8章 数值预报产品误差及订正

自从挪威学者 Bjerknes 在世界上首次提出“数值天气预报”的设想以来，经过一个多世纪的理论研究和近半个世纪的业务应用实践，数值天气预报领域已经取得了迅速的发展。在这一发展过程中，数值模式的应用领域也从中短期天气预报拓展到短期气候预测、气候系统模拟、短时临近预报，从大气科学拓展到环境科学、地球科学等。中国的气象数值预报也经历了近半个世纪的发展历程。自 20 世纪 80 年代以来中国气象局国家气象中心先后研究建立了亚欧区域短期天气预报模式（简称为 A 模式）、北半球和亚洲区域短期天气预报模式（简称为 B 模式）、全球中期天气预报（谱）模式，将中国数值预报业务向前推进了一大步。

8.1 国内外主要数值预报产品介绍

随着数值计算方法和高性能计算机技术的发展、大气科学理论的完善以及人类对全球气候变化的关注，自 1960 年初第一个全球大气数值模式建立以来，研究全球大气数值模式的热度逐年增加。最初的全球大气数值模式采用经纬网格的有限差分方法，主要处理精度、效率、守恒和非线性计算不稳定问题，但由于经纬网格的两极有奇异，并且有经线辐合的问题，为此 20 世纪 70 年代中后期 Eliasen 提出了谱模式，采用球面调和函数来表示要素场。谱模式没有计算频散现象，没有极点问题，没有时间步长限制，也不存在非线性计算不稳定，于是在低分辨率的全球大气模式中得到普遍应用。例如在 1990 年到 1996 年期间应用于气候模拟的 14 个全球业务大气模式中 11 个为谱模式，截断范围从 R15 到 T63，仅有 3 个基于经纬网格的格点模式，分辨率为 $4°\times5°$。IPCC 第 4 次评估报告中用到的全球大气模式中 10 个为谱模式，6 个为格点模式。可见谱模式在当时非常盛行，致使网格点模式的发展和研究水平显著下降。

但随着模式分辨率的提高和大规模并行计算机的发展，发现谱模式的并行效率不高，对非连续量的处理误差较大，并且提高水平分辨率需要对方程组重新进行谱展开，处理起来较复杂，更新换代较慢。因此现在许多气象工作者重新把注意力集中在格点模式的发展上。

目前，世界上主要数值天气预报中心和发达国家都拥有各自的全球中期预报模式，而且始终是发展的主要方向，因为所有的区域模式、中尺度模式和环境模式的初始条件和侧边界都需要由全球模式来提供。数值天气预报水平高低主要取决于3个方面：①资料同化方案的先进与否；②模式动力过程优越与否；③物理过程参数化水平高低。

8.1.1　T213 L31模式简介

国家气象中心数值室在引进的中期天气预报中心IFS(Integrated Forecasting System)模式框架的基础上，经过移植改造和开发与之匹配的最优插值(OI)资料分析同化方案、模式后处理方案、大规模并行机环境下的自动化运行流程及作业监控方案等，解决了大量模式系统开发和业务化过程中的技术问题，形成了我国新一代全球中期数值预报业务系统——T213L31。该系统于2002年3月投入准业务运行，其预报作为指导产品向全国气象台站下发，2002年9月1日起正式业务化，成为国家气象中心新一代的中期数值预报业务系统，标志着我国的中期数值预报又迈上了一个新的台阶。T213 L31模式有如下动力特点：

(1)是我国第一代大规模并行化的中期数值预报模式；该模式为三角截断的全球谱模式，截断波数为213个波，在格点空间其水平分辨率达到60.0 km(0.5625°×0.5625°)，垂直方向为31个η面，模式顶为10.0 hPa。

(2)格点空间采用规约化高斯格点，使计算量大大减少，内存需求和结果存储量也有比较大的减少。

(3)采用半拉格朗日方法处理平流，积分时间步长不受平流风速的限制，积分时间步长由欧拉方案的3 min增加到15 min，预报质量并没有显著的降低，而CPU时间减少了4倍。

(4)长波辐射是Morcrette(1990)的方案，短波辐射是Fouquart and Bonnel(1980)的方案。

(5)在湍流扩散过程采用的是Louis(1979)的方案。

(6)在地形方面，采用平均地形和一个新的次网格地形参数化方案(Lott and M filler，1996)。

(7)在积云对流参数化方案方面，采用的是Tiedtke(1989)的质量通量方案；而T106采用的深对流是Kuo(1974)的方案，浅对流采用Tiedtke(1983)的垂直扩散方案。

(8)在云方案方面，采用的是Tiedtke(1993)的预报云方案。

(9)陆表面参数化方案是Vitesbo and Beljaar(1995)方案，土壤被分为四层。

T213L31全球中期数值预报模式的输出产品包括15个基本气象要素：其中有8个多层要素，每个要素都有13层，从1000～50 hPa；包括温度、高度、纬向风、经向风、垂直速度、比湿、相对湿度、风速；另外有7个单层要素，包括海平面、地面、离地

10 m 高、离地 2 m 高的要素。所有预报要素的前 72 个小时是每隔 12 小时一次的预报场，72～240 小时是每隔 24 小时一次的预报场，共 14 个预报时效。所有预报产品的详细信息列在表 8.1 中。资料的格点格距为 1.125°×1.125°。

表 8.1　T213L31 模式输出的大气要素

要素	层次	时效(h)**
温度	共 13 层 1000、925、 850、700、 600、500、 400、300、 250、200、 150、100、 50 hPa	00； 12； 24； 36； 48； 60； 72； 96； 120； 144； 168； 192； 216； 240；
高度		
纬向风		
经向风		
垂直速度		
比湿		
相对湿度		
风速*		
海平面气压	1 层 海平面或 地面或 离地 10 m 高或 离地 2 m 高	
地面温度		
地面气压		
10 m 纬向风		
10 m 经向风		
2 m 温度		
2 m 相对湿度		

8.1.2　T639 L60 模式简介

T639 L60 全球中期数值预报系统（简称 T639）于 2007 年 12 月 10 日投入准业务化运行，2007 年 12 月通过准业务化验收，开始准业务运行，使我国全球中期数值预报系统的可用预报时效在北半球达到 6.5 天，东亚达到 6 天，标志着我国数值预报水平有了长足的进步，与发达国家的差距进一步缩小。

T639 L60 全球中期数值预报模式是通过对 T213 模式进行性能升级发展而来，具有较高的模式分辨率，达到全球水平分辨率 30 km(0.28125°×0.28125°)，垂直分辨率 60 层，模式顶到达 0.1 hPa；T639 模式具有较高的边界层垂直分辨率，其中在 850 hPa 以下有 12 层，对边界层过程有更加细致的描述，更适合于支撑短时临近预报。

T639 模式在动力框架方面进行了改进，包括使用线性高斯格点、稳定外插的两个时间层的半拉格朗日时间积分方案等，提高了模式运行效率和稳定性；另外改进了

T639 物理过程中对流参数化方案以及云方案，大大改善了 T213 降水预报偏差大、空报多的问题。

T639 模式采用了国际上先进的三维变分同化分析系统，除可以同化包含 T213 模式同化的全部常规资料外，还能直接同化美国极轨卫星系列 NOAA－15/16/17 的全球 ATOVS 垂直探测仪资料，卫星资料占到同化资料总量的 30％左右，大大提高了分析同化的质量，显著改善了模式预报效果，缩短了和国际先进模式的差距。

T639 模式第一次在中期业务模式中嵌入台风涡旋场，在台风季节可用性较 T213 明显增强。T639 模式在产品上继承了 T213 模式的特点，具有数据与图形多类别、多种分辨率、高时间频次、多种物理诊断量的产品。

预报结果统计检验表明，T639 模式的预报效果较同期业务运行的 T213 模式对北半球(南半球)500 hPa 高度的预报改进明显，可用预报时效分别提高 1 天(2 天)，对东亚也有改善，只是改进的幅度不及南北半球的大。温度场和风场预报也有不同程度的改进。

降水预报在短期时效的改进更明显一些，无论哪一级的降水 TS 评分均高于 T213；除中雨外与日本的其他各级降水预报水平相当。降水分布与实况更接近，且降水变化趋势及强度预报也好于 T213。

目前 T639 模式已代替 T213 成为预报业务上经常使用的数值预报产品。它不但在日常短期和中期预报得到广泛应用，还在各地的精细要素预报中发挥重要作用，同时 T639 作为区域模式驱动的初始场和边界条件，为精细区域模式所使用。业务实践表明：T639 的形势场 H、T、P 等基本要素预报准确率提高；降水预报能力增强，特别是强降水预报水平较 T213 有明显提高；时间分辨率增加；可用预报时效增长等。T639 全球中期数值预报同化预报系统的业务化应用使得我国的天气预报水平得到大大提升，预报准确率增加，为我国的防灾减灾工作做出了重要贡献。

8.1.3　GRAPES 模式简介

新一代全球/区域多尺度统一的同化与数值预报系统(global/regional assimilation and prediction system, GRAPES)，由中国气象局研究建立。该系统的核心技术包括：资料变分同化，半隐式－半拉格朗日差分方案和全可压/非静力平衡动力框架，可自由组合的、优化的物理过程参数化方案，全球、区域一体化的同化与预报系统，标准化、模块化、并行化的同化与模式程序。针对 GRAPES 系统的正确性、有效性，已经进行了一系列的标准测试和应用模拟试验，包括常规资料分析应用、雷达和卫星非常规资料直接分析应用试验。

该系统已在国家级、区域级气象业务中心运行，在实际气象业务中发挥了重要作用，为中国数值天气预报系统的可持续发展奠定了良好的基础。

8.1.4 ECMWF 及其他国外模式简介

目前一直代表世界数值预报最高水平的 ECMWF 已将全球中期谱模式的谱分辨率从 511 波提高到了 799 波，垂直层次达 91 层，已扩展到平流层顶，最高层达 0.01 hPa。平均 500 hPa 位势高度场预报的可用性已达到了 7 天，在冬季甚至达到了 9 天。

世界数值预报先进国家全球模式分辨率已提高到 15～25 km，尤其是ECMWF，其确定性预报模式已达到 T 1279 L91，水平分辨率约为 16 km，垂直分层达 91 层。未来高分辨率模式将快速发展，物理过程参数化方案将更加精细化。

美国 NCEP 也已将分辨率提高到 382 波来改善其预报性能。

日本则已将谱模式分辨率提高到 959 波。

8.2 产生数值预报误差的主要原因

8.2.1 可预报性问题——认识数值预报误差的基本观点

数值预报本来是基于决定论的观点：各种物理系统的变化遵循一定的自然法则，系统的未来状态就由这些法则和初始状态所确定。法国著名科学家拉普拉斯就认为，宇宙在给定时刻的状态可由适合无数的微分方程的无数个参数决定。

根据决定论的观点，大气系统的性状可用三个空间变量、一个时间变量来描述。对大气运动在空间和时间上的变化的研究，可转化为求方程在给定的边界条件和初始条件下的解的问题。许多自然科学家都持决定论的观点，如挪威气象学家 V. 皮叶克尼斯在 1904 年就提出，天气预报的中心问题是已知大气状态在一个时刻的观测值来解一般形式的流体运动学方程。他说，大气在未来任何时刻的状态是由其现在的状态决定的。

然而，事情并非那么简单。通过数值模拟和数值天气预报的实践，人们发现，尽管数值预报模式日趋完善，计算精度不断提高，但是预报值与实际值之间始终存在误差，且随着预报时效的延长，误差逐渐增大、预报准确率逐渐下降。这给天气预报带来了一定的困难。

未来天气状态是既可以预报又是不可预报的，即存在一个可预报期限，在此期限内是可预报的，超过这个期限是不可预报的。从确定论基础上建立起来的数值天气预报走向了不确定。Lorenz 等(1982)分别用经验和数值模式，非线性系统分析，动力学分析等方法研究了可预报性问题，结果表明：对于中小尺度(如 10^5 m)天气系统，可预报性时间仅为 1 天；对于 10^6 m 量级的天气系统，可预报时间尺度约为 2～5 天；

对于 10^7 m 量级的天气系统，可预报时间尺度约为 4～20 天。因此，逐日的天气尺度的预报做到 10 天还可以有相当好的准确率，到两周还可以有超过随机猜测的水平，但是三周以上的逐日预报至少在现有的技术水平下是不可能的。

8.2.2　产生数值预报误差的原因分析

数值预报误差产生的原因主要有四方面：

（1）数值模式所描述的大气运动物理过程是有限的

我们现在所用于数值预报的数值模式的主体是一组通常由运动方程、连续方程、水汽方程、热力学方程和状态方程组成的非常复杂的方程组。那么这个方程组是否足以描述大气运动中的一切物理现象和规律了呢？回答应该是否定的。主要原因是至今人们对大气运动的有些规律还知之不多，有的大气现象甚至还得不到合理的解释，因此，要把未知或知之不多的大气运动规律包括到数值模式中是不可能的。也就是说，拉普拉斯所期待的能写出所有方程的“无所不知的大天才”至今还未发现。例如，关于气候模拟和预测问题，是当今大气科学的一个热门研究课题。人们已知道，大气圈、水圈、岩石圈、冰雪圈和生物圈中发生的物理和化学过程相互作用相互影响，构成了一个整体气候系统。但我们至今对气候及其变化的认识还十分肤浅，对一些主要的物理过程还了解甚少，甚至对自然因素和人为因素在气候变化中的相对重要性问题也难以做出明确的解答。因此，要搞清楚五个圈中发生的物理、化学过程的规律，并分别用数学的语言将这些规律表示出来，形成数值模式，再将这些模式耦合起来用于气候的数值模拟和预测，是何等艰难的问题。又如，数值模式对地表、地形的描述不可能精细到与变化着的实际情况完全一致；对复杂陡峭地形下造成的精确计算上的困难，还没有一种能完全克服这一难题的方法；对于区域模式而言，边界条件的处理很难做到完全合理；谱模式中，又总存在波数的截断误差问题。所以现用数值模式肯定未能包括大气现象的一切规律。而且，众所周知，我们所用的数值模式通常是在许多假定条件下，作了简化而建立的。因此，它们通常只能报出大气运动的一般情况，对于模式所没有包括的物理过程，特别是一些特殊的而又常常带来灾害性天气的过程，数值预报常难胜任，预报误差的产生自然就在所难免了。

（2）次网格过程参数化问题难以精确处理

大气现象在时空上是从小到大的各种尺度的连续谱，用场来描述时具有无穷多个自由度。但要作数值计算只能对有限个数进行，所以不论用格点上的数值（差分法）还是谱系数（谱方法）来描述，都有一些更小尺度的现象表示不出来，这些现象就称为次网格过程。

次网格过程可通过非线性作用对较大尺度现象起很大的累积效应（反馈作用）。为了反映这种作用，通常采用参数化的方法用大尺度变量来表示次网格过程。例如，对流调整、郭晓岚对流参数化方案、荒川—舒伯特(Arakawa－Schubert)方案等,都是较常用的。目前参数化主要用统计的方法、半经验的、带有不少的主观随意性。因此不同的参数化方法导致不同的模式输出结果,谁优谁劣只有靠对预报结果的统计来证明,因而预报误差是在所难免的。对此问题有两种不同的观点和做法。

一种观点是要通过增加分辨率,使原来属于次网格的某些过程变成模式变量,以致不再需要参数化了。第二种观点认为,无论引进多少个参数来描述大气这一连续介质的状态,都不可能绝对精确地反映实际现象的无限复杂性,问题的理想化是不可避免的。按照这种观点,参数化不但需要,而且是一种简化问题必不可少的"技巧"。

因此,对待次网格过程及其参数化问题,除了要看到其不完善性对预报精度的影响外,一方面要向提高模式分辨率的方向发展,但由于分辨率不可能无限提高,所以另一方面还要继续研究、完善有关参数化方案。只有这样,才可能将次网格过程参数化对预报精度的负面影响降到最低限度。

(3)初始场不可能绝对准确

影响可预报时间尺度(可预报性)的主要原因,一是数值模式描述大气运动物理过程的有限性和次网格过程参数化问题,另一方面就是初始误差问题,前者称为模式的可预报性,后者称为大气的可预报性。

Lorenz(1982)最早对初值差异与预报误差随时间增长的关系进行了系统的研究。为了检验统计预报方法的预报能力,他用一个数值预报模式计算几十年的演变情况,并看成实际天气资料,然后用统计方法来作预报。计算需要好些天,在一次偶然的重复计算时,他发现结果很不一样。原来,前一天作为初值的有六位数,而输出的只是三位(将第四位四舍五入)。然而,初值的微小差异,随着时间的增长,结果两者竟变得毫无相似之处。这种由确定性系统所产生的不确定(随机性),就称为混沌。

被科学界公认为混沌现象第一例的是1963年由Lorenz发现后来被称为Lorenz系统的一个方程组所揭示的事实:

$$
\begin{aligned}
\frac{\mathrm{d}x}{\mathrm{d}t} &= -\sigma x + \sigma y \\
\frac{\mathrm{d}y}{\mathrm{d}t} &= rx - y - rz \\
\frac{\mathrm{d}z}{\mathrm{d}t} &= -bz + xy
\end{aligned}
\tag{8.1}
$$

其中三个参数σ、b、r确定了系统的行为。令$\sigma=10$,$b=8/3$,$r=28$,选取适当的时间步长和x、y、z的初值,用四阶Runge－Kutta法求解该方程组。运算几千步后,画出变化曲线,就可得到我们在许多介绍有关"混沌"的著作中都可看到的"蝴蝶"图像。

这就是系统输出的既非定常也非周期的解，表明在确定的系统内会出现对初值非常敏感的“混沌”现象。

Lorenz(1982)后来的试验证实了这种误差产生的必然性。他利用欧洲中期天气预报中心的预报结果，分析了1980年12月1日至1981年3月10日的100天的1～10天的预报。发现24小时的预报与实况差别很小，48小时后预报误差增大。用统计方法对全部样本进行分析后表明，最小误差的倍增时间约为2.5天，而误差随时间的变化，与Lorenz早先的假设颇为符合。即

$$\frac{\mathrm{d}E}{\mathrm{d}t} = aE - bE^2 \tag{8.2}$$

既然数值预报是基于确定论的，认为未来的状态是完全由初值确定的，而且解对初值极其敏感，以致直接影响着可预报性界限。那么能否通过改进初值使之绝对准确，而使可预报性界限无穷增大呢，实际上这是不可能的。这是因为在数值预报的初值问题上，起码有三方面的困难制约着不可能得到绝对准确的初始场：

一是观测误差。目前所用的观探测仪器设备的精度是有限的，所用的探测技术是有缺陷的(如高空探测中的气球飘移问题等)，因此很难保证探测结果是绝对准确的。

二是资料密度问题。高空资料密度通常只能适应大尺度数值模式，而远不能满足中尺度模式的需要；在海洋、高原和沙漠地区甚至天气尺度的站网也不完整。尽管现在开始用四维同化方法和发展卫星探测技术来解决这些问题，但其精度离严格意义上的精确初值还相差十分遥远。

三是客观分析造成的误差。尽管目前用于客观分析的方法很多，有改进的多项式法、逐步订正法、最优插值法等等。诸法各有特点，但在将分布不均匀的测站记录分析到分布均匀、适于数值预报使用的格点上时，实际上并不能保证真正意义上的“客观”，总免不了对本不严格精确的原始数据作了一定的“歪曲”。所以，以此为初始场并在此基础上所作的预报是不可能绝对无误差的。

除上述原因以外，在气象资料传输过程中，在初始条件的处理过程中，还都可能造成部分初始信息的损失，甚至增加误差。

由上可见，数值预报的精度绝不是有了数值模式和充分优良的计算机就能解决一切问题的。数值预报对于初值条件的敏感依赖，不但使得很长时间的预报成为不可能，也使日常数值预报的误差成为不可避免。值得指出的是，因初值的不确定性而产生的结论不确定，毕竟是在以确定论为基础的数值模式的运行中形成的，因此它仍有许多“确定”之处——统计规律性，因而需要也可以用统计的方法进行处理。这就是我们后面将要介绍的，应用数值预报产品为什么大多使用统计方法的缘故。

(4) 计算过程中的舍入误差在所难免

数值预报涉及非常多的计算，而对计算机而言，有一定的字长，每一个变量只能用这种字长的数值来表示，所以每一步计算都有舍入误差的问题。

设某计算机的计算精度为 h，计算机表示的数为 a，则意味着这个计算机内的数 a，实际上是 $a-h/2\leqslant x\leqslant a+h/2$ 中的某一个数。所以，尽管计算机的字长在不断提高，微机也达到 64 位了，但字长的增长不可能是无限的，计算中的舍入误差将在所难免。

数值预报中的计算是如此复杂，计算步骤是如此的多，以至于舍入误差的积累有时显得十分严重。前面讲到的 Lorenz 为得到几十年的资料，在一次偶然的重复计算时发现两次计算结果很不一样，这是因为初值改变所致。而这里初值的改变正是舍入误差引起的(将 6 位数的初值的第 4 位作了四舍五人)。由此可见，舍入误差的问题还与初值问题密切相关，因为在数值积分过程中，每一步总以前一步的结果作为初值的，因此舍入误差是初值误差的重要来源之一。

由上述分析可知，基于确定论的数值模式看起来似乎是很严密的，实际上也确实在现有科学技术水平上反映了大气运动的基本规律，因而数值天气预报得到了快速发展。但是，必须看到事情的另一方面，确定性系统内具有内在的随机性，数值预报中没有绝对准确的东西。模式反映的物理过程是近似的，初值是近似的，模式参数是近似的，一切数值都是近似值。根据这些近似值，经过大量的计算(每秒钟计算数千万甚至数亿次，计算数小时、数十小时)，每一步计算也都是近似的(有舍入误差)，其结果显然也是近似的、不精确的、有误差的。

正确认识数值预报的两面性，既有它确定性的一面，又有它随机性的一面；既在一定条件一定期限(可预报性期限)内可信，又不可避免地存在误差。这是使数值预报发挥应有作用的思想基础。

8.3 数值预报误差的分析和订正方法

分析误差是为了改进数值模式或在应用数值预报产品时加以订正。

8.3.1 天气系统预报误差分析

可着重对影响预报区的天气系统(如高、低压或高压脊、低压槽)进行分析。

分析的方法是将预报结果和出现的实况作对比并进行统计。

分析的内容主要有：

(1)系统漏报、空报和能正确地作出预报的情况；

(2)系统强度预报误差情况(偏强、正确、偏弱)；

(3)系统移速预报误差情况(偏快、正确、偏慢)。

统计中要注意:对应系统要匹配,如果把预报的系统与一个不相关的其他系统作比较,就会得出错误的结论。对强度误差和移速误差的分析,最好能定量化,如可用提前或推后经距/12 小时来定量描述某类系统的平均移速预报误差。对同类系统在不同区域、不同季节的预报,误差可能是不同的,故一般应分区、分季节统计。

8.3.2　气象要素预报误差分析

日常工作中较多进行的是对降水预报的误差分析,此外视需要还可对地面(海面)风、空中风、高度、气压、气温等要素作误差分析。

对降水预报误差的分析,可从降水区域的范围和降水量着手,也可从某测站有无降水及降水量着手。分析的方法也是将预报量与实况作对比统计。其中某测站有无降水的预报误差统计,可用准确率或成功指数作为误差情况的衡量标准。这种统计方法比较简单,各气象业务单位只要有降水量数值预报图和相应的天气实况即可进行。

降水量的预报误差分析,作为以应用为目的的业务单位可以分级进行。即在报“有降水”的前提下,根据预报的降水量,统计小、中、大、暴雨各级的偏差情况。

用数值预报图作降水区域范围的误差分析,难度较大,因为面积计算比较困难,所以一般气象业务单位,尤其是基层气象台通常只作一些粗略的定性统计;也可以在某区域内选若干代表站,用统计单站预报误差的方法作定量统计。

在降水预报误差分析中,一般也应分区域、分季节进行,因为不同区域(如高原与海洋)、不同季节(如夏季和冬季)的误差情况通常是不同的。如果可能的话,误差分析最好还应分不同的影响系统进行。这样得出的统计结果更便于应用。

8.3.3　数值模式预报性能的定量检验分析

这里仅介绍较常用的几种方法,可从不同的角度检验数值模式的预报能力。记预报的要素 A 的预报值为 Af,相应的实况值为 Aa、i、N 为检验区域内的格点序号和总格点数,并记对区域内所有格点求和为 $\sum$,则各种检验方法可作如下表述:

(1)偏差

$$DIFF = A_{fi} - Aa_{i} \tag{8.3}$$

式中 A_{fi}、A_{ai} 为格点预报值和实际值,$DIEF$ 为预报值与实况值之偏差,将结果绘制在同一张图,能直观地给出场分布特征,便于对比、分析。

(2)平均误差

$$ME = \frac{1}{N}\sum(A_{fi} - A_{ai}) \tag{8.4}$$

平均误差计算时正负误差抵消，它反映的是统计区域内的某种系统性误差。

(3)均方根误差

$$RMSE = \left[\frac{1}{N}\sum (A_{fi} - A_{ai})^2\right]^{\frac{1}{2}} \tag{8.5}$$

反映了预报值与实况值的平均偏离程度，因而能反映总误差情况，它是衡量预报误差最常用的一个统计参数。

(4)标准差

$$\sigma = \left\{\frac{1}{N}\sum [(A_{fi} - A_{ai}) - ME]^2\right\}^{\frac{1}{2}} \tag{8.6}$$

表示了预报偏差距离平均误差的平均离散程度。很明显，若 $ME=0$，则 $\sigma=RMSE$。

(5)相关系数

$$r = \frac{\sum (A_{fi} - A_{fmi})(A_{ai} - A_{ami})}{\left[\sum (A_{fi} - A_{fmi})^2 \sum (A_{ai} - A_{ami})^2\right]^{\frac{1}{2}}} \tag{8.7}$$

其中 A_{fmi}、A_{ami} 分别为预报、实况平均值。相关系数能反映预报与实况值之间的相关程度。

(6)倾向相关系数

$$TEN \cdot COP = \frac{\sum (A_{fi} - A_{oi} - M_{fo})(A_{ai} - A_{oi} - A_{ao})}{\left[\sum (A_{fi} - A_{oi} - M_{fo})^2 \sum (A_{ai} - A_{oi} - A_{ao})^2\right]^{\frac{1}{2}}} \tag{8.8}$$

其中 A_{oi} 为预报初值，$M_{fo} = \frac{1}{N}\sum (A_{fi} - A_{oi}) M_{ao} = \frac{1}{N}\sum (A_{ai} - A_{oi})$。这是世界气象组织(WMO)基本系统委员会(CBS)1985 年特别会议决定自 1986 年 10 月 1 日起执行的标准检验方法之一。

倾向相关系数反映预报场与实况场变化趋势的相似程度。从天气学意义上讲，它反映的是槽脊移动和强度变化的预报效果。一般情况下，预报时效越长，倾向相关系数越小。但有时会有例外，当模式预报的槽脊移速的误差较大，而预报时效又较长时，会出现预报的槽脊与实际的非对应槽脊重合，从而造成虚假的倾向相关系数上升。为此，欧洲中期预报中心提出了下述气候距平相关系数的概念。

(7)气候距平相关系数

$$ANO \cdot COR = \frac{\sum (A_{fi} - C_i - M_{fc})(A_{ai} - C_i - A_{ac})}{\left[\sum (A_{fi} - C_i - M_{fc})^2 \sum (A_{ai} - C_i - A_{ac})^2\right]^{\frac{1}{2}}} \tag{8.9}$$

其中 C_i 为气候平均值，$M_{fc}=\frac{1}{N}\sum(A_{fi}-C_i)M_{ac}=\frac{1}{N}\sum(A_{ai}-C_i)$。气候距平相关系数也反映槽脊位置和强度的预报效果，但因它利用的是实况和预报与平均气候态的距平相关，避免了倾向相关系数随预报时效增加所可能出现的虚假增长现象。

(8)24 小时变量相关系数

在数值预报产品释用方法中，高度场、温度场、水汽场和风场，以及一些物理量的 24 小时变量常常作为重要的预报因子。

$$r_V=\frac{\sum(\Delta A_{fi}-\Delta A_{fmi})(\Delta A_{ai}-\Delta A_{ami})}{\left[\sum(\Delta A_{fi}-\Delta A_{fmi})^2\sum(\Delta A_{ai}-\Delta A_{ami})^2\right]^{\frac{1}{2}}} \tag{8.10}$$

其中 ΔA_{fi}、ΔA_{ai} 分别为预报 24 小时变量和实况 24 小时变量，ΔA_{fmi}、ΔA_{ami} 分别为预报 24 小时变量平均值、实况 24 小时变量平均值。

一般来说，预报时效的增加、预报精度下降反映在统计检验指标上是平均误差、均方根误差增大，各种相关系数减小。一般把气候距平相关系数为 0.60 作为可用预报的界限，即大于该值时认为可利用的预报信息要多于错误信息。

(9)*SI* 评分

$$SI=\frac{\sum[|A_{fxi}-A_{axi}|+|A_{ffyi}-A_{ayi}|]}{\sum[max(|A_{fxi}|,|A_{axi}|)+max(|A_{fyi}|,|A_{ayi}|)]} \tag{8.11}$$

式中 $A_{fxi}=\frac{\partial A_{fi}}{\partial x}$，$A_{axi}=\frac{\partial A_{ai}}{\partial x}$，$A_{fyi}=\frac{\partial A_{fi}}{\partial y}$，$A_{ayi}=\frac{\partial A_{ai}}{\partial y}$。

SI 评分度量了预报值与实况值水平梯度的相对差异，最常用于气压、位势高度等标量场的预报评分中，主要反映场的梯度预报精度，因其抓住了场分布的核心内容，故能较好地反映出模式预报的“技巧”。一般 *SI* 值小于 0.20 就认为是“完美预报”了，*SI* 达 0.70 的预报一般就不可用了。

(10)风矢量检验

$$\begin{aligned} ME(\mathbf{V}) &= [ME(u)^2+ME(v)^2]^{\frac{1}{2}} \\ RMSE(\mathbf{V}) &= [RMSE(u)^2+RMSE(v)^2]^{\frac{1}{2}} \\ COR(\mathbf{V}) &= [COR(u)^2+COR(v)^2]^{\frac{1}{2}} \end{aligned} \tag{8.12}$$

通常用如上分量风的合成结果来表征。

一般来说，预报时效的增加、预报精度下降反映在统计检验指标上是平均误差、均方根误差增大，相关系数减小、*SI* 评分增加。均方根误差和 *SI* 评分在预报时效较短时增加较快，随后增加变慢，而趋于一个渐近值即大气的自然变化率。相关系数的变率可反映模式的好坏。一般把距平相关系数为 0.60 作为可用预报的界限，即大于该值时认为可利用的预报信息要多于错误信息。作者的研究结果表明，24 小时变量相关系数大于 0.4 的时效与距平相关系数大于 0.60 的时效相近，但各有侧重。

下面给出一个数值预报产品定量检验的实例。

作者利用国家气象中心 T213 L31 数值预报产品，对东亚范围内 2003－2008 年对流层各等压面的高度场、温度场、风场、垂直速度场和水汽场预报采用相关系数、气候距平相关系数、24 小时变量相关系数和均方根误差四个指标进行了检验。结果表明：

(1)高度场预报，相关系数和气候距平相关系数，高层比低层显著；24 小时变量相关系数各层之间差别不很明显，24 小时变量相关系数大于 0.4 的时效与气候距平相关系数大于 0.6 的时效基本一致，对流层中上部 6～7 天，对流层中下部 5 天；均方根误差高层大，低层小。

(2)温度场预报，相关系数和气候距平相关系数，低层比高层显著；24 小时变量相关系数各层之间差别同样不明显，气候距平相关系数大于 0.6 与 24 小时变量相关系数大于 0.4 的时效，对流层中上部 4 天，对流层中下部 5 天；均方根误差低层大，高层小。

(3)风场 **U** 分量预报，相关系数和气候距平相关系数，高层比低层显著；24 小时变量相关系数各层之间差别不很明显，气候距平相关系数大于 0.6 与 24 小时变量相关系数大于 0.4 的时效，对流层上部 5 天，对流层中部 4 天，对流层下部 3 天；均方根误差高层大，低层小。

(4)风场 **V** 分量预报，相关系数、气候距平相关系数、24 小时变量相关系数均方根误差与风场 **U** 分量预报基本一致。

(5)与高度场、温度和风场相比，垂直速度场的可预报性比较差，相关系数、气候距平相关系数大于 0.6 的时效仅为 1 天，24 小时变量相关系数大于 0.4 的时效仅为 2 天，通过 $\alpha=0.001$ 水平的相关显著性检验的时效为 5 天。均方根误差对流层中部大，下部次之，上部小。

(6)水汽场预报，与温度场有相似之处，相关系数、气候距平相关系数和 24 小时变量相关系数低层比较显著，高层变差；均方根误差低层大，高层小。气候距平相关系数大于 0.6 的时效对流层中部为 2 天，对流下部为 3～4 天，24 小时变量相关系数大于 0.4 的时效仅为 2～3 天。

综上所述，T213 L31 数值预报效果，高度场最好，气候距平相关系数达到 0.6 以上、24 小时变量相关系数达到 0.4 以上的时效为 5～7 天；温度场次之，气候距平相关系数达到 0.6 以上，24 小时变量相关系数达到 0.4 以上的时效为 4～5 天；风场又次之,气候距平相关系数达到 0.6 以上,24 小时变量相关系数达到 0.4 以上的时效为 3～5 天;水汽场又次之,气候距平相关系数达到 0.6 以上,24 小时变量相关系数达到 0.4 以上的时效为 2～4 天;垂直速度场最差,气候距平相关系数达到 0.6 以上,24 小时变量相关系数达到 0.4 以上的时效为 1～2 天。

8.4　数值预报误差的相似订正

为了减小数值模式的预报误差,当前的发展主流途径是不断提高分辨率,更加逼真地描述各种物理过程,走精细化道路,从正面改进模式各个环节来减小模式误差,但进一步提高预报水平的难度越来越大。然而历史资料中蕴含着大量对预报有用的信息,这些资料在作为初值问题而提出的数值预报中未能利用。顾震潮(1958)、丑纪范(1974)先后论述了在数值预报中引入历史资料的重要性和可能性。此后,一系列卓有成效的理论和方法被先后提出,目的是将两种方法有机地结合,充分利用历史资料信息来提高动力预报水平,数值试验结果都显示出一定的预报技巧。特别是将天气学经验与动力预报相结合,把要预报的场视为叠加在历史相似上的一个小扰动,就可以把天气学的预报经验吸收到数值预报中来,基于这一原理,发展出了天气预报和季度预测的相似一动力模式,试验表明预报准确率均明显提高,这要比传统相似预报有优势。但对于业务预报中使用的复杂模式而言,直接建立相似一动力模式在技术上存在很大困难。为此,丑纪范院士提出了另类途径数值天气预报方法,其原理是在数值模式运行过程中不断利用历史相似进行纠正,这就需要一个好的模式和相应的计算硬件设备,但是对于省(地、市)气象部门还是存在较大难度。因此,能否通过对现有数值预报产品,应用历史相似进行后验订正改进数值预报精度?在数值预报产品已成为国内外各级气象台站广大预报员制作日常天气预报主要手段的今天,开展对数值预报产品的订正与业务应用研究是非常必要的。

8.4.1　数值预报产品相似订正的原理

一般来讲,数值预报是作为偏微分方程的初值问题提出来的,可以表示为

$$\begin{gathered}\frac{\partial \Psi}{\partial t}+L(\Psi)=0 \\ \Psi(r,t_0)=\Psi_0(r)\end{gathered} \tag{8.13}$$

其中 $\Psi(r,t)$ 为模式预报变量,r 和 t 分别表示空间坐标向量和时间,L 是 Ψ 的微分算子,它对应于实际的数值模式。t_0 为初始时刻,Ψ_0 为初值,当 $t>t_0$ 时,可以由初值进行数值积分得到 Ψ。如果把实际大气所满足的准确模式表示为:

$$\frac{\partial \Psi}{\partial t} + L(\Psi) = E(\Psi) \tag{8.14}$$

其中，E 是 Ψ 的泛函，表征模式描述的动力过程与实际大气过程的误差，它所反映的正是实际数值模式中未知的总误差项，即通常所说的模式误差。那么，以动力学观点来看，我们所掌握的大量观测资料就是满足(8.14)式的一系列特解 ψ 或者特解的泛函 $P(\Psi)$。

为了减小模式误差，一般是通过理论和试验研究来改进动力框架和物理过程，从正面发展数值模式，削减 $E(\Psi)$。但无论模式怎样发展，误差仍将是客观存在和相当可观的。因此，从预报策略研究来看，在现有模式条件下，可以从反问题角度利用大气过程的近期演变规律和历史资料信息来减小模式误差 $E(\Psi)$。

对(8.13)式、(8.14)式从 t_0 积分 t

$$\Delta\Psi_1 = -\int_{t_0}^{t} L(\Psi)\mathrm{d}t \tag{8.15}$$

$$\Delta\Psi = -\int_{t_0}^{t} L(\Psi)\mathrm{d}t + \int_{t_0}^{t} E(\Psi)\mathrm{d}t \tag{8.16}$$

这里 $\Delta\Psi_1$、$\Delta\Psi$ 分别为模式大气和实际大气从 t_0 时刻到 t 时刻的变化量。将(8.15)式代入(8.16)式，并令 $\Delta\Psi_2 = \int_{t_0}^{t} E(\Psi)\mathrm{d}t$，则(8.16)式可化为

$$\Delta\Psi = \Delta\Psi_1 + \Delta\Psi_2 \tag{8.17}$$

对于任一初值 Ψ，可以考虑使用与 Ψ 相似的历史实况 $\widetilde{\Psi}$，将 $\widetilde{\Psi}$ 代入(8.14)式，得到

$$\frac{\partial \widetilde{\Psi}}{\partial t} + L(\widetilde{\Psi}) = E(\widetilde{\Psi}) \tag{8.18}$$

对(8.18)式从 t_0 积分 t

$$\Delta\widetilde{\Psi} = -\int_{t_0}^{t} L(\widetilde{\Psi})\mathrm{d}t + \int_{t_0}^{t} E(\widetilde{\Psi})\mathrm{d}t \tag{8.19}$$

考虑到 $\widetilde{\Psi}$ 与 Ψ 非常接近，$\int_{t_0}^{t} L(\widetilde{\Psi})\mathrm{d}t$ 与 $\int_{t_0}^{t} L(\Psi)\mathrm{d}t$，$\int_{t_0}^{t} E(\widetilde{\Psi})\mathrm{d}t$ 与 $\int_{t_0}^{t} E(\Psi)\mathrm{d}t$ 也应该接近，不妨假定 $\int_{t_0}^{t} L(\widetilde{\Psi})\mathrm{d}t = A\int_{t_0}^{t} L(\Psi)\mathrm{d}t + e_1$，$\int_{t_0}^{t} E(\widetilde{\Psi})\mathrm{d}t = A\int_{t_0}^{t} E(\Psi)\mathrm{d}t + e_2$，$A$、$B$ 为系数，e_1、e_2

为随机误差。代入(8.19)式可得

$$\Delta\widetilde{\Psi} = -A\int_{t_0}^{t} L(\Psi)dt - e_1 + B\int_{t_0}^{t} E(\Psi)dt + e_2 = A\Delta\Psi_1 + B\Delta\Psi_2 - e_1 + e_2 \tag{8.20}$$

利用(8.17)式,(8.20)式可化为

$$\Delta\widetilde{\Psi} = A\Delta\Psi_1 - e_1 + B(\Delta\Psi - \Delta\Psi_1) + e_2 \tag{8.21}$$

整理得

$$\Delta\Psi = \frac{B-A}{B}\Delta\Psi_1 + \frac{1}{B}\Delta\widetilde{\Psi} + \frac{e_1 - e_2}{B} \tag{8.22}$$

令 $b_1 = \frac{B-A}{B}$,$b_2 = \frac{1}{B}$,$e = \frac{e_1 - e_2}{B}$,则

$$\Delta\Psi = b_1\Delta\Psi_1 + b_2\Delta\widetilde{\Psi} + e \tag{8.23}$$

$\Delta\Psi$、$\Delta\Psi_1$、$\Delta\widetilde{\Psi}$ 分别为实际大气、模式大气和相似个例大气的变化。取数值预报产品1～10天预报的间隔为24小时,则 $\Delta\Psi$、$\Delta\Psi_1$、$\Delta\widetilde{\Psi}$ 分别为实际大气、模式大气和相似个例大气的24小时变量。

为了表述方便,令 $\Delta\Psi = y$,$\Delta\Psi_1 = x_1$,$\Delta\widetilde{\Psi} = x_2$。当积累了一定序列长度的数值预报产品和长时间的NCEP历史资料,就可通过统计回归,得到系数 b_1、b_2 以及随机误差 e 的无偏估计 b_0。由此得出数值预报产品格点值24小时变量的订正方程

$$y = b_0 + b_1 x_1 + b_2 x_2 \tag{8.24}$$

8.4.2　数值预报产品相似订正的方法

为了得到(8.24)式中的系数,作者利用2003—2006年的T213 L31数值预报产品作为因子 x_1 序列,因子 x_2 需要在订正过程中得到。具体做法是从1948—2002年NCEP资料中挑选出与当前预报相似的个例,多个历史相似个例的24小时变量加权平均后得到 x_2。最后,通过统计回归,可得到(8.24)式中系数 b_0、b_1 和 b_2。

相似判据采用相似离度,计算方法如下

$$C_{ij} = \frac{\alpha R_{ij} + \beta D_{ij}}{\alpha + \beta} \tag{8.25}$$

其中 $R_{ij} = \frac{1}{m}\sum_{k=1}^{m} | H_{ij}(k) - E_{ij} |$,$D_{ij} = \frac{1}{m}\sum_{k=1}^{m} | H_{ij}(k) |$,而

$$H_{ij}(k)=H_i(k)-H_j(k), E_{ij}=\frac{1}{m}\sum_{k=1}^{m}H_{ij}(k)$$

其中 H_i 为第 i 天的预报场，H_j 为与 H_i 对应的第 j 个相似场。R_{ij} 描述的是形相似，D_{ij} 则主要反映值相似，α、β 分别为它们对总相似程度的贡献系数，m 为所计算相似场的格点数。

订正区域选为以中国为主的东亚范围(65°～155°E,10°～70°N)，网格距取为2.5°×2.5°。订正的要素有高度场(H)、温度场(T)、风场(U 和 V)和水汽场(比湿 q)。

订正方案由初订正方案和再订正方案两部分组成。初订正方案寻找与当前形势和过去24小时变量相似的最佳个例，利用相似个例的24小时变量对未来24小时预报进行初步订正；再订正方案寻找与当前形势和初订正后的未来24小时变量相似的最佳个例，利用相似个例的24小时变量对未来24小时预报进行再订正。

分基本相似个例选取、各要素场最佳相似个例选取和订正方程建立三步实现。

第一步，基本相似个例选取

在实际天气预报业务中，高度场是代表天气形势的第一要素，温度场和风场(特别是南北风场)对天气形势也很重要。因此，按高度场相似、南北风场相似和温度场相似分三级进行逐步相似过滤，挑选出基本相似个例。

(1)一级相似过滤

为了保证挑选出的相似个例与当前形势场的季节相近，并减少计算量，以2003—2006年逐日20时形势场为当前形势，利用(8.25)式，计算1948—2002年日期与当前日期相差小于等于15天的NCEP高度场与当前高度场之间的相似离度、NCEP高度场过去24小时变量与当前初始时刻高度场过去24小时变量的相似离度，并将两者加权平均(样本共31×55＝1705)，从中挑选出最相似的225个个例；

(2)二级相似过滤

对已选出的225个相似个例，利用(8.25)式，同样计算NCEP风场南北风(**V** 分量)与当前风场 **V** 分量之间的相似离度、NCEP风场 **V** 分量过去24小时变量与当前风场 **V** 分量过去24小时变量的相似离度，并将两者加权平均，从中挑选出2/3(150个)最相似的个例；

(3)三级相似过滤

对已选出的150个最相似个例，再利用(8.25)式，计算NCEP温度场和当前温度场之间的相似离度、NCEP温度场过去24小时变量与当前温度场过去24小时变量的相似离度，并将两者加权平均，从中挑选出2/3(100个)最相似的个例。

第二步，各要素场最佳相似个例选取

对经过第一步选出的100个基本相似个例，利用(3.13)式，依次对高度场、温度场、风场(U,V)、垂直速度(ω)和水汽场六个要素场分别计算NCEP各要素场与当前要素场之间的相似离度、NCEP各要素场过去24小时变量与当前要素场过去24小时变量之间的相似离度，并将两者加权平均，得到50个最相似个例。

第三步，初步订正方程建立

以T213 L31数值预报产品的0～24小时变量为因子x_1，以第二步得到的50个最相似个例的24小时变量平均为因子x_2，通过逐步回归，建立0～24小时变量的初步订正方程，进而得到24小时形势预报场的初步订正。

对48小时的订正方程，重复上述订正步骤，以T213 L31数值预报产品的24～48小时变量为因子x_1，最佳相似个例的24小时变量平均作为因子x_2，实际24小时变量作为预报量，建立24～48小时变量预报的初订正和再订正方案，由此得到48小时的最终订正预报。

依次以订正后的2003—2006年逐日48、72、96、120、144、168、192和216小时预报为当前形势，对应预报日期为当前日期。重复各订正步骤，以T213 L31数值预报产品的48～72小时变量、72～96小时变量、96～120小时变量、120～144小时变量、144～168小时变量、168～192小时变量、192～216小时变量、216～240小时变量作为因子x_1，最佳相似个例的24小时变量平均作为因子x_2，实际24小时变量作为预报量，建立48～72小时变量、72～96小时变量、96～120小时变量、120～144小时变量、144～168小时变量、168～192小时变量、192～216小时变量、216～240小时变量预报的初订正和再订正方案，由此得到48小时、72小时、96小时、120小时、144小时、168小时、192小时、216小时、240小时最终订正后预报。

8.4.3　数值预报产品相似订正方程建立流程

按照上面的方法，将订正方程的建立过程设计成自动批处理程序(流程如图8.1)，得到了100～1000 hPa共12层标准等压面的高度场、温度场、风场、垂直速度场和水汽场的24小时、48小时至240小时预报场，如(8.24)式的24小时变量订正方程的系数。

考虑到数值预报产品经过订正后会产生噪声，并且噪声随预报时效延长可能会增大，因此对订正结果进行平滑处理，平滑系数开始取小一些，随预报时效增加逐渐增大，因此平滑算子设计为如下形式

$$\bar{x}(i,j)=x(i,j)+0.5s(1-s)(x(i+1,j)+x(i-1,j)+x(i,j+1)+x(i,j-1)-4x(i,j))+0.25s^2(x(i+1,j+1)+x(i-1,j+1)+x(i+1,j-1)+x(i-1,j-1)-4x(i,j)) \quad (8.26)$$

式中 x 为气象要素，s 为平滑系数，$s=0.0667T$，T 为预报时效(单位：天)。

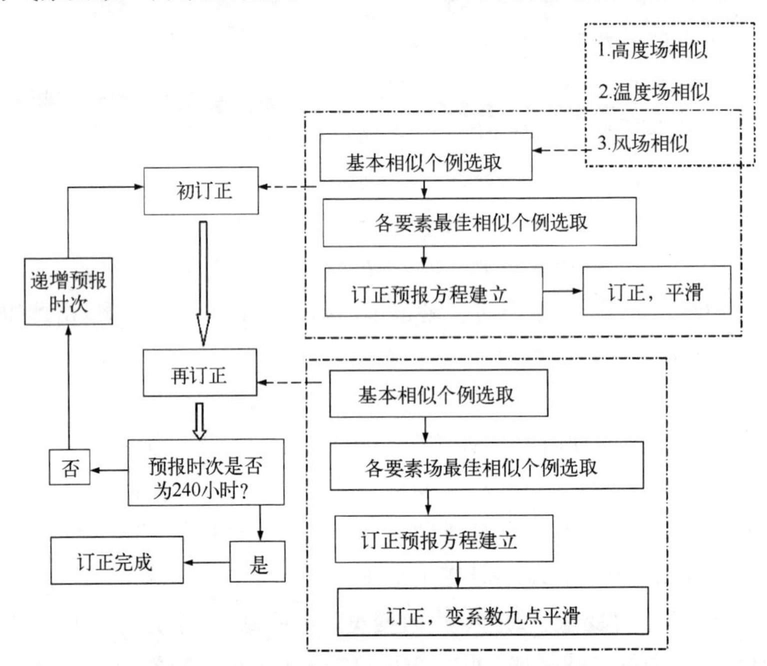

图 8.1　数值预报产品订正方程建立过程流程图

8.4.4　相似订正结果的检验

作者采用相关系数、气候距平相关系数、24 小时变量相关系数和均方根误差四个指标对 2007—2008 年的 T213 L31 高度场、温度场、风场、垂直速度场和水汽场数值预报产品订正效果进行了检验。结果表明：

(1)以相关系数衡量，高度场、温度场、风场和水汽场预报订正效果是有效的，时效越长、订正效果越明显。特别对高度场和风场，层次越低，订正效果越显著。垂直速度场预报订正，72 小时之内下降；96 小时以上，700 hPa 以上层次，订正相关系数增加，且预报时效越长，层次越高，订正效果越明显。

(2)以气候距平相关系数衡量，高度场和温度场订正后 24～96 小时以增加为主，120～240 小时以减少为主。风场 24～48、216～240 小时时以增加为主，72～192 小时以减小为主。垂直速度场则相反，时效短、层次低订正出现相关系数下降，预报时效长、层次高订正后相关系数增加。水汽场预报订正效果最明显，500 hPa 以下各时段都增加了，500 hPa 以上 72～192 小时也增加了。

(3)以 24 小时变量相关系数衡量，高度场、温度场、风场和水汽场预报订正效果都是正面，预报时效为 96～192 小时，订正效果最明显。垂直速度场 24～72 小时以增加为主，96～240 小时高层增加了，低层减小了。

(4)以均方根误差衡量，高度场、温度场、风场、垂直速度场和水汽场预报订正效果都是显著的，时效越长、订正效果越明显。

(5)订正效果存在区域差异。高度场高纬度显著，低纬度差一些；温度场低纬度要显著一些；风场 24～96 小时青藏高原周围明显一些，120～240 小时高度场明显一些；垂直速度场，24～96 小时中国南方明显一些，120～240 小时区域差别较小；水汽场，中国东部——西太平洋均方根误差减小明显，青藏高原周围方根误差增加。

8.5　数值预报产品的即时误差订正方法

由于数值模式的运行需要一段时间，当预报结果出来后，会有一些新的实况值出现。目前，积累较完整的 T213 数值预报产品，初始场为北京 20 时(世界时 12 时)。当模式从 20 时运行，到次日 08 时，有新的观测实况出来了，可得到一个 12 小时间隔的预报误差，记为 X_1；由模式前一日 20 时为初始场的 24 小时预报和当日 20 时的实况，可得到一个 24 小时间隔的预报误差记为 X_2。不妨假定未来某个时次 t 的预报误差与 X_1 和 X_2 存在如下关系

$$Y(t)=\beta_0(t)+\beta_1(t)X_1(t)+\beta_2(t)X_2(t) \tag{8.27}$$

在积累了一定序列长度的数值预报产品和实况资料的基础上，采用逐步回归法和卡尔曼滤波两种方案得到(8.24)式中的系数。基于上述思路，张兰慧选取 2003—2010 年的 T213 数值预报产品和 NCEP/NCAR 再分析资料，分别采用了逐步回归方法和卡尔曼滤波方法建立误差订正方程。所选资料的气象要素场为：高度场、温度场、风场 U 分量、风场 V 分量、垂直速度场和水汽场。水汽场为：300～1000 hPa 共 8 层标准等压面，其他要素为 100～1000 hPa 共 12 层标准等压面；区域范围为：65°～152.5°E，10°～70°N；网格距为 2.5°×2.5°。

(1)利用 2003—2008 年的 T213 L31 数值预报产品，优选因子，采用逐步回归方法建立了误差订正方程。对 2003—2008 年和 2009—2010 年的 T213 L31 高度场、温度场、风场、垂直速度场和水汽场数值预报产品分别进行了回代订正和试应用订正，并采用相关系数和均方根误差两个指标，分别对其进行了订正效果检验。结果表明：各时次高度场、温度场、风场 U 分量、风场 V 分量、垂直速场和水汽场预报的订正效果都是明显有效的。72 小时以内各气象要素预报场各时次的订正效果显著，72 小时

以后各时次订正效果相对要差一点。试应用订正效果与回代订正效果基本一致。

(2)利用2003—2010年的T213 L31数值预报产品，采用卡尔曼滤波方法建立了误差订正方程。并对2003—2010年的T213 L31高度场、温度场、风场、垂直速度场和水汽场数值预报产品进行了回代订正效果检验，采用相关系数和均方根误差两个指标。结果表明：温度场订正效果最好，在60小时以内订正均有效，72小时以后订正在高层、中层有效；高度场次之，仅在60小时以内订正有效；风场、水汽场又次之，仅在低层有效；垂直速度场订正效果最差。

对两种方法进行比较可看出，逐步回归方法是历史规律的总结，方程比较稳定；卡尔曼滤波方法能够根据最新实况及时调整方程，两者各有优缺点。为了综合两种方案的优点，又采用逐步回归方法对上述两种方案的订正结果进行了集成。

采用九点平滑对集合订正方案的订正结果进行了平滑处理。高度场、温度场、风场和水汽场平滑均有效，垂直速度场平滑效果相对较差。

采用集合订正方案对2003—2008年和2009—2010年的T213 L31高度场、温度场、风场、垂直速度场和水汽场数值预报产品分别进行了回代订正检验和试应用订正检验。同时采用相关系数、气候距平相关系数和均方根误差三个指标，分别对回代订正检验和试应用订正检验效果进行了分析。结果表明：集合方案中高度场、温度场、风场、垂直速度场和水汽场预报产品的订正效果都是有效的。试应用订正检验与回代订正检验结果是一致的，说明集合订正方案是稳定可靠的。

除水汽场外，集合方案其他各要素场72小时以内的订正效果，均好于逐步回归方案。而集合方案各要素场场72小时以内的订正效果，均好于卡尔曼滤波方案。另外，集合订正方案72小时以内的订正效果，好于历史相似订正。总之，集合方案是最有效的误差订正方案。

综上所述，该方案可充分利用数值预报产品的历史资料和最新实况资料对数值预报产品进行即时订正，使订正后的数值天气预报结果更贴近当前天气状态。同时，该方案对硬件要求不高，可以很方便地在各级气象台站推广应用。

复习题

1. 产生数值预报误差的原因有哪些？

2. 天气系统预报误差分析主要有哪些内容？

3. 什么叫天气的可预报性？

4. 数值模式预报性能定量检验的方法有哪些？

5. 已知某区域位势高度的实际值和预报值。求：(1)平均误差；(2)均方根误差；(3)标准差；(4)相关系数。

6. 数值产品订正的方法有哪些？

参考文献

晁淑懿,李月安. 1994.欧洲中期天气预报中心 T213 L31 模式夏季预报性能检验. 气象,**20**(7):25-31.

陈德辉,薛纪善,杨学胜,等. 2008. GRAPES 新一代全球/区域多尺度统一数值预报模式总体设计研究.科学通报,**53**(20):2396-2407.

丑纪范,任宏利. 2006. 数值天气预报——另类途径的必要性和可行性.应用气象学报,**17**(2):240-244.

丑纪范. 1974. 天气数值预报中使用过去资料的问题.中国科学,**17**(6):814-825.

丑纪范. 1986. 为什么要动力-统计相结合? ——兼论如何结合.高原气象,**5**(4):367-372.

丑纪范,徐明. 2001. 短期气候数值预测的进展和前景.科学通报,**46**(11):890-895.

范新岗,丑纪范. 1999. 提为反问题的数值预报方法与试验 I.三类反问题及数值解法.大气科学,**23**(5):543-550.

郜吉东,丑纪范. 1994. 数值天气预报中的两类反问题及一种数值解法——理想试验.气象学报,**52**(2):129-137.

顾震潮. 1958. 天气数值预报中过去资料的使用问题.气象学报,**29**(3):176-184.

顾震潮. 1958. 作为初值问题的天气形势预报与由地面天气历史演变作预报的等值性.气象学报,**29**(2):93-98.

金之雁,陈起英. 2004. 国家气象中心新一代业务中期预报系统 T213L31.新疆气象,**27**(4):1-4.

康玲,祁伏裕,孔文甲等. 2003. 数值预报产品检验及误差分析方法简介.内蒙古气象,**3**:16-17.

孔玉寿,章东华. 1999. 现代天气预报技术.北京:气象出版社,34-37.

孔玉寿,章东华. 2008. 现代天气预报技术和方法. 北京:气象出版社,4.

李羽中. 2001. 对 T106 分析预报场可预报性的初步分析.气象科学,**21**(4):379-389.

梁红,王元,钱昊等. 2007. 欧洲 ECWMF 模式与我国 T213 模式夏季预报能力的对比分析检验.气象科学,**27**(3):253-258.

刘宇迪,崔新东,艾细根. 2004. 全球大气数值模式动力框架研究进展.气象科技,**42**(1):1-12.

邱崇践,丑纪范. 1987. 改进数值天气预报的一个新途径.中国科学(B 辑),**17**(8):903-910.

邱崇践,丑纪范. 1990. 预报模式的参数优化方法.中国科学(B 辑),**20**(2):218-224.

邱崇践,丑纪范. 1988. 预报模式识别的扰动方法.大气科学,**12**(3):225-232.

尚可政.2010.数值预报产品的检验订正与延伸期预报研究.兰州大学博士论文.

伍湘君.2011. GRAPES 高分辨率气象数值预报模式并行计算关键技术研究. 国防科学技术大学研究生院博士学位论文.

张兰慧. 2011.数值天气预报产品的即时误差订正方法研究及应用.兰州大学博士论文.

张守峰. 2003. T213 模式对强冷空气短期预报能力的分析检验.气象,**29**(8):42-47.

郑庆林,杜行远. 1973. 使用多时刻观测资料的数值天气预报新模式.中国科学,**2**:289-297.

Bengtsson L, Hodges K I. 2006 . A note on atmospheric predictability. *Tellus*, **58**(1):154-157.

Fouquart, B. Bonnel. 1980. Computations of solar heating of the Earth's atmosphere: A new parameterization. *Beitr. Phys. Atmosph*, **53**: 35-62.

Jean-francois Louis. 1979. A parametric model of vertical eddy 20fluxes in the atmosphere. *Boundary Layer Meteorology*, **17**: 187-202.

Kuo H. L. 1974. Further studies of the parameterization of the influence of cumulus convection on large-scale flow. *J. Atmos. Sci.*, **31**: 1232-1240.

Lennart B, Kevin I, Hodges. 2006. A note on atmospheric predictability. *Tellus*, **58**(1): 154-157.

Lorenz E. N. 1982. Atmospheric predictability experiments with a large numerical model. *Tellus*, **34**(6):505-513.

Lott F, Miller M J. 1996. A new subgrid-scale orographic drag parametrization: Its formulation and testing. *Quarterly Journal of the Royal Meteorological Society*, **123**(537):101-127.

Morcrette. 1990. Impact of changes to the radiation transfer parameterizations plus cloud optical properties in the ECMWF model. *Monthly Weather Review*, **118**: 847-873.

Tiedtke M. 1983. The sensitivity of the time-mean large-scale flow to cumulus convection in the ECMWF model. Proceedings, ECMWF workshop on convection in large-scale models. *Reading*, **28**(1): 297-316.

Tiedtke M. 1989. A comprehensive mass flux scheme for cumulus. Parameterization in large-scale models. *American Meteorological Society*, **117**: 1779-1800.

Tiedtke M. 1993. Representation of clouds in large-scale models. *Mon. Weather Rev*, **121**: 3040-3061.

Viterbo P, Anton C. M., Beljaar. 1995. An improved land surface parameterization scheme in the ECMWF model and its validation. *J. Climate*, **8**: 2716-2748.

第9章 数值预报产品释用的一般方法

MICAPS系统为各级气象台提供了丰富的数值预报产品和信息分析手段，这就为各级气象台开展数值预报产品释用方法研究与应用提供了条件。但数值预报产品的信度、季节适用性、在预报中的表达方式以及不同预报对象构成模式的原理和方式，都是释用预报方法中必然涉及的问题。应用天气学原理，对实况天气要素和诊断物理量场与数值预报产品进行有效组织，构成释用预报概念模式，就必然涉及预报对象特征的再认识和预报着眼点。

9.1 数值预报产品的定性应用方法

前已指出，数值预报产品的一种重要应用方式是预报员根据天气学原理，在数值预报结果的基础上，进行人工订正，从而对天气形势作出诊断分析和预报，并进而作出具体的天气预报。相对于下一节将要介绍的一些定量应用方法，我们把这种应用方式称为数值预报产品的定性应用方法，也叫与天气学概念模式相结合的应用方法。

定性应用数值预报产品制作天气预报，实际上就是把天气学理论和天气图预报方法进行移植和扩展。在形势分析、预报的基础上，与天气学方法相应的一些具体预报方法也可用于数值预报产品的应用。下面分别介绍。

9.1.1 数值产品的直接解读应用

直接解读就是预报员将绘成图形的数值预报产品，像使用要素分布图那样直接应用。这是最常用的一种数值预报释用技术，也是现在预报员预报温度、降水时用得最多的方法。因为数值预报模式在形势场、温度场等方面已经具有了很高的准确度和可靠性，气压、高度、温度、降水等形势要素场的预报能力早已超过了预报员，而且利用数值预报产品的时空精度(如T639为3小时间隔、每天有8个时次，高空形势场比实时高空图增加6个时次)精细分析天气系统的演变非常有用，尤其是对冷空气、低槽等大系统的预报分析，准确度非常高。

例如冷空气前锋的过境影响就有前期先扩散影响和暖区顶着缓慢南压影响等类型，要知道当地气温什么时候开始下降，通常在地面气压场和850、500 hPa形势场温度场上分析不容易得出，这时应用地面(或1000 hPa)温度场就可比较准确作出判断。

利用西风环流指数表述大气环流及分析其演变是预报员常用的技术方法，西风环流指数对中期环流的调整有明显的指导性意义，特别是在转折性天气预报中是经常使用的一个特征参数。MICAPS(Meteorological Information Comprehensive Analysis and Processing System，气象信息综合分析处理系统）系统中利用自动计算 500 hPa 西风环流指数，预报员可以通过图形直观地了解未来几天的环流形势的调整趋势。

9.1.2　数值产品的天气学释用

对数值产品的天气学释用是目前天气预报工作中使用最多的方法，预报员应用天气学的理论，对各类数值预报产品进行分析并作一定的修正，结合监测实况、各类天气图、本地经验等等作出最终天气预报。然而，目前 T639、欧洲中心、日本的模式为预报员提供了丰富的数值预报产品，面对众多的数值预报，预报员如何挑选、如何应用是一个重要问题，如果将这么多的数值预报直接放在预报员面前，其浏览工作就很复杂，仅仅建立一些综合图，其检索也不方便，所以，本系统根据实际工作的需要，建立了一些数值预报产品的组合，即将一些数值预报产品按照其模式的不同进行分类，将重要的物理量产品归到一起，生成一个配置文件，系统中运用 MICAPS 系统预留的二次开发接口，当预报员需要浏览数值预报时，带参数启动 MICAPS，通过 MICAPS 的检索菜单进行检索时，可以很方便地进行数值产品的选择浏览(图 9.1)。系统通过重新组合归类以后的检索菜单，将日常使用的最方便用于天气学释用的数值产品直接提供给预报员，使数值产品的检索过程更加快速方便，大大提高了工作效率。

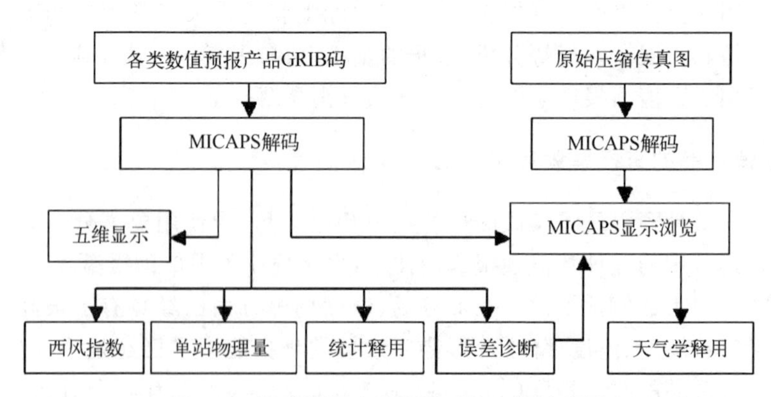

图 9.1　数值预报产品释用系统工作流程图

鉴于目前数值预报尤其是短期数值预报对形势的预报已超过人工主观预报的水平，所以在形势分析中要贯彻以数值预报结果为基础的思想，但还应充分发挥预报员的经验，即用天气学分析方法来修正数值预报可能出现的明显失误。当数值预报结果与主观预报结论差异很大，或有转折性天气过程发生，或经误差检验分析表明数值模式预报能力较差的天气系统将影响时，更要作细致分析，以便得出更符合实际的预报结论。

在形势分析预报的基础上，我们就可运用天气学概念模式，根据一般的天气预报方法和预报员的经验作出相应要素的定性预报了。当然，在作要素预报时，充分利用其他资料，包括数值预报产品中的部分要素预报（如温度、降水量等）是十分必要的。

9.1.3 相似形势法

相似形势法也叫天气—气候模型法，它是天气图预报具体方法的一种。它的理论依据是相似原理，即认为相似的天气形势反映了相似的物理过程，因而会有相似的天气出现。

用传统的相似形势法作气象要素预报，要在事先用历史资料把各种天气出现时的地面或空中形势归纳成若干型天气一气候模型，并统计各型的相似天气过程与预报区天气的关系。作预报时，只要根据当时的天气形势及其演变特点，找到历史相似天气型，即可作出相应的天气预报。

有了数值预报产品，我们可以将传统的相似形势法加以改造和利用。方法是用预报的形势场到历史资料中找出相似个例或相似模型，则该相似个例或相似模型对应出现的天气，就是我们要预报的结论。可见，应用了数值预报产品，使我们把衡量天气形势和天气过程相似的标准，从前期和当前推进到了未来，无疑这对提高预报准确率是有利的。

9.1.4 落区预报法

将表征某种天气现象发生时的一些物理条件的特征量（线），描绘在同一张天气图上，然后综合这些条件，把各特征量（线）重合的范围认为是该种天气现象最可能出现的区域，这种方法就叫作落区预报法。

实践表明，某些天气（特别是对流性天气）形成的物理条件常常在天气产生前不久才开始明显。因此，在有数值预报产品以前，落区预报法所能预报的时效是非常有限的，一般只能作 12 小时以内的预报。因为用当时的观测实况资料组成的各特征量（线）来确定某天气现象的落区，从本质上讲只是一种实时诊断而并非预报。

有了数值预报产品，就有了预报的未来的天气形势、有关物理量，也就有了能反映某种天气产生的各物理特征量（线）的预报值，根据这些特征量（线）确定的天气落区，才是真正意义上的落区预报。

例如，我们要预报雷暴等对流性天气，就需要了解未来的影响系统（触发机制）、垂直运动、湿度及稳定度等情况，并用相应的特征量（线）来确定其未来的落区。根据可得到的数值预报产品和有关的天气学知识，一般认为槽前型雷暴多出现在

500 hPa 槽前、低空 SW 风急流的左前方、有上升运动($\omega<0$)、正涡度($\omega>0$)或正涡度平流($-V\cdot\nabla\xi>0$)、中低层湿度大($T-T_d<3$℃)和条件不稳定区域，据此就可构成雷暴的预报落区(图 9.2)。

需要指出，由于公开发布的数值预报产品是有限的，有时还不能完全满足预报工作的需要，因而根据需要有时还要对已有的数值预报产品进行再加工，国外称此为数值输出产品的再诊断(Model Output Diagnoses，MOD)。比如，我们可以根据位势高度场或风场的预报结果，分析出相应的槽线(切变线)；根据 850 hPa 风场预报确定低空急流；根据 850 hPa 温度场预报确定锋区及锋面性质；根据 850 hPa 和 500 hPa 上预报的温度计算出两层间的温差，来近似地反映稳定度；根据预报的涡度场和高度场，分析正负涡度平流区等。MOD 使数值预报的再生产品更丰富，有效地扩大了数值预报产品的应用范围。

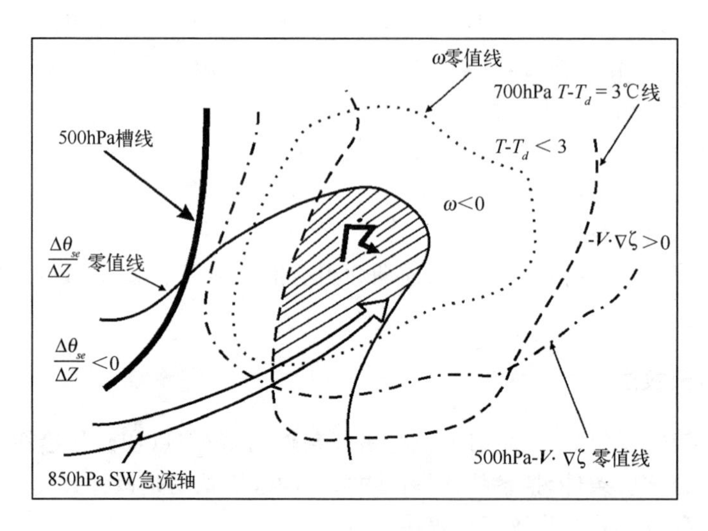

图 9.2　雷暴落区预报示意图

9.2　数值预报产品统计释用方法

数值预报产品的定量应用，主要通过统计解释来实现。从早期开发现仍适用的 PP、MOS 方法，到近些年来开发并不断完善的动力释用方法和有关综合集成方法，使数值预报产品定量应用的技术和方法不断改进，有力地促进了预报水平的提高。本节介绍其中的几种方法。

前已指出，大气运动既有确定性的一面，又有随机性的一面。数值预报本身主要是以确定性的大气动力学为基础的，而大气运动的随机性的描述则主要靠统计学。

把描述大气“行为”的统计概念和动力概念结合起来，就形成了统计动力预报方法。

目前数值天气预报已能相当准确地报出七天以内的高空形势，八至十天的形势预报已有参考价值。但对地面要素，尤其像能见度、云高等一类要素，不但准确率不高，而且耗费太多的计算时间，影响了整个自动化预报系统的快速运转，因此立足于数值预报产品的统计方法三十多年来得到了很大发展。目前用得最多、效果较好的统计动力预报法主要以完全预报(Perfect Prediction，PP)法和模式输出统计(Model Output Statistics，MOS)预报法为代表。后来，人们在实践中发现，把预报员的经验、诊断量与模式输出产品相结合(称为 MED 方法)，预报的效果会更好，从而以此为思路产生了相应的一些综合预报方法。

9.2.1　经典方法(CS)

在数值预报发展以前，统计技术是对时间后延作的，也就是要作明天的预报，资料只用到今天预报时刻为止的观测结果。其数学表达式为

$$\hat{y}_t = f_1(x_{t_0}) \tag{9.1}$$

式中 $\hat{y}_t$ 是时刻 t 的应变量(预报量)的估计(预报)，x_{t_0} 是时刻 t_0 的观测资料向量(自变量)。其长处是运用已建立的统计方程能独立地作出预报。

9.2.2　完全预报方法(PP)

在数值预报发展以后，人们欲使其预报结果更能为用户所利用。但数值预报不能报出那些人们很关心的要素，如最高、最低气温，云高等。基于既使用数值预报结果又发挥统计模式的潜力的考虑，VV. H. KIein 等于 1959 年提出了完全预报法，后来 1969 年在美国天气局中成立了技术发展实验室(TDL)，即将它用于业务预报中。这是一种预报量与预报因子间的同时性统计关系，即

$$\hat{y}_t = f_2(x_t) \tag{9.2}$$

$\hat{y}_t$ 是时刻 t 的应变量(预报量)y 的估计(预报)，x_t 是能用数值模式报出的那些要素(自变量)的向量。式(9.2)不是一个预报关系式，而是一个大气物理量间的统计关系式。在使用时将数值模式的输出的 $\hat{x}_t$ 代入(9.2)式，即用关系式

$$\hat{y}_t = f_2(\hat{x}_t) \tag{9.3}$$

来制作预报。在进行预报时，假定数值模式输出是“完全正确”的，所以称为完全预报法。这种方法的优点是能从长期的观测资料中导出稳定的统计关系式，在没有足够长的数值预报产品的情况下也能制作，在数值模式改变时也不必重建关系式。其缺

点是完全依赖于数值预报的好坏，这从(9.3)式中可以看出，即一旦 $\hat{x}_t$ 有误，立即影响预报值 $\hat{y}_t$。

PP 法由于应用了数值预报结果，其预报精度一般比经典统计预报法(Classic Statistics)高。又因它可利用大量的历史资料进行统计，因此得出的统计规律一般比较稳定可靠。它可以利用不同的数值模式的输出产品进行预报，且随着数值模式的改进，PP 法会自动地随之提高预报准确率。又由于数值模式改动时，事先建立的统计关系不会受到影响，因而不会影响业务工作的连续进行。

但用 PP 法作预报，除含有统计关系造成的误差外，主要是无法考虑数值模式的预报误差(认为其完全正确)，因而使其预报精度受到一定影响。如果能在了解数值模式性能的基础上，用前述误差分析方法统计出各种不同情况下的平均误差值，对数值预报的结果进行订正后再代入完全预报统计关系式中，就可使 PP 的误差减小。此外，由于 PP 的统计关系不受数值模式的影响，所以可同时使用几种不同的数值预报产品，例如分别使用日本、欧洲中期天气预报中心和我国的预报产品，然后进行综合，这样得到的结果一般较可靠些。

9.2.3　模式输出统计(MOS)法

1972 年美国气象学家格莱恩(H. R. Glahn)和劳里(D. A. Lowry)提出模式输出统计方法，其表达式为

$$\hat{y}_t = f_3(\hat{x}_t) \tag{9.4}$$

式中 $\hat{y}_t$ 意义同上，$\hat{x}_t$ 是数值模式预报的向量，可以是 t 时刻或其前后的数值模式的预报。使用时用数值预报产品代入(9.4)式即得预报结果。MOS 的两个优点是通过统计处理可以自动地考虑数值模式的系统性偏差和不精确性，这种偏差和不精确性如同局地气候常量被构造在统计方程之中。例如，某数值模式对槽脊系统的预报有规律地偏慢，则根据这种预报偏慢了的槽脊有关物理量，统计其与实际天气区的关系，用这样建立起来的统计关系式，仍可把天气区报在较为接近实际的位置上，而不是报在偏慢了的槽附近。MOS 的另一个优点是能够引入其他两种方法不容易取得的预报因子，如垂直速度、边界层的风、辐散、涡度和三维空气轨迹等。

MOS 方法的不便之处是，它要求有至少 1～2 年的数值预报产品历史资料作为建立 MOS 方程的样本资料。而且数值模式一旦有了改进或变动，就会在某种程度上影响 MOS 预报的效果。虽然国内外都有人做过对比试验，认为 MOS 预报对数值模式的改变并不十分敏感，但以改进的数值模式产品重新推导出 MOS 方程，显然是利于提高预报质量的。尤其是当数值模式由差分格式改为谱模式这样的重大变化

时，重建 MOS 方程是必要的。

根据数值预报产品的来源，MOS 方法又可分为中心 MOS 和地方 MOS 两种。中心 MOS 是指自己制作数值预报的某级气象中心（如国家气象中心），利用自己的数值预报产品制作对下属各地具有指导作用的 MOS 预报。可见，中心 MOS 的优势是自己作数值预报，因而有大量数值预报产品提供数以万计的候选因子，且常有高性能的计算机可供处理使用。而地方 MOS 使用的数值预报产品，是由上级气象中心甚至别国制作并提供的，建立 MOS 方程所用的统计方法一般也比较简单。可见，地方 MOS 可供选择的数值预报产品因子是有限的，但却能有效地发挥预报员对当地天气特点的了解和预报的经验，采取如将天气形势分型等方法，按实际工作需要有重点地建立相应的 MOS 方程。显然，目前我国省级以下气象部门大多只能采用地方 MOS 方法。但随着数值预报的发展和普及（包括微机性能逐步提高到适于制作数值预报），中心 MOS 的做法或中心 MOS 与地方 MOS 优势的结合将成为 MOS 预报的发展趋势。

9.2.4 混合型方法

MOS 预报的实践表明，采用纯 MOS 方法（指完全以数值预报产品作为预报因子建立 MOS 方程的方法）仍有许多局限性。由于许多预报量（如能见度、低云、海浪、雷暴等对流天气）明显与边界层条件等有关，这是靠获取上级或国外数值预报产品的"地方 MOS"方法无法完全解决的。因为来自上级或国外的数值预报产品中，可选因子非常有限，特别是边界层预报，除了海平面气压场和部分海面风外，几乎没有别的物理量可取。为此，人们开始采用把 MOS 预报与天气学经验预报(E)以及诊断分析(D)相结合的综合预报方法，成为当前天气预报（尤其是航空天气预报）的较为有效的工具。

为了更充分地发挥三种方法的长处以及使用已有观测信息和其他方法所得到的预报信息，在实践中还发展了混合型方法，即

$$\hat{y}_t = f_4(x_{t0}, x_t, \hat{x}_t) \tag{9.5}$$

例如在 $\hat{x}_t$ 中可以使用人工订正的结果。

就方法论而言，混合型方法并无独立意义。W. H. Klein 总结了美国对 CS、PP、MOS 三种方法的业务使用情况，指出在 18 小时到 60 小时的预报时效内应用 MOS 最为成功。而对于 12 小时以内的甚短时预报来说，由于实时观测资料收集、校对、分析和数值模式计算以及通信传递时间，当 MOS 结果传递到各站已失去了大部分时效，所以仍使用经典统计方法。应用最成功的是 R. G. Miller 提出的运用包括卫星、雷达在内的实时观测资料的称为通用相当马尔柯夫模式（GEM）。至于十天以上的

预报，显然由于缺乏数值预报产品，当然仍然使用经典统计方法。

孔玉寿和沈家宜(1986)曾用此方法作了南京地区五月份雷暴的短期预报试验，取得了较好效果。大致做法如下：

第一步，在普查历史资料的基础上，根据预报员的经验，经检验提出一组有明确物理意义又具分型功能的消空指标(称为消空指标库)。凡符合消空指标之一者即报第二天(06～18 时)无雷暴发生。否则用以下建立的回归方程作出预报。

第二步：建立预报方程

$$y = -0.34 + 0.41x_1 + 0.18x_2 + 0.39x_3 + 0.43x_4 \tag{9.6}$$

方程的临界判别值 $y_c = 0.49$。其中：

x_l 为南京 17 时地面气温和露点温度的 24 小时变量组合因子；

x_2 为南京 08 时 700 与 500 hPa 之间气层的平均温度平流；

x_3 为南京 08 时 850 与 500 hPa 水汽通量差动平流的 24 小时变量及 θ_e 随高度变化的组合；

x_4 为数值预报因子，由地面气压场 24 小时预报值和 36 小时降水量预报组成。

河南省正阳县气象站赵家忠在作单站降水分级预报中也采用了类似的方法(他们称为 EMOS 方法)。除了用数值预报产品外，他们也选用了前期 700 hPa 两地高度差、前期本站绝对湿度与气压的 24 小时变量差等经验因子。但他们为了解决雨量等级预报问题，采取了以下措施，其思路值得借鉴。

(1)首先对因子进行分级处理。将因子值与预报对象对应，在数轴上点绘，划定处于各级的上、下界，并确定因子编码值。如对 700 hPa 的 $T-T_d$ 36 小时预报值这一因子，划定>8 时编为 0；5～8 时编为 0.5；<5 时编为 1。

(2)建立预报方程(用因子间的逻辑乘并求和的方法)。

(3)用预报方程对历史样本进行拟合，并划定无雨、小到中雨、中到大雨、大到暴雨各级的判别界值。

9.2.5　定量统计释用应注意的几个问题

(1)关于 PP、MOS、MED 与 CS 的联系与区别

PP 和 MOS 都是动力－统计预报方法，可称为天气－动力－统计方法，它们所采用的基本技术都属于统计学的范畴，因此可以说，都是源于经典统计方法的。它们的区别在于建立预报方程时所用的因子资料不同，制作预报时所用的因子资料也有差别。如果记：

$\hat{Y}_t$ 为 t 时刻预报量的估计值(预报值)；

X_0 为预报起始时刻或之前的预报因子实测值；

X_t为与预报量同时出现的预报因子实测值；

$\hat{X}_t$ 为数值预报作出的 t 时刻的预报因子值。

则 CS、PP、MOS、MED 的方程建立和使用可用表 9.1 所列的数学表达式来描述。

表 9.1　CS、PP、MOS、MED 方程的区别

方法	CS	PP	MOS	MED
方程建立	$\hat{Y}_t=f_1(X_0)$	$\hat{Y}_t=f_2(X_t)$	$\hat{Y}_t=f_3(\hat{X}_t)$	$\hat{Y}_t=f_4(X_0,\hat{X}_t,)$
方程使用	$\hat{Y}_t=f_1(X_0)$	$\hat{Y}_t=f_2(\hat{X}_t)$	$\hat{Y}_t=f_3(\hat{X}_t)$	$\hat{Y}_t=f_4(X_0,\hat{X}_t,)$

可见，PP、MOS、MED 的共同优点是预报中使用了数值预报产品作为预报因子。因此，发挥它们的优势的关键是选择适当的数值预报产品因子。选择的原则是根据不同的预报对象，针对其形成条件和机制，从众多的数值预报产品中挑选物理意义清楚，与预报对象相关性好而因子之间尽可能相互独立者。如范淦清等用计算相关系数的方法评估了我国 T42 模式产品与晴雨、降水量级及气温的相关性，发现与晴雨和降水量级相关性最好的是表征水汽和动力状况的产品，各时段均有 25～35 个产品的相关系数值达 0.41（相关显著性水平 $\alpha=0.001$）以上，其中 500 hPa、700 hPa 的水汽通量、风速和 850 hPa 的 $T-T_d$达 0.60 以上；与最高、最低气温相关性最好的是各层次的气温和 θ_{se}，其中 500 hPa 的气温及 500 hPa、700 hPa 的 θ_{se} 相关系数达 0.80 以上，500 hPa 的高度场也达 0.79。显然，选用这些数值产品因子对作相应要素的预报是很有用的。

因上述选因子的原则与一般的统计预报要求是完全一致的，故此不再细述。

(2)注意天气气候规律的应用

为了改进数值预报产品的统计释用效果，像经验预报那样，注意天气气候规律的应用是非常重要也十分必要的。

首先，不同的天气阶段，例如多雨时段和少雨时段，有不同的天气活动特点，需要使用不同的预报因子和指标。因此，在应用上述方法作数值产品的统计解释时，通常需要按不同的时间分别建立统计预报方程。

常用而简便的方法是按月或季节分别建立预报方程，这可以部分地考虑天气气候背景的因素。但实际的天气阶段并不一定和月界、季界相一致，所以如果能按各地实际的天气时段分段作统计预报方程，可望得到较好的效果。若采用动态相似统计方法对历史样本的处理方法，则效果更好。

其次，不同的天气形势，反映了不同的影响系统，通常有不同的天气特点。因而，在数值产品的统计解释应用中，分型统计的方法也常被采用，而且在通常情况下比不分型的效果要好。若采用动态相似统计方法，实际上包含了客观分型的作用。

再者，分型、分月(季)统计带来的不良后果是减少了统计样本，这对小概率天气的预报影响更明显。解决的办法之一是采用同一气候相似区域内样本共享的方法，建立一个区域预报方程。美国国家天气局技术发展实验室在制作大降水 MOS 预报时，就采用了这一方法。但该方法也有弊病：用同一区域方程来对该区域内的各站点作预报时，方程的因子种类、系数对各站均相同，只是因子值不同。而区域内相邻两站的距离可能不足一个格距，经插值后得到的因子值及其预报结果很难区分两站的差别。所以还要有下述样本过滤的方法加以弥补。

(3)关于小概率天气预报中的样本过滤(消空)问题

统计预报的基本特点之一是对小概率事件的预报能力差。为了提高统计样本的气候概率，在进行统计前首先对样本资料进行过滤(也叫消空)是十分必要也非常有效的。过滤(消空)的做法是：

第一步：建立资料档案。设有 L 个候选因子，样本个数 M 个，预报对象出现的有 N 例。

第二步：确定因子类型。预报因子一般有以下三种类型：

A 型(正相关型)：因子值越大，预报对象出现越有利；

B 型(反相关型)：因子值越小，预报对象出现越有利；

C 型：因子值在某区间，预报对象出现有利(如风向)。

第三步：根据因子的不同类型，在 M 个历史样本中找出预报对象出现($y=1$)时各因子的最小值 α、最大值 β(A 型 $\beta=+\infty$，B 型 $\beta=-\infty$)。并称$[\alpha,+\infty)$、$(-\infty,\alpha]$、$[\alpha,\beta]$为 A，B，C 三类因子的“$\alpha-\beta$”区间。显然，在“$\alpha-\beta$”区间以外的样本，都未出现过预报对象，都是可消空样本。

第四步：分别计算每个候选因子的可消空样本数 M_i(即“$\alpha-\beta$”区间外的样本数)。可见，可消空数越大，该因子消空能力越强，应优先取用。即先用该因子对样本进行消空。

第五步：用剩余的因子和样本继续上述工作，直到所有因子不能再对剩余样本消空为止。则所有选取的因子及其确定的 α、β 值($<\alpha$ 或$>\beta$ 即为消空条件)构成该预报对象的消空指标库。

前述 MED 方法举例中的消空指标库就是这样确定的。夏建国在“全国 248 站中一大雨以上降水概率 MOS 预报”一文中，对各站都设计了 6 个标准作为过滤条件；周家斌等在“数值预报产品在人机交互系统中的应用研究”一文中也综合预报员的经验，采用了天气学消空条件。这些工作都取得了较好的效果。

(4)注意再加工因子的利用

在上一节介绍数值预报产品的定性应用方法时，我们已提到数值产品的再加工

(再诊断)问题。实际上在定量应用数值预报产品时也会遇到类似的问题,也需要采取类似的解决办法。

①简单算术运算后的加工因子。比如我们在作中期 MOS 预报时,如果使用欧洲中期天气预报中心的预报产品,那么可供选择的预报因子就只有地面气压场、500 hPa 高度场和 850 hPa 的 **U**、**V** 分量与温度场以及 200 hPa 的 **U**、**V** 分量等为数不多的产品,此时可通过再加工来获得许多有意义的新因子。这里仅以高度场的格点值为例,看是如何通过再加工来增加预报信息的。

设格点分布如图 9.3 所示,则有

$$T_1 = H_1 + H_3 + H_5 + H_7 - 4H_0 = \nabla^2 \mathrm{H}$$

T_1表示在 0 点的地转相对涡度。

$$T_2 = (H_6 + H_7 + H_8) - (H_4 + H_3 + H_2)$$

T_2近似表示了南北方向的气压梯度。同理,

$$T_3 = (H_2 + H_1 + H_8) - (H_4 + H_5 + H_6)$$

T_3近似表示了东西方向的气压梯度。

$$T_4 = H_4 + H_8 - 2H_0$$

T_4近似反映东北—西南走向的高空槽的强度。

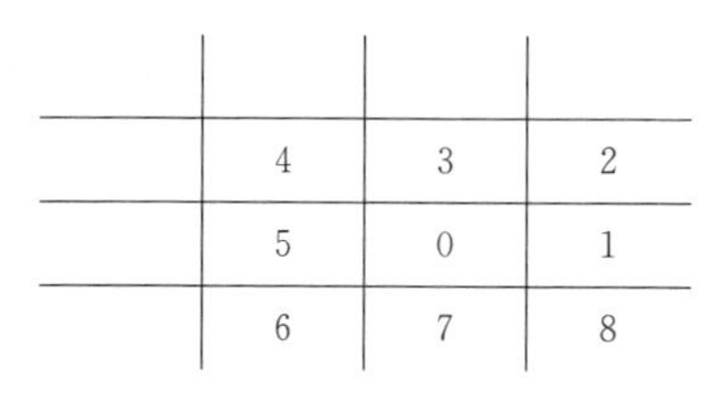

图 9.3　格点分布示意图

同理

$$T_5 = (T_4 + T_6 - 2H_5) + (T_3 + H_7 - 2H_0) + (H_2 + H_8 - 2H_1)$$

T_5近似表示横槽的强弱。

$$T_6 = (H_2 + H_4 - 2H_3) + (H_1 + H_5 - 2H_0) + (H_8 + H_6 - 2H_7)$$

T_6近似竖槽的强弱。

此外,还可对高度场作自然正交函数 EOF 展开,取其特征向量函数的时间系数为预报因子;作切比雪夫正交多项式展开,取其系数为预报因子;用谐谱分析方法作

富里埃级数展开，取其振幅、位相、动能、角动量输送等参量为预报因子。

为了提高因子的统计稳定性和代表性，还可采用多格点(例如 5 点或 9 点)平滑的办法。采用类似的方法，还可以加工出许多新的再生产品，这些产品都可以作为预报方程的因子使用。

②变量因子。夏建国在“全国 248 站中—大雨以上降水概率 MOS 预报”一文中设计了 10 种不同时效之间预报值的变量(或差值)因子，如 $\omega48\sim\omega24$。他们发现，在不少地方 ω 的变量比 ω 值与降水的关系要好。比如在青藏高原东部边缘地区，B 模式预报的 ω 常是正值(下沉运动)。如四川康定，在 1983—1986 年的 4 年汛期中有 56 次中到大雨以上降水发生在夜间，其中 16 次 0.7σ 面的 ω 为正值，而 ω 的变量($\omega48\sim\omega24$)却是负值(上升加强或下沉减弱)，这表明 ω 的变量比 ω 本身更能反映该地区低空气流是否有利于产生降水。反映大气稳定度变化的垂直温差之变量和反映冷空气活动的低空变温等因子，也有类似功能。他们发现，在用多元回归模型求取 MOS 预报方程时，入选的变量因子平均占 25%以上，并且程度不等地提高了 MOS 方程的质量。

③物理量组合因子。即将数值预报产品按一定的物理意义进行重新组合后形成的新因子。例如，若记 700 hPa 上的垂直速度为 ω，850～500 hPa 的水汽通量散度和、相对湿度平均值分别为 DV、RH，则组合因子 $MUP=RH\times\omega\times DV$ 综合反映了中低层大气水汽的垂直输送情况。

(5)不同预报时效的数值产品的应用问题。通常情况下，不同预报时效的数值产品一般应用于相应时效的统计预报方程中。但实践表明，不同预报时效的数值产品也可以应用于同一预报时效的预报方程中，而且有时还能有效地提高预报效果。这是因为数值预报可能存在着系统性偏快或偏慢现象，而且在不同地区常有不同的表现。为了改善这种状况，可采用前后预报时效的数值产品同时使用的方法。比如在建立 36 小时预报方程时，可同时采用预报时效为 24、36、48 小时的数值预报产品作因子。

(6)关于综合统计方法。上述 MED 方法反映了综合统计的基本思想，根据这一思想，还可以构造出其他新的综合统计方法(Synthetic Statistical Method，SSM)。例如，一种 SSM 建立方程的形式表述为

$$\hat{Y}_t = f_5[X_0, f_2(x_t), \hat{X}_t] \tag{9.7}$$

相应地，应用该方程作预报时的形式为

$$\hat{Y}_t = f_5[X_0, f_2(\hat{x}_t), \hat{X}_t] \tag{9.8}$$

它不但包括了 MED 的内容，而且把 PP 法的预报结果也作为方程的一个因子，因此其综合能力更强。

复习题

1. 什么叫相似形势法?
2. 什么叫落区预报法?
3. 什么叫PP法、MOS法、MED法?
4. 数值预报产品释用中应注意哪几个问题?

参考文献

曹鸿兴. 1985. 数值预报产品统计释用的原理及其数学方法. 气象科技,**13**(3):1-8.
常军,李祯,布亚林等. 2007. 大到暴雪天气模型及数值产品释用预报方法. 气象与环境科学, **30**(3):54-56.
董晓敏. 1986. 天气诊断方法简介. 北京:气象出版社.
胡长雷,张炜,徐兴波. 2013. T639数值产品对吉林地区降水预报的释用分析. 吉林气象,**4**:12-27.
矫梅燕,龚建东,周兵. 2006. 天气预报的业务技术进展. 应用气象学报,**17**(5):594-601.
孔玉寿,沈家宜. 1986. 用MED方法作南京地区五月份雷暴的短期预报. 气象科学,**1**:76-81.
缪强,谢瑞国. 2001. 数值预报产品释用若干问题的初步分析. 四川气象,**21**(1):9-12.
邱小伟, 季致建, 刘学华,等. 2010. 数值预报产品的几种主观释用技术. 第七届长三角气象科技论坛论文集.
沈树勤. 1995. 应用数值预报产品作热带气旋暴雨落区预报. 气象科学,**15**(1):56-64.
严明良,曾明剑,濮梅娟. 2006. 数值预报产品释用方法探讨及其业务系统的建立. 气象科学, **26**(1):90-96.
赵凯,孙燕,张备,尹东屏,姜麟. 2008. T213数值预报产品在本地降水预报中的释用. 气象科学, **28**(2): 217-220.

第10章　数值预报产品的定量释用技术

本章主要介绍多元线性回归方法、BP－神经网络方法和卡尔曼滤波方法。

10.1　逐步回归方法

在利用回归分析方法对温度、降水等气象要素进行建模预报的过程中，一个极其重要的问题是如何在众多的因素中“挑选”变量，以建立最优回归方程。

逐步回归得到的回归方程可以说是最优回归方程，所谓“最优”回归方程，包括两方面含义：一方面，为了预报精确，希望最终的回归方程包括尽可能多的因素。特别是那些对因变量的作用很显著的因素。也就是说，希望在回归方程中包含所有对因变量 y 影响显著的自变量而不包含对 y 影响不显著的自变量。回归方程中所包括的自变量越多，那么回归平方和也就越大，剩余平方和也就越小。但是另一方面，为了使用方便，又希望预报中包含尽量少的变量。这是因为，方程中包含变量越多，需要测量的变量就越多，计算也越麻烦。特别是，若减少这些关系不密切的变量，剩余平方和减少不明显，反而自由度减少了。为满足“最优回归”的要求，在建立回归方程的同时，应进行因子筛选，使某些对因变量贡献大的因子随时可以进入方程，对因变量贡献小的因子又可以随时剔除方程，进入与剔除均需要通过 F 检验，因此也叫作双重检验的逐步回归技术。

下面以曾晓青(2010)为青海省气象台和环渤海地区制作数值预报产品定量释用时的方法为例，介绍最优回归方法。

因子的选择流程和框架如图10.1和图10.2所示，具体流程如下所述：

第一步，确定所要所要预报的站点、要素和预报的时次；

第二步，根据所配置的参数和时间段，读取站点对应的T213L31因子样本数据以及实况样本数据，然后根据因子的层次、要素名、时次和格点位置等信息为每一个T213L31因子编写一个“身份证”，以便以后识别使用。由于T213L31因子数据和实况数据存在缺测或虚假信息，需要将这些缺测或虚假信息的数据先进行质量控制处理。在初始T213L31数据因子中的虚假信息主要可以分为3类：第1类是在所选的整个时间段上因子数据中90%以上的样本都是缺测值；第2类是在所选的整个时间段上因子数据中90%以上的样本都是同一个值；第3类是在所选的整个时间段上某

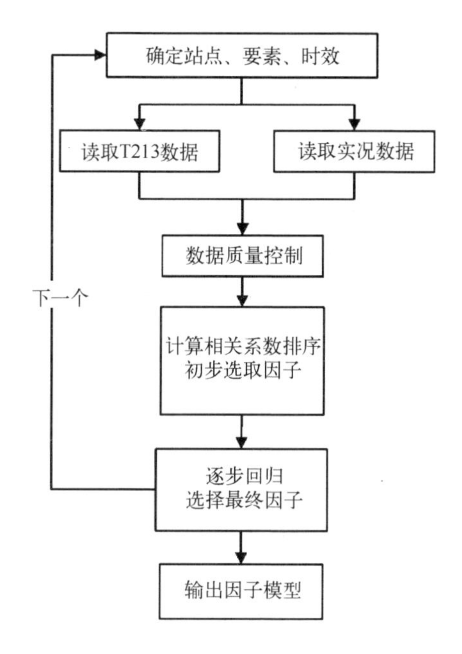

图 10.1　逐步回归因子选择流程

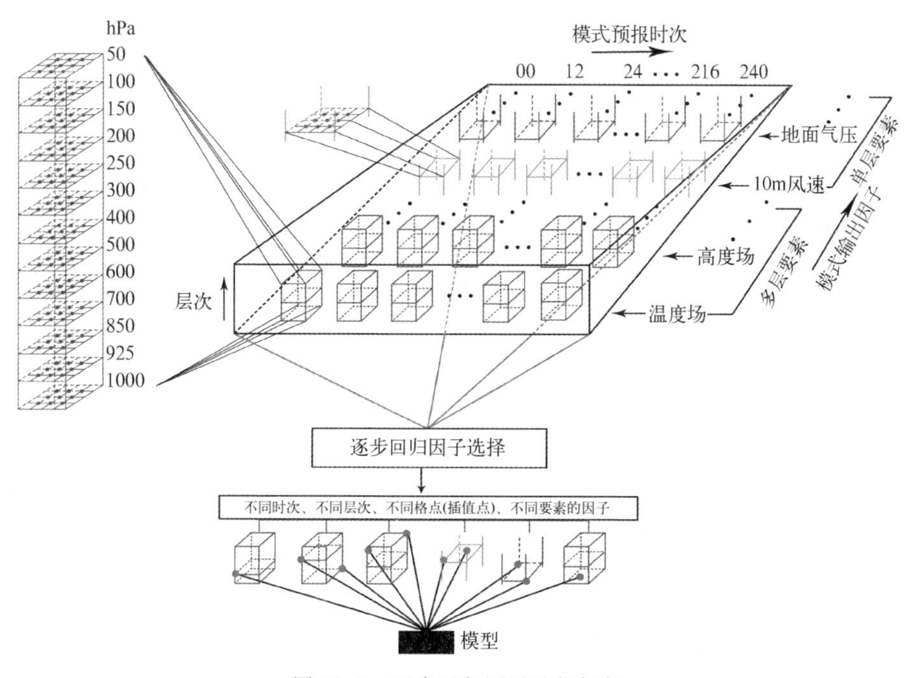

图 10.2　逐步回归因子选择框架

个因子数据与另一个因子数据中的 90% 以上的样本值都几乎一样。这样的数据对以后的因子选择以及模型建立都会造成结果的不稳定或含有虚假信息，但是我们又不能将整个时间段上的其他完备因子的所有样本数据都剔除，所以需要先将这些“有害”因子整个剔除出整个备选因子矩阵中，我们称之为列剔除，之后，由于某个 T213 L31 因子或实况数据序列在某一时间上存在缺测或错误，那么我们将剔除这一个时刻的所有 T213 L31 因子数据和实况数据，我们称之为行剔除，在经过行列剔除后，剩下的矩阵是一个完备的备选因子矩阵，该矩阵包括了不同预报时效、不同层次、不同格点的 T213 L31 模式输出要素。

第三步，在获得了一个完备的备选因子矩阵后，因子数可能会减少 100～300 个，但对于五六千个因子来说，也只占了很小的一部分。如果直接将剩下的因子带入逐步回归中进行因子选择，这样会造成逐步回归求解非常困难。那么我们首先计算每个因子与实况资料的线性相关系数，然后根据从大到小的原则排序这些相关系数，选择出相关系数比较大的前几百个因子作为进入逐步回归的备选因子。

第四步，将排序筛选后的因子利用逐步回归方法最后进行筛选，逐步回归选择因子的标准是根据预先查表选择好的 F 检验值为初始 F 检验标准，然后不断地选入和剔除因子，直到没有因子可以选入同时也没有因子可以剔除的时候，将最后选中的因子(一般为 3～20 个之间)作为最后建模使用的因子模型。

10.2 卡尔曼滤波方法

卡尔曼滤波方法由数学家卡尔曼(R. E. Kalman)于 1960 年创立，1987 年开始应用到天气预报领域，主要用于制作连续预报量，如温度、风、湿度等要素的预报。它是继 MOS、PP 方法之后被认为是较好的数值产品释用方法，因为用该方法建立的统计模型能适应数值模式的变化。因此，得到越来越多国家的气象工作者的重视及应用。

10.2.1 卡尔曼滤波系统

将卡尔曼滤波方法用于天气预报时，可将通常的回归方程作为卡尔曼滤波中的量测方程

$$Y_t = X_t\beta_t + e_t \tag{10.1}$$

其中 Y_t 是预报量，X_t 是预报因子 $X_t=[x_1, x_2, \cdots, x_m]$，$\beta$ 是回归系数，$\beta_t=[\beta_1, \beta_2, \cdots, \beta_m]_t^T$，$e_t$ 是量测噪声。

将 β_t 作为卡曼滤波系统中的状态向量，可用状态方程来描写其变化

$$\beta_t = \Phi_{t-1}\beta_{t-1} + \varepsilon_{t-1}$$

其中 Φ_{t-1} 是转移矩阵，ε_{t-1} 为动态噪声，是 m 维随机误差向量，考虑到季节等原因所引起的 β 变化是渐进的，且有随机性，作为对实际过程的一种近似，可假定 Φ_{t-1} 为单位矩阵。因此，状态方程简化为

$$\beta_t = \beta_{t-1} + \varepsilon_{t-1} \tag{10.2}$$

其中 ε_{t-1} 为动态噪声。式(10.2)表明 t 时刻方程系数是由 $t-1$ 时刻方程系数与 $t-1$ 时刻误差订正值 ε_{t-1} 共同组成。动态噪声 ε 与量测噪声 V_t 都是随机向量，假定他们互不相关，均值为零，方差分别为 W 和 V 的白噪音，则应用广义最小二乘法可以得到下面一组公式，构成整个递推系统

$$\hat{Y}_t = X_t\hat{\beta}_{t-1} \tag{10.3}$$

$$R_t = C_{t-1} + W \tag{10.4}$$

$$\sigma_t = X_tR_tXt_t^T + V \tag{10.5}$$

$$A_t = R_tX_t^T\sigma_t^{-1} \tag{10.6}$$

$$\hat{\beta}_t = \hat{\beta}_{t-1} + A_t(Y_t - \hat{Y}_t) \tag{10.7}$$

$$C_t = R_t - A_t\sigma_tA_t^T \tag{10.8}$$

其中(10.3)式是预报方程，$\hat{Y}_t$ 为预报值，X_t 为预报因子，$\hat{\beta}_{t-1}$ 为方程的回归系数(递推系数)，是 β_{t-1} 的估算值。(10.4)式中 R_t 为外推 β_t 的误差方差阵，C_{t-1} 为滤波值 $\hat{\beta}_{t-1}$ 的误差方差阵，W 为动态噪声的方差阵。(10.5)式 σ_t 是预报误差方差阵，V 为量测噪声的方差阵。(10.6)式 A_t 是增益矩阵。通过(10.7)、(10.8)式递推下一时刻的 $\hat{\beta}_t$ 和 C_t 值，在实际应用中只要建立初始预报方程，确定初值 β_0、C_0、W 和 V 就可以进行预报计算了。

以上基本特征描述了滤波对象中最为简单的一种线性随机动态系统。我们可视天气预报对象也是具有以上特征的线性随机动态系统，卡尔曼滤波的量测方程就是通常天气预报中的预报方程，状态向量就是预报方程中的系数，与一般 MOS 方程所不同的是其系数是随时间变化的。系数的理论值是得不到的，只能求出它的估算值，不需太多的样本，就可求回归方程系数的估算值，随后，每增加一次新的量测 Y_t、X_t 时就应用上述递推系统推算一次方程系数的最佳估值，以此适应数值模式的变更。

10.2.2　递推系统的参数计算方法

递推系统参数初值的计算方法由(10.3)至(10.8)式不难看出，要反复运算这些公式实现递推过程，必需首先确定初值 B_0 和 C_0。至今尚未有成熟的客观方法。有些

国家使用人工经验方法确定，这不便于推广应用。我们应用以下方法：

(1)β_0的确定。用近期容量不大的样本，按照通常求回归系数估计值的办法很容易得到。当然，用小样本建立的预报方程，其统计特性差，若直接用于制作预报，其误差大。可通过其系数的不断更新来适应预报对象的统计特征，提高预报精度。

(2)C_0的确定。C_0是β_0的误差方差阵，为了免去用样本资料作复杂计算，一些文献上根据经验给出值，如果回归系数的初值严格取为系统真值，其误差方差是零。由于β_0是从样本资料精确计算得到的，可以假定它与理论值相等，所以C_0是m阶的零方阵，即

$$C_0 = [0]_{m\times m} \tag{10.9}$$

(3)W的确定。W是动态噪声ε_t的方差阵，根据白噪声的假定，W的非对角线元素均为零。

$$W = \begin{bmatrix} w_1 & \cdots & \cdots & 0 \\ 0 & w_2 & \cdots & 0 \\ \vdots & \vdots & \vdots & \vdots \\ 0 & 0 & \cdots & w_m \end{bmatrix} \tag{10.10}$$

由于ε的期望值为零，所以$W_j = E\varepsilon_j^2$，其中$j=1,2,\cdots,m$。因此，有

$$w_j \approx \frac{\sum_{t=1}^{T} (\varepsilon_j)_{t-1}^2}{T} \tag{10.11}$$

由(10.2)式有：$\varepsilon_{t-1}=\beta_t-\beta_{t-1}$，则

$$\sum_{t=1}^{T}\varepsilon_{t-1} = \sum_{t=1}^{T}(\beta_t-\beta_{t-1}) = \beta_T-\beta_0 \tag{10.12}$$

对ε的每个分量ε_j，均有

$$\sum_{t=1}^{T}(\varepsilon_j)_{t-1} = (\beta_j)_T-(\beta_j)_0 \tag{10.13}$$

$$[(\beta_j)_T-(\beta_j)_0]^2 = \left[\sum_{t=1}^{T}(\varepsilon_j)_{t-1}\right]^2 = \sum_{t=1}^{T}(\varepsilon_j)_{t-1}^2 + 2\sum_{1\leqslant t<\tau\leqslant T}(\varepsilon_j)_{t-1}(\varepsilon_j)_{\tau-1} \tag{10.14}$$

上式右端第一项是平方和，必为正数，第二项是各交叉项之和，由于ε的均值为零，故

第二项远小于第一项，因此有

$$[(\beta_j)_T-(\beta_j)_0]^2\approx\sum_{t=1}^{T}(\varepsilon_j)^2_{t-1} \tag{10.15}$$

将(10.15)式代入(10.11)式，则得到

$$w_j=\frac{[(\beta_j)_T-(\beta_j)_0]^2}{T}\qquad j=1,2,\cdots,m \tag{10.16}$$

从上式可见，W 值可用 β 的变化来估算，故有

$$W=\begin{bmatrix}\frac{(\Delta\beta_1)^2}{\Delta T} & \cdots & \cdots & 0\\ 0 & \frac{(\Delta\beta_2)^2}{\Delta T} & \cdots & 0\\ \vdots & \vdots & \vdots & \vdots\\ 0 & 0 & \cdots & \frac{(\Delta\beta_m)^2}{\Delta T}\end{bmatrix} \tag{10.17}$$

我们用 2005 年 4 月的资料用一般回归方法建立环渤海地区的变温的回归方程，用其回归系数作为 β_0

$$\beta_0=(0.383\quad 0.380\quad -0.162\quad 0.080)$$

再用 2005 年 5 月的资料为样本，可得到另外一个回归方程的系数，即 β_T

$$\beta_T=(2.14\quad -0.508\quad -0.769\quad 0.229)$$

由此得到

$$W=\begin{bmatrix}0.1029 & 0 & 0 & 0\\ 0 & 0.0261 & 0 & 0\\ 0 & 0 & 0.123 & 0\\ 0 & 0 & 0 & 0.0007\end{bmatrix} \tag{10.18}$$

(4)V 的确定。V 是量测噪声 e_t 的方差

$V=q/(k-m-1)$，q 是残差，k 是样本数，m 是因子个数。利用 4 月资料通过回归统计，得到方程时的残差为 $V=1.82$。

10.2.3　递推系统预报的业务流程

卡尔曼滤波系统适用于制作温度、湿度和风等连续性预报量的预报，为预报员提

供这类客观指导预报产品。因此，需在计算机上建立用递推方法自动制作上述预报的自动化业务流程。

该流程由以下3个部分组成(图10.3)：

(1)建立由通信系统得到的实时基本数据文件，各气象台都可通过通信系统得到两类基本资料即数值产品格点值，用双线性内插方法可建立实时站点数值产品因子文件；同时，还可得到站点的天气要素的观测值，经过检验和订正，可建立实时预报量的实测数据文件。

(2)建立由递推系统本身生成的数据文件，递推系统本身生成的数据文件有：预报量的预报值文件、预报方程系数文件及预报方程系数误差的方差文件。这些文件的内容随着递推过程而不断更新，唯有随机误差的方差(W、V)在递推起始时被确定之后不再随递推过程而改变。

(3)递推系统计算流程。有了实时基本数据，就可以依次计算递推系统中的各个参数，作为下一个时刻$t+\Delta t$(Δt为预报时效)运行递推系统的输入信息。即在t时刻制作$t+\Delta t$时刻的预报，要获取数值预报产品，前一时刻即$t-\Delta t$的预报方程系数$\beta_{t-\Delta t}$，及其误差方差$C_{t-\Delta t}$等最新信息，对$\beta_{t-\Delta t}$作出订正而得到t时刻的值，而后做出$t+\Delta t$时刻的预报。

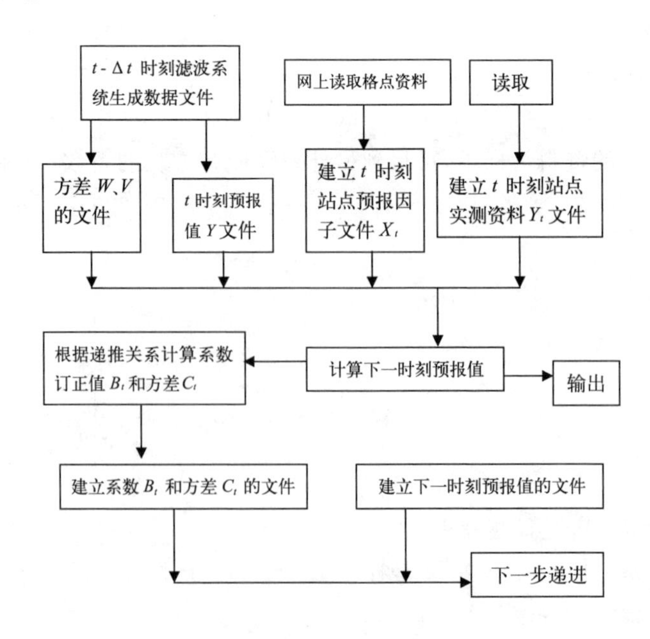

图10.3　卡尔曼滤波预报制作流程图

从流程结构可以看出，递推系统制作天气预报必须在建立了上述两类数据文件基础上才能运行。在 t 时刻制作 $t+\Delta t$ 时刻的预报，只用 t 时刻所获取的数值预报产品，预报误差，前一时刻即 $t-\Delta t$ 的预报方程系数 $\beta_{t-\Delta t}$ 及其误差方差 $C_{t-\Delta t}$ 等最新信息，对 $t-\Delta t$ 时刻的方程系数 $\beta_{t-\Delta t}$ 作出订正而得到 t 时刻的方程系数 β_t，而后作出 $t+\Delta t$ 时刻的预报，以此提高下一时刻 $t+\Delta t$ 的预报精度。这与预报员的思路也是一致的。整个流程的计算量并不十分大，存储空间也小，一般气象台配备微机就能应用。

穆海振和徐家良(2000)利用国家气候中心 T 63 模式动力延伸预报产品，应用卡尔曼滤波方法对月尺度降水进行了预测试验。选取了长江三角洲地区 8 个站(上海的龙华、崇明，江苏的东山、南京、南通、东台、溧阳及浙江的杭州)进行了预测试验，所取资料为上述 8 站的旬降水量(1996—1998 年)，动力产品取自国家气候中心发布的 T63 模式动力延伸预报的分辨率为 2.5°×2.5°的 500 hPa 高度距平场资料。将降水资料进行处理使之和模式输出产品相对应，用 1996 年降水资料和模式输出产品确定了卡尔曼滤波方法所需初值。确定初值后对上述 8 站的 1997 年 2 月到 1999 年 1 月共 24 个月的各站月降水距平百分率进行了预测。表 10.1 列出了卡尔曼滤波方法的实际预测效果，可以看出，所建立的动力产品释用方案对长江三角洲地区的月时间尺度降水预测具有一定应用价值，8 个站的平均距平相关系数达到了 0.35，预测评分平均为 78 分，平均距平同号率为 59%，其中对北部的东台的预测尤为成功，相关系数达到了 0.61，预测评分接近 90 分。共有 5 个站相关系数通过了 90%的信度检验，只有 1 个站的距平同号率低于 50%，有 6 个站的预测评分高于 70 分。

表 10.1　卡尔曼滤波方法的月降水距平预测评估

站名	相关系数	距平同号率/%	预测评分
南京	0.42	70.8	87.0
东台	0.61	79.2	89.9
南通	0.25	54.2	70.7
溧阳	0.39	66.7	84.6
东山	0.33	41.7	62.6
崇明	0.30	54.2	78.1
龙华	0.37	50.0	69.1
杭州	0.13	54.2	82.3

方建刚等(1999)应用卡尔曼滤波方法，结合欧洲中期数值天气预报中心的数值预报产品，建立了西安 24 h 最高/最低气温预报方法。图 10.4 给出了用卡尔曼滤波方法对西安 1997 年 3—5 月最高气温的预报情况。可以看出，西安 3—5 月是从春季到夏季的转换时期，最高气温从 20℃上升到 30℃，变化幅度较大，卡尔曼滤波却能够

很好地适应这一变化，在 3—5 月连续变化中，最高气温的预报也同时完成了这一转换。这也就是卡尔曼滤波比其他统计方法（如 MOS，PP）的优势所在，即在不需要更换预报方程、预报因子等的情况下，卡尔曼滤波能够完成预报方程的季节更换。同时，卡尔曼滤波也能够适应由于数值预报模式的变化而引起的因子的波动。

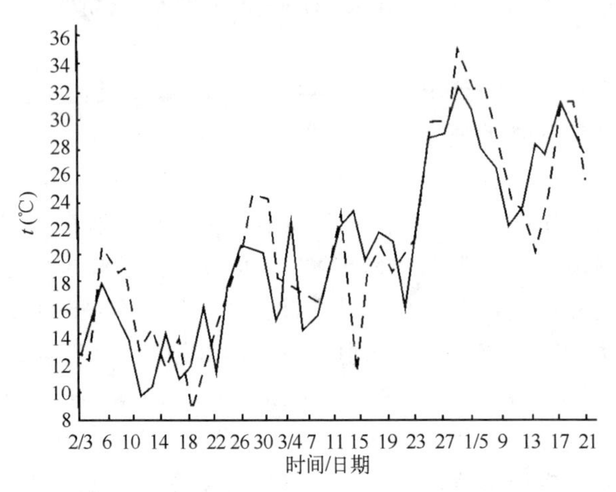

图 10.4　1997 年 3—5 月卡尔曼滤波方法预报西安最高气温结果

实线为实况值；虚线为预报值

10.3　神经网络方法

人工神经网络（Artificial Neural Networks，ANN）是一种非线性知识处理系统，人工神经网络的研究虽已有数十年的历史，但在天气预报领域中的应用仅开始于 20 世纪 80 年代末期。尽管国内外已有不少人做了应用尝试，并取得了较好效果，证明了人工神经网络技术在天气预报中应用的良好前景，但毕竟研究的时间不长，需解决的技术问题还很多。这里仅介绍其最基本的原理和方法。

ANN 是通过大量的但却是很简单的处理单元（神经元）广泛互连而成的复杂网络系统。它反映了人脑和神经系统功能的许多基本特性，但并非人脑和神经网络系统的真实写照，而只是用数学模型对其加工、存储和处理信息的机制的某种简化、抽象和模拟。ANN 的信息处理由神经元之间的相互作用来实现，并决定于各神经元连接权重的动态演化过程。

ANN 是高度复杂的非线性动力学系统。它除具有一般非线性系统的共性外，其显著优势在于：大规模并行处理；具有良好的容错性；自适应性，即具有很强的学习功能，网络中的大量参数均由学习（训练）获得（而不是人为设定），并能在使用中不断调整,从而使系统变得更“聪明”。

ANN的数学模型很多,有代表性的有:感知机模型(Perceptron,PTR)、反向传播模型(Back-Propagation,BP)、自适应共振理论模型(Adaptive Resonance Theory,ART)、双向联想存储器(Bidirectional Associative Memory,BAM)、Boltzmann/Cauchy机(Boltzmann Machine/Cauchy Machine,BCM)、Hopfield网络模型等。其中目前研究最多,应用面最广的是BP模型。下面即以BP模型为例,介绍ANN的基本工作原理。

BP神经网络,全称基于误差反向传播算法的人工神经网络。在人工神经网络发展历史中,很长一段时间里没有找到隐层的连接权值调整问题的有效算法。直到误差反向传播算法(BP算法)的提出,成功地解决了求解非线性连续函数的多层前馈神经网络权重调整问题。

BP算法,即误差反传误差反向传播算法的学习过程,由信息的正向传播和误差的反向传播两个过程组成。输入层各神经元负责接收来自外界的输入信息,并传递给中间层各神经元;中间层是内部信息处理层,负责信息变换,根据信息变化能力的需求,中间层可以设计为单隐层或者多隐层结构;最后一个隐层传递到输出层各神经元的信息,经进一步处理后,完成一次学习的正向传播处理过程,由输出层向外界输出信息处理结果。当实际输出与期望输出不符时,进入误差的反向传播阶段。误差通过输出层,按误差梯度下降的方式修正各层权值,向隐层、输入层逐层反传。周而复始的信息正向传播和误差反向传播过程,是各层权值不断调整的过程,也是神经网络学习训练的过程,此过程一直进行到网络输出的误差减少到可以接受的程度,或者预先设定的学习次数为止。BP神经网络,其数学推导可以简单地表述如下:

首先是神经网络的正向传播:

假设有一组预进入神经网络的因子集(比如模式输出结果:高度场、湿度场等)为PI,样本长度为n,每个样本中有m个因子,即PI为一个m行$\times n$列的矩阵

$$PI=\begin{bmatrix} p_{11} & p_{12} & \cdots & p_{1n} \\ p_{21} & p_{22} & \cdots & p_{2n} \\ \vdots & \vdots & \ddots & \vdots \\ p_{m1} & p_{m2} & \cdots & p_{mn} \end{bmatrix} \tag{10.19}$$

每一个输入因子就是一个神经元,将PI最后一行增加一个偏移项,变为$PIExt$矩阵,这样就有$m+1$个输入神经元,n个样本就有n次神经网络的输入。

$$PIExt = \begin{bmatrix} p_{11} & p_{12} & \cdots & p_{1n} \\ p_{21} & p_{22} & \cdots & p_{2n} \\ \vdots & \vdots & \ddots & \vdots \\ p_{m1} & p_{m2} & \cdots & p_{mn} \\ 1 & 1 & \cdots & 1 \end{bmatrix} \tag{10.20}$$

假设神经网络的隐层结构有 h 个神经元,那么输入层—隐层的权重可表示为 WIH

$$WIH = \begin{bmatrix} wih_{11} & wih_{12} & \cdots & wih_{1m} \\ wih_{21} & wih_{22} & \cdots & wih_{2m} \\ \vdots & \vdots & \ddots & \vdots \\ wih_{h1} & wih_{h2} & \cdots & wih_{hm} \end{bmatrix} \tag{10.21}$$

假设输入层到隐层偏移量为 BIH

$$BIH = [bih_1 \quad bih_2 \quad \cdots \quad bih_h]' \tag{10.22}$$

将输入层—隐层的权重 WIH 与 BIH 合为 $WIHExt$ 矩阵,该矩阵为 h 隐节点行×m 因子+1 列

$$WIHExt = \begin{bmatrix} wih_{11} & wih_{12} & \cdots & wih_{1m} & bih_1 \\ wih_{21} & wih_{22} & \cdots & wih_{2m} & bih_2 \\ \vdots & \vdots & \ddots & \vdots & \vdots \\ wih_{h1} & wih_{h2} & \cdots & wih_{hm} & bih_h \end{bmatrix} \tag{10.23}$$

隐层神经元采用 Sigmoid 函数,第 n 个输入样本的隐层神经元的输出可以表示为

$$HO = \frac{1}{1 + e^{-(WIHExt \times PIExt_n)}} \tag{10.24}$$

$$HOExt = [ho_1 \quad ho_2 \quad \cdots \quad ho_h \quad 1] \tag{10.25}$$

$PIExt_n$ 为第 n 个输入样本,$HOExt$ 为隐层神经元输出矩阵的扩展矩阵。

假设隐层—输出层权重为

$$WHO = [who_1 \quad who_1 \quad \cdots \quad who_h] \tag{10.26}$$

假设隐层—输出层偏移 bho,那么隐层—输出层权重扩展矩阵 $WHOExt$ 可以表示为

$$WHOExt = [who_1 \quad who_2 \quad \cdots \quad who_h \quad bho] \tag{10.27}$$

输出层神经元为线性函数,输出层可以表示为

$$NetworkOut = WHOExt \times HOutExt \tag{10.28}$$

正向传播之后是神经网络的逆向传播，也就是神经网络的反馈求解过程(即BP过程)。这个过程是求解两个部分：第一部分是隐层一输出层的权重，第二部分是输入层一隐层的权重。

BP过程是建立在梯度下降法的基础之上，首先我们推导求解隐层一输出层的权重公式(下面的公式是以一个输入样本为基础的推导)，神经元输出与实况的误差为

$$e = nwo - obs \tag{10.29}$$

nwo 是神经网络的输出值，obs 是对应输入因子的真实值，e 为误差值。

误差平方相对于权重的变化的推导公式

$$\begin{aligned}\frac{\partial e^2}{\partial who_k} &= \frac{\partial e^2}{\partial nwo}\frac{\partial nwo}{\partial so}\frac{\partial so}{\partial who_k} \\ &= \frac{\partial (nwo - obs)^2}{\partial nwo}\frac{\partial nwo}{\partial so}\frac{\partial so}{\partial who_k} \\ &= 2e\frac{\partial F(so)}{\partial so}\frac{\partial so}{\partial who_k} \\ &= 2eF'(so)ho_k = 2eho_k\end{aligned} \tag{10.30}$$

ho_k 是第 k 个隐层神经元的输出值，so 是隐层神经元的输出值与隐层一输出层的权重的点乘值，由于输出层神经元为线性神经元，所以 $F'(so)=\dfrac{\partial F(so)}{\partial so}=1$。

根据梯度下降法隐层一输出层权重更新

$$who_{k(new)} = who_{k(old)} - \eta_{ho} 2eho_k \tag{10.31}$$

$who_{k(new)}$ 为更新后的第 k 个隐层一输出层的权重，$who_{k(old)}$ 为前一次的第 k 个隐层一输出层的权重，η_{ho} 是隐层一输出层的学习率。

当神经元为输入层一隐层神经元时，误差平方相对于对第 k 个隐层神经元的第 i 个输入的权重的变化的推导公式可以表述为

$$\begin{aligned}\frac{\partial e^2}{\partial wih_{ik}} &= \frac{\partial e^2}{\partial nwo}\frac{\partial nwo}{\partial so}\frac{\partial so}{\partial ho_k}\frac{\partial ho_k}{\partial sh_k}\frac{\partial sh_k}{\partial wih_{ik}} \\ &= 2e \cdot who_k \cdot F(sh_k)(1 - F(sh_k)) \cdot p_{ik} \\ &= 2e \cdot who_k \cdot ho_k(1 - ho_k) \cdot p_{ik}\end{aligned} \tag{10.32}$$

wih_{ik} 是第 k 个输入层一隐层神经元的第 i 个输入的权重，p_{ik} 是第 k 个输入层一隐层神经元的第 i 个输入。由于输入层一隐层神经元中的转换函数为Sigmoid函数，所以

$$F'(sk_k)=\frac{\partial F(sk_k)}{\partial sk_k}=F(sh_k)(1-F(sh_k))=ho_k(1-ho_k)。$$

根据梯度下降法，输入层—隐层权重的更新为

$$wih_{k(new)}=wih_{k(old)}-\eta_{ih}\cdot who_k\cdot 2e\cdot ho_k(1-ho_k)p_{ik} \tag{10.33}$$

η_{ih}是输入层—隐层的学习率。本系统中在求解权重的过程中考虑了动量因子，动量因子是考虑上一次权重增量，使当前权重增量受到前一次权重增量的制约，从而减小噪声点带来的不利影响。所以权重增量的更新可以表示为

$$\Delta w_{t+1}=\gamma\cdot\Delta w_t-(1-\gamma)\cdot\eta\cdot g \tag{10.34}$$

Δw_{t+1}为当前权重增量 $w_{t+1}-w_t$，Δw_t 为上一次权重增量 w_t-w_{t-1}，γ 为动量因子，η 为学习率，g 为误差对权重的梯度，即$\frac{\partial e^2}{\partial who_k}$或$\frac{\partial e^2}{\partial wih_{ik}}$。

所以输入层—隐层权重的更新可以表示为

$$w_{t+1}=(\gamma+1)\cdot w_t-\gamma\cdot w_{t-1}-(1-\gamma)\cdot\eta\cdot g \tag{10.35}$$

该回归神经网络系统使用单隐层结构，如图 10.5 所示，在求解过程中使用双学习率以及动量因子，这样能更快地找到解目标。

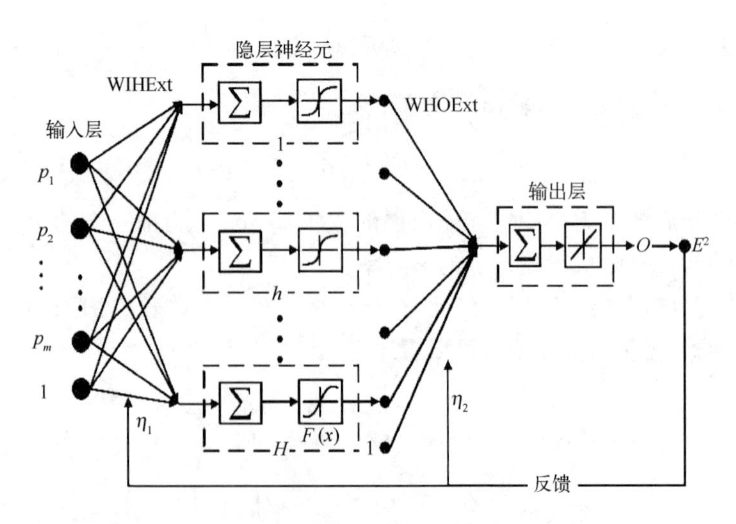

图 10.5　求解连续要素的单隐层神经网络结构示意图

林健玲等(2006)利用 T213、日本细网格降水预报等数值预报产品，采用人工神经网络方法进行预报释用。通过聚类分析方法对广西壮族自治区测站进行分类，

简化预报对象，对数量众多的T213数值预报产品采用自然正交分解(EOF)方法，浓缩大量因子的有效信息，并结合日本降水预报因子建立广西5—6月区域降水量级的逐日人工神经网络预报模型。运用与实际业务预报相同的方法进行逐日预报试验。

首先，根据1951—2000年50年间的5、6月广西89个测站逐日降水资料，经过聚类分析，把广西分成3个区(如图10.6所示)。分别计算3个区域内所有站的平均降水量，并进行分级，1级为无雨，2级为小雨(0.1～9.9 mm)，3级为中雨(10.0～24.9 mm)，4级为大雨(25.049.9 mm)，5级为暴雨以上降水(≥50.0 mm)。经过聚类分析和分级处理后，预报对象转化为3个分区的降水量级(1～5)的预报。神经网络输出的是各分区的降水分级预报。

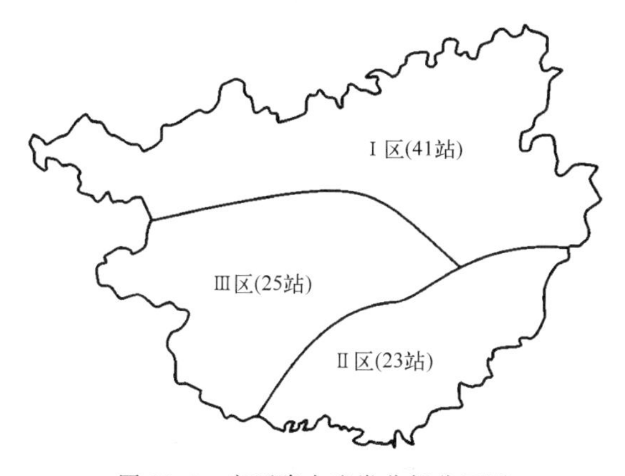

图10.6 广西降水聚类分析分区图

接着对预报因子进行普查，选用数值预报产品的48h预报场，包括：①T213各标准层17个常规气象要素及物理量要素场(100°～120°E，15°～30°N，1°×1°，共336个格点)；②日本细网格降水预报场(100°～120°E，15°～30°N，2.5°×2.5°，共221个格点)。

对2002年、2003年5—6月数值预报产品场与预报对象进行场相关普查，以成片的高于0.05显著性水平的格点区为基础，在高相关区内选2个相邻格点的平均值作为该相关区的代表值并成为待选因子。另外，在选因子时，对其中部分因子还进行了组合，即对相关而符号相反的两个相邻或相近区域，将这两个区域的代表格点值相减，获得组合预报因子。预选因子时，以达到或超过0.01置信度水平为入选标准，最终得到I区的预报因子46个，II区的预报因子42个，III的预报因子42个。其中，数量最多的T213因子包括海平面气压和各标准层物理量，如散度、涡度、比湿、相对湿度、水汽通量散度、水汽通量、假相当位温、涡度平流、垂直速度等。各预报区最终入选的因子，既含有与降水有关的大尺度形势场及能反应降水特征的物理量，也包含有实践中预报结果较好的模式对降水的预报。

理论上，取较多的预报因子及较长的训练数据序列，对模型预报效果会有所提高。但网络结构增大，容易产生过拟合现象，同时也影响网络模型的泛化性能和模型的误差函数收敛速度，导致模型的预报能力下降。因此对预报因子采用 EOF 方法进行降维去噪处理，减少预报因子的数量并尽可能保留其所带的有用信息，以建立网络结构较小的预报模型。

经过 EOF 处理，I 区的神经网络模型的输入节点只有 4 个，比原来的 46 个因子少了一个数量级，但仍包含了原有 T213 的 45 个因子和日本格点降水预报因子共 46 个因子的主要信息，既兼顾了神经网络结构不能过大的要求，也考虑了输入信息全面性的需要。与 I 区相似，II、III 区进行了同样的 EOF 降维处理。

根据上述计算分析确定的 3 个预报区的神经网络预报模型输入，以 2002 年、2003 年 5—6 月的资料作为神经网络模型的训练样本，3 个预报区的训练样本长度分别为 104、106 和 104 天，对 2004 年 5—6 月进行逐日的预报试验，预报天数分别为 55、55 和 56 天。同时，为了便于比较，神经网络模型在作每天的预报时，模型参数——学习因子和动量因子统一取 0.9 和 0.7 不变，训练次数也均为 3000 次。在剔除数值预报产品资料不全的日期后，作了 2004 年 5—6 月逐日中雨以上降水预报试验。表 10.2 为工区神经网络模型 2004 年 5 月、6 月逐日中雨以上降水预报及其与 T213、日本预报的比较。

表 10.2　2004 年 5—6 月 3 种方法的中雨以上降水预报统计结果和 TS 评分

	神经网络方法				T213 预报				日本降水模式预报			
	对	空	漏	TS	对	空	漏	TS	对	空	漏	TS
I 区	11	5	4	0.55	11	11	3	0.44	9	5	6	0.45
II 区	9	7	2	0.50	8	8	3	0.42	7	5	4	0.43
III 区	7	18	2	0.26	5	11	6	0.23	4	8	6	0.22

复习题

1. 与逐步回归相比、卡尔曼滤波的方法有什么优点？
2. 神经网络的基本原理是什么？

参考文献

藏传花,李君,夏福华. 1999. 试用卡尔曼滤波方法作冬季平均气温的短期气候预测. 山东气象,**19**(1):18-21.

陈德花,刘铭,苏卫东. 2010. BP 人工神经网络在 MM5 预报福建沿海大风中的释用. 暴雨灾害,**29**(3):263-267.

方建刚,王玉玺,秦惠丽,等. 1999. 卡尔曼滤波方法在温度预报中的应用. 陕西气象,**1**:17-18.

胡春梅,陈道劲,于润玲. 2010. BP 神经网络和支持向量机在紫外线预报中的应用. 高原气象,**29**(2):539- 544.

金龙,罗莹,工业宏,等. 2003. 月降水量的神经网络混合预报模型研究. 高原气象,**22**(6):618-623.

金龙. 2005. 神经网络气象预报建模理论方法与应用. 北京:气象出版社,39-47.

孔玉寿,章东华. 2005. 现代天气预报技术. 北京:气象出版社,l50-156.

李维京. 陈丽娟. 1999. 动力延伸预报产品释用方法的研究. 气象学报,**57**(3):338-345.

梁枉,布亚林,贺哲,等. 2006. 用卡尔曼滤波制作河南省冬春季沙尘天气短期预报. 气象,**32**(1):62-67.

林健玲,金龙,彭海燕. 2006. 区域降水数值预报产品人工神经网络释用预报研究. 气象科技,**34**(1):12-17.

林健玲,金龙,彭海燕. 2006. 区域降水数值预报产品人工神经网络释用预报研究. 气象科技,**34**(1):12-17.

陆如华. 徐传玉. 张玲等. 1997. 卡尔曼滤波的初值计算方法及其应用. 应用气象学报,**8**(1):34-40.

马学款,普布次仁,唐叔乙,等. 2007. 人工神经网络在西藏中短期温度预报中的应用. 高原气象,**26**(3):491- 495.

穆海振,徐家良. 2000. 卡尔曼滤波方法在动力延伸预报产品释用中的应用. 气象,**26**(7):20-23.

邵月红,张万昌,刘永和,等. 2009. BP 神经网络在多普勒雷达降水量的估测中的应用. 高原气象,**28**(4):846- 853.

王繁强,徐文金,陈杰伦. 等. 1997. BP 算法在青海省降雨分区分级预报中的应用. 高原气象,**16**(1):105-112.

曾晓青. 2010. 模式输出统计技术在局地中短期天气预报中的研究与应用. 兰州大学博士论文.

周慧, 朱彬, 陈万隆,等. 2005. 动态学习率神经网络预测气温的尝试. 大气科学学报, **28**(3):398-403.

朱智慧. 2011. BP 神经网络方法在海浪数值预报中的释用研究. 大气科学应用研究,**20**(2):12-17.

第 11 章　相似预报方法

尽管数值预报模式日趋完善，计算精度不断提高，但是预报值与实际值之间始终存在误差，且随着预报时效的延长，误差逐渐增大、预报准确率逐渐下降。在平稳天气形势下，即不发生极端天气时，数值模式预报结果往往是准确的；当遇重大转折天气过程，发生极端天气时，数值模式预报结果经常出现重大偏差。

事实上，历史资料中蕴含着大量对预报有用的信息，这些资料在作为初值问题而提出的数值预报中未能利用。我国著名气象学家顾震潮先生、丑纪范院士先后论述了在数值预报中引入历史资料的重要性和可能性。此后，一系列卓有成效的理论和方法被先后提出，目的是将两种方法有机地结合，充分利用历史资料信息来提高动力预报水平。

11.1　相似预报概况

相似预报方法作为一种重要的释用方法，由于其自身独有的优点，近年来得到了广泛的应用。相似预报方法主要原理是依据前期天气过程的主要特征，按照一定的相似准则，从历史资料中找出与之相似的个例，并把相似个例天气形势下出现的天气作为预报依据。作为一种经典实用的预报方法，相似预报方法在当前天气预报和短期气候预测中仍被广泛采用。

早期的相似预报是一个经典的天气学方法，严重依赖于预报员的经验积累。随后，相似性与统计学相结合的方法被引入相似预报中，利用描述相似的若干数学统计量，定量表达两个天气形势之间的相似程度，使得相似预报更为客观、具体。Barnett、Toth 等的工作表明：相似预报方法预报效果依赖于所选取的相似个例，而相似个例的选取又严重依赖于历史资料的数量和质量。随着历史资料的不断积累丰富以及计算机计算能力的飞速提高，借助于计算机从浩如烟海的历史资料中方便快捷地检索出与当前天气过程相近的若干个“最优”相似个例，为当前预报提供参考或用于制作业务预报成为相似预报发展的一个新方向。

在对数值预报产品进行释用的过程中，可以对传统的相似预报法加以改造和利用。基本思路是利用数值预报提供的未来形势场到历史资料中找出相似个例或相似模型，则该相似个例或相似模型对应出现的天气，就可作为当前预报结论。应用数值预报产品，使得衡量天气形势和过程相似的标准，从前期和当前推进到了未来，有效地延伸了预报时效，对提高预报准确率也是有利的。

李开乐在 1986 年提出了相似离度的概念，并应用相似离度制作了广东省降水预报，效果比较理想，同时认为相似离度较其他计算相似标准方法更加全面准确：按照形势变化特征对 500 和 100 hPa 高度、太平洋海面温度等多层次月平均格点资料进行分区统计，利用多层次格点资料相似离度动态综合法对广东降水和气温的长期趋势做预报试验，效果良好。陈录元等(2010)利用逐步过滤相似方法分别制作 24～72 小时暴雨预报、青海 4～10 天的降水预报，经检验具有较高的可信度。

国外对相似预报在天气预报的应用也很广泛，Dan Singh 等利用相似预报法制作印度、喜马拉雅山西北部 1～3 天降雪预报系统。结果表明，建立的相似预报系统有相当可靠的天气预报效果，通过观察得到的天气事件的相对频率发现预报准确率非常接近。第一天的有无降雪日和降雪量大小的预报都要好于基于长期气候预测的结果。Van den Dool(1989)利用有限区域 500 hPa 高度场相似分析制作了短期天气预报，认为相似预报技术是天气预报技术中非常有效的方法之一；Barnett 等(1978)利用综合场相似方法制作短期气候波动，Toth(1989)利用相似法制作长期天气预报，Kruizinga 等(1983)利用过程相似法制作荷兰客观温度预报，这些结果表明相似预报对于长期天气过程及要素预报方面有相当的可信度。

11.2　动态相似统计方法

动态相似统计方法作为一种提出较早的相似预报方法，其借鉴了目前应用得最多、效果最好的模式输出统计(Model Output Statistics，MOS)预报法和完全预报(Perfect Prediction，PP)法，又考虑了历史相似个例，具有其独特的优势，但由于计算量大，使其推广应用遇到一定困难，但其仍在气象要素预报、资料插补等方面得到了一定的应用。随着计算机运算能力的提升、历史资料的积累，制约动态相似统计方法应用推广的困难一定程度上得以缓解。

11.2.1　动态相似统计方法的基本思路

利用数值预报产品作动态相似统计预报的基本思路是：根据获得的数值预报产品，用形势预报格点值(通常用 500 hPa 高度场，或同时用地面气压场来反映大尺度形势背景)，到数值预报产品历史资料库中找相似个例(用相似离度 C 等相似准则来衡量两样本间的相似程度)，并根据历史样本数的多少，按一定比例选出 N 个相对“最”相似的个例。对于离散型(如 0，1 化的)预报对象：若该 N 个历史个例对应的预报对象均一致，或一致率大于给定值（如 90%），则直接作出与相似历史样本一致的预报；否则，用这 N 个历史样本建立回归方程（候选因子从有关数值预报产品中产生），最后代入实时获得的数值产品预报值，就得到了预报结果。对于连续型预报对象（如最高和最低气温、降水量等），当这 N 个个例的 C 值相差不大（说明相似程度相当），则把这 N 个相似样本对应的预报量实测值的平均值作为预报对象的初估值；否则，当这些个例的 C 值差别明显时，则取最相似（C 值最小）个例对应的预报量实测值作为预报对象的初估值。最后，用这 N 个相似个例和有了预报对象初估值的当前样本一起构成回归统计样本，取有关数值产品为候选因子，用逐步回归方法建立动态的回归方程，代入当前获得的数值产品预报值，得出预报结论。

这里所说的动态有三个含义：一是相似个例的选取是动态的，它们是根据当前资料而定的，一般是逐日而异的；二是用于挑选相似个例和组建预报方程的历史样本资料是动态的，如可取预报起始日对应的前后各 30 天同期若干年的资料作为历史样本资料；三是建立回归方程所用的因子及建成的方程是动态的，用于预报的方程是随用随建的。

11.2.2 相似准则

李开乐首先提出了相似离度判据，并将其用于广东降水和气温的长期趋势预报中，效果良好。其定义为

$$C_{ij} = \frac{\alpha R_{ij} + \beta D_{ij}}{\alpha + \beta} \tag{11.1}$$

其中 $R_{ij} = \frac{1}{m}\sum_{k=1}^{m} | H_{ij}(k) - E_{ij} |$，描述的是形相似；$D_{ij} = \frac{1}{m}\sum_{k=1}^{m} | H_{ij}(k) |$，则主要反映值相似。$H_{ij}(k) = H_i(k) - H_j(k)$，$E_{ij} = \frac{1}{m}\sum_{k=1}^{m} H_{ij}(k)$，$\alpha$、$\beta$ 分别为它们对总相似程度的贡献系数，m 为所计算的相似场的格点数（或测站数）。

一般来说，不同的气象要素（物理量）场，其分布形态和数值大小对产生的天气有不同的影响。如对高度场，槽脊的地理位置（形态）一般比其强度（数值）有更明显的影响，前者常决定某天气能否出现，后者则主要影响天气的强度；而对湿度场来说，干湿的分布形态固然重要，湿度大小具体数值的作用显然不次于前者。因此，对不同的要素（物理量）场应取不同的 α、β 值。如对高度场可取 $\alpha=2$，$\beta=1$，对湿度场则可取 $\alpha=\beta$ 等。

如果上述历史资料库不是由数值预报产品构成，而是客观分析资料（NCEP/NCAR 资料），那么，动态相似统计方法仍然适用。只不过它找到的相似个例是实况

而不是预报的，它用于建立回归方程的因子也是实测值而非预报值。所以，在此情况下，实际上是引用了 PP 法的思想，因而其优缺点也部分地与 PP 法类同。

11.2.3 动态相似统计方法应用实例

这里以周海(2011)对环渤海地区 58 站 2003—2006 年 96～240 h 温度变化预报试验为例对动态相似统计方法进行说明。以 2003 年某预报日为例，选用 1959—2002 年的 NCEP 再分析资料作为历史资料库，预报日的数值预报产品作为实时资料，动态相似统计方法步骤如下：

(1)确定资料的使用范围：根据 58 个测站的地理分布情况和模式输出产品时次，使用预报因子场选取技术，确定每个站所用模式输出产品的大小区域和每个预报时效所需模式输出产品的时次。

(2)动态选取气候背景相似的样本：以预报日为基准，在 44 年基本历史资料中每年选取同一天及前后各 15 天的样本作为气候背景相似的样本，计算气候背景相似样本与数值预报产品的相似离度，找到“最”相似的样本。

(3)因子提取及物理量场计算：找到相似样本对应预报对象实况资料，获取对应的 60 个因子场的历史实况资料，并计算预报站点实况与各因子场中距其最近的 9 个格点因子的相关系数；在获取数值预报产品后，针对不同测站不同预报时效的预报需求，组合变换物理量场，如对前后两个时次的物理量场相减，可计算出相应变量场。得到所需的所有 60 个物理量因子场。

(4)建立预报方程：将预报站点实况与各因子场中距其最近的 9 个格点因子的相关系数可通过 $\alpha=0.05$ 的显著性水平检验的因子作为构建方程的备选因子。利用双重检验的逐步回归方案判别计算，方程中因子一个个引入，引入因子的条件是该因子的方差贡献是显著的；同时，每引入一个新因子后，要对老因子逐个检验，将方差贡献变为不显著的因子剔除。

(5)计算预报结果：将预报日数值预报产品代入对应时效的预报方程中，即可得到选定的时次的预报结果，当方程预报结果高于(低于)历史极大(极小)值 3℃ 时认为预报结果不可信，并用相似样本均值作为该预报日的预报结果；同时判断不能构建出方程的预报日，将这些预报日对应相似个例的历史实况平均结果作为预报结论。由表 11.1 可以看出，所建立的动态相似预报模型对环渤海地区平均温度变化的预报在 96～240 h 预报时效内的绝对误差基本在 2℃ 以内，准确率高达 70%～74%，系统误差控制在 0.2℃ 以内，对环渤海地区平均温度变化具有较好的预报能力。

表 11.1 平均温度变化预报检验结果

		96 h	120 h	144 h	168 h	192 h	216 h	240 h
平均温度绝对误差 单位：℃	2003	2.01	2.04	2.06	2.11	2.15	2.15	2.16
	2004	1.90	1.90	1.90	1.99	2.01	2.05	2.05
	2005	1.74	1.76	1.80	1.81	1.85	1.89	1.91
	2006	1.72	1.75	1.78	1.83	1.85	1.89	1.90
	平均	1.84	1.86	1.89	1.94	1.97	2.00	2.01
平均温度系统误差 单位：℃	2003	0.05	0.05	0.04	0.09	0.08	0.06	0.07
	2004	0.19	0.19	0.13	0.11	0.14	0.17	0.18
	2005	0.03	−0.03	−0.01	−0.02	0.02	0.05	0.06
	2006	0.11	0.08	0.11	0.06	0.07	0.09	0.15
	平均	0.10	0.07	0.07	0.06	0.08	0.09	0.12
平均温度准确率 单位：%	2003	70	70	69	68	68	67	67
	2004	73	72	72	70	70	70	69
	2005	76	75	75	75	74	73	72
	2006	77	76	75	74	74	73	73
	平均	74	73.3	73.3	71.8	71.5	70.8	70.3

11.3 逐步过滤相似方法

这里以陈录元等(2010)研制的“基于逐步过滤方法的环渤海中期相似预报系统研究”为例，介绍逐步过滤相似方法的一种应用。

11.3.1 预报资料处理

首先，为了与 NCEP 资料网格距相匹配，将 T213 预报产品应用双线性插值法处理为 2.5°×2.5°网格距资料。同时利用 NCEP、T213 各层资料计算了对应层次涡度、散度、风切变等物理量，并将 NCEP 再分析资料及得到的物理量场资料长度均处理为 1958—2002 年，作为历史场资料库。2003—2006 年 T213 资料作为建立最佳逐步过滤相似方案的回报检验资料，2007—2008 年 T213 资料作为预报检验资料。

其次，对各个气象要素进行量级的划分(表 11.2～表 11.4)，以便制作预报时进行相似个例中各个要素量级频数的统计。

(1)降水等级划分

表 11.2　降水等级划分

等级	暴雨	大雨	中雨	小雨
降水强度/mm/24h	≥50	25≤RR<50	10≤RR<25	0<RR<10

(2)24 h 变温等级划分

表 11.3　24 h 变温等级划分标准

等级	−5 级	−4 级	−3 级	−2 级	−1 级	0 级
范围/℃	$\Delta T_{24}<-9$	$-9\leq\Delta T_{24}<-7$	$-7\leq\Delta T_{24}<-5$	$-5\leq\Delta T_{24}<-3$	$-3\leq\Delta T_{24}<-1$	$-1\leq\Delta T_{24}\leq1$
等级	1 级	2 级	3 级	4 级	5 级	
范围/℃	$1<\Delta T_{24}\leq3$	$3<\Delta T_{24}\leq5$	$5<\Delta T_{24}\leq7$	$7<\Delta T_{24}\leq9$	$\Delta T_{24}>9$	

(3)风速等级划分

表 11.4　风速等级划分

等级	0 级	1 级	2 级	3 级	4 级	5 级	6 级	7 级	8 级
风速/m/s	0～0.2	0.3～1.5	1.6～3.3	3.4～5.4	5.5～7.9	8.0～10.7	10.8～13.8	13.9～17.1	>17.1

最后,对于 4～10 天的中期预报而言,主要抓大尺度天气系统的维持和调整及天气过程的持续和更迭,降水范围一般包括几个或者十几个站,因此根据环渤海 1958—2008 年 72 站年平均降水量分布,将 72 站划分成 9 个区域,如图 11.1 和图 11.2 所示,同时将各站温度资料处理成 24 h 变温资料。降水为区域预报,其他气象要素进行站点预报。

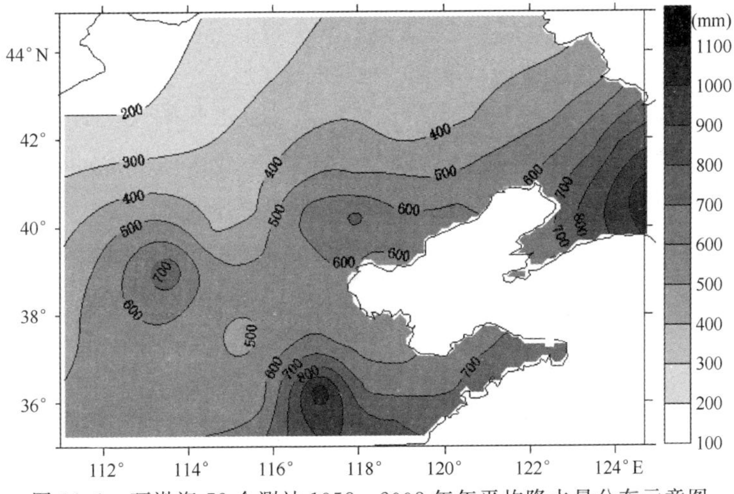

图 11.1　环渤海 72 个测站 1958—2008 年年平均降水量分布示意图

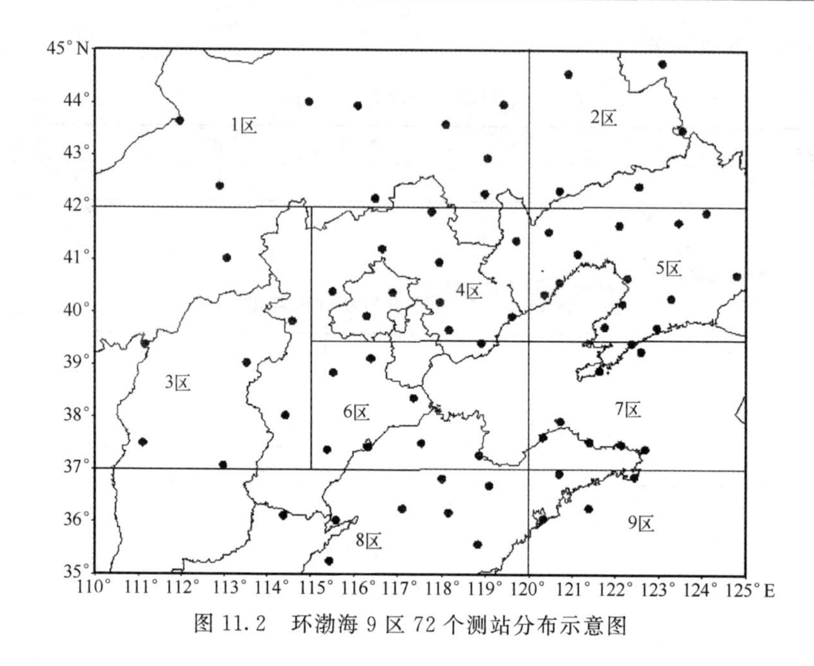

图 11.2 环渤海 9 区 72 个测站分布示意图

11.3.2 逐步过滤相似方案设计

本章主要介绍逐步过滤相似方案设计中选用的相似准则、相似区域和过滤因子，针对不同的气象预报要素设计不同的过滤相似流程方案。

(1)相似准则的选取

相似预报方法中相似性准则对相似程度的衡量，乃至相似预报的质量，都起着至关重要的作用，因此寻找合适的相似准则对提高相似预报质量有着重要意义。

一般来说，不同的气象要素(物理量)场，其分布形态和数值大小对产生的天气有不同的影响。如高度场(温度场)，槽脊的地理位置(形态)一般比其强度(数值)有更明显的影响，前者常决定某种天气能否出现，后者则主要影响天气的强度。而对湿度场来说，干湿的分布与具体数值作用同样重要，因此，在高度场中，取 $\alpha=1$、$\beta=2$，而在湿度场中，$\alpha=\beta=1$ 等。这里采用的 α、β 取值如下表 11.5。

表 11.5 各气象要素 α、β 取值

要素场	α	β	要素场	α	β
高度场	2.0	1.0	散度场	1.0	1.0
温度场	2.0	1.0	U 风场	2.0	1.0
湿度场	1.0	1.0	V 风场	2.0	1.0
涡度场	1.0	1.0	ω 场	1.0	2.0
$\frac{\partial U}{\partial y}$	1.0	1.0	$\frac{\partial V}{\partial y}$	1.0	1.0

(2)相似区域的选取

中期天气过程是大尺度行星系统或一群天气尺度系统演变的背景下产生的。行星尺度系统沿纬圈波数为 1～3 的超长波,水平尺度在 6000 km 以上,生命史 5～10 天;天气尺度系统沿纬圈波数为 4～10 的长波和短波,水平尺度在 3000～6000 km,生命史约 3～5 天。当大气环流背景确定了后,对应的中期天气过程也就随之确定。因此选择适当的相似区是做好相似预报的前提和基础,为消除相似区选取中因天气关键区单一,网格距受限带来的不利影响。对于环渤海区域,本文选取相似区时分三个经纬度范围:

①相似区范围取为:65°～150°E,20°～60°N,网格距取为 5°×5°,进行高度场过滤相似,主要反映大尺度环流形势的相似程度。

②相似区范围取为:100°～130°E,30°～50°N,网格距取为 2.5°×2.5°,进行高度场过滤相似,主要反映槽脊等天气系统的相似程度。

③相似区范围取为:110°～125°E,35°～45°N,网格距取为 2.5°×2.5°,进行温度场、湿度场、涡度场等物理量场过滤相似,主要反映关键区(环渤海区域)内天气系统、主要要素(物理量)场的相似程度。

(3)相似因子场的选取

针对环渤海地区,主要选取 200 hPa、500 hPa、700 hPa、850 hPa、1000 hPa 各层次的形势、要素(物理量)场如表 11.6 所示。

表 11.6　主要要素(物理量)场

层　次	物理量
500 hPa	温度场、湿度场、涡度、散度场、U、V 风切变(反应锋区)及各要素 24 h 变化值
700 hPa	高度场、温度场、湿度场、涡度、散度场、U、V 风切变场及各要素 24 h 变化值
850 hPa	高度场、温度场、湿度场、涡度、散度场、U、V 风切变场及各要素 24 h 变化值
1000 hPa	高度场、温度场、湿度场、涡度、散度场、U、V 风切变场及各要素 24 h 变化值
海平面	气压及其 24 h 变压场
200～850 hPa	散度差场及 24 h 变化值(反应上升运动)
500～850 hPa	温度差场及 24 h 变化值(反应层结稳定)
500～700 hPa	温度差场及 24 h 变化值

(4)逐步过滤相似方案流程设计

①逐步过滤相似流程分为两级进行过滤相似,即形势场相似和要素(物理量)相似。对于降水、云和风速预报,首先进行传统的单时刻方案过滤相似和改进的双时刻方案过滤。形势场第二步是针对天气系统过滤相似,因此从形势场过滤的第二步开

始计算双时刻相似。在形势场过滤中采用大小相似区域范围进行多重过滤相似，确保所选取相似个例的准确性；第二级过滤中组合对各个气象要素有指示意义的不同要素（物理量）场进行过滤相似。由于不同的要素（物理量）场组合可以建立多个逐步过滤相似方案，以预报准确率最高的方案为该要素“最佳逐步过滤相似方案”。

变温主要是气象要素变化量的函数，因此对于变温预报，这里设计过滤方案有两种：第一种是传统的双时刻相似，第二种是进行改进双时刻过滤相似预报方法，这两种方案都注重变化量的相似程度。

②500 hPa 高度场是中层大气环流的表征，对大气行星尺度系统及天气尺度系统的维持和调整均有较好的反映，所以它是中期天气相似预测的主要判据之一。因此形势场过滤全部选用 500 hPa 进行形势场过滤相似。

③以降水和云的预报方案为例，设计具体的过滤流程。24 h 变温和风速预报方案设计类似。

由于我国大部分区域云量变化规律与我国水汽条件和影响我国的气团和大气环流有关，因此研究中只设计一套逐步过滤相似方案同时对降水和云量进行中期预报。

建立过滤方案过程中，以 2003—2006 年 20 时（北京时）4～10 天（96～240 h）的 T213 数值预报产品日期为基准日期，按照确定的三个经纬度范围进行 3 次过滤；首先进行形势场过滤相似，在第一级过滤的第一步计算其与前后相差 15 天以内 1958—2002 年历史同期 20 时（北京时）NCEP 资料场的相似离度，然后再进行两步过滤。每次过滤按相似离度从小到大顺序排序并选最小的若干个例，每次过滤都必须递减保留。经过三步形势场过滤相似后，最终保留 50 个相似个例。

在得到的 50 个个例中进行关键区内要素（物理量）场过滤相似，分为 3 组 2 步进行，每一组最终剩 5 个相似个例，具体流程如图 11.3 所示。同时考虑高低不同要素（物理量）场搭配，每一步选择的层次都不一样，第二步要选择较第一步层次低的 3 个要素（物理量）进行过滤相似。如第一步选择 700 hPa 的三个要素（物理量）场，第二步就只能选择 850 hPa、1000 hPa 等较低层次的三个要素（物理量）进行过滤（如先进行 700 hPa 相关要素（物理量场）过滤，再进行 850 hPa 相关要素（物理量场）过滤）；第二步不能选取和第一步选择的相同要素（物理量）场，如第一步选取 700 hPa 温度场过滤，第二步过滤时只能选择较低层如850 hPa 温度场以外的要素（物理量）场进行过滤。这样 3 组最终得到的 15 个相似个例，以这些个例对应历史降水资料制作预报。在选择要素（物理量）场时，要根据预报 TS 评分高低经过多次试验而定。

得到 15 个相似个例后，根据 15 个相似个例中各级降水出现的频率来预报降水等级。先初步给定不同要素（物理量）组合的每套过滤方案的相似判据，初步规定在 15 个例中：5/15 出现暴雨，即可预报暴雨；7/15 出现大雨，即可预报大雨；8/15 出现中雨，即可预报中雨；10/15 出现小雨，即可预报小雨；不满足以上条件，但如果有

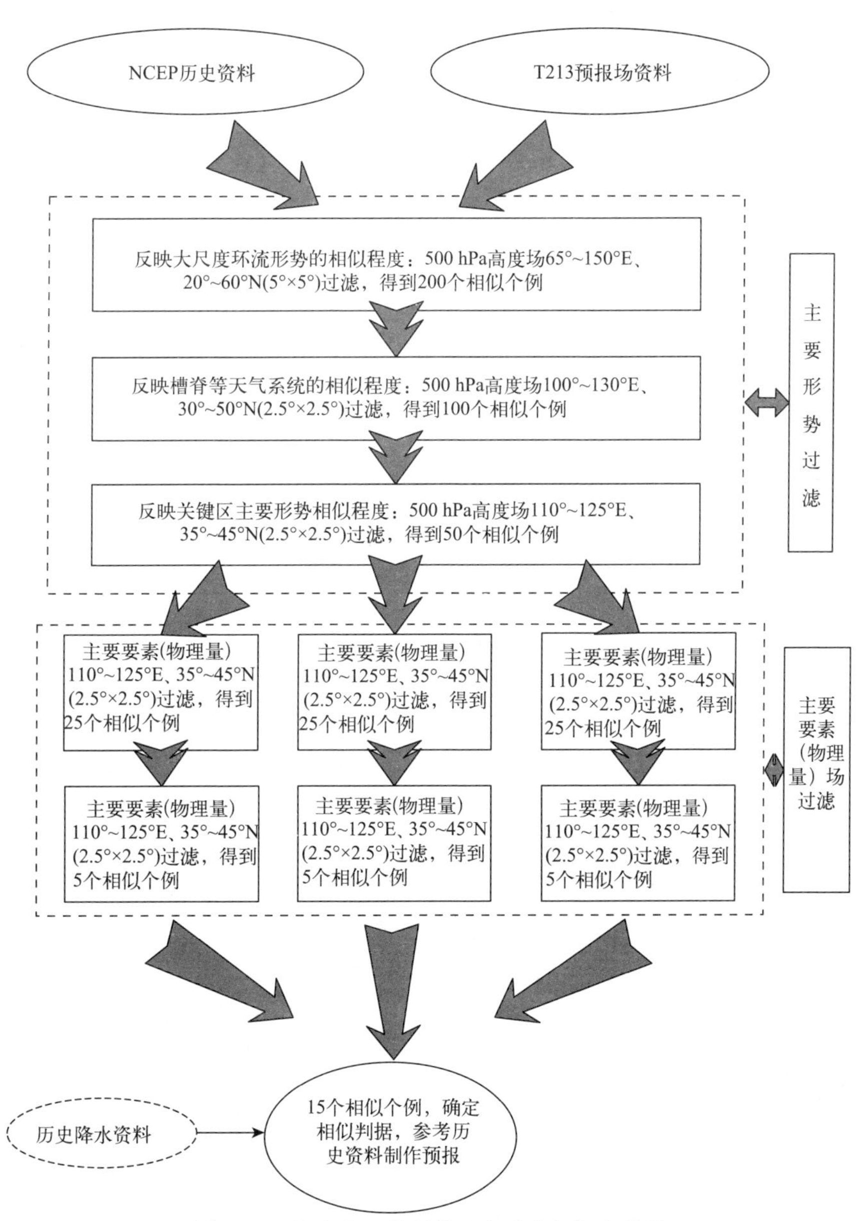

图 11.3　降水和云量预报逐步过滤相似流程图

10/15 出现降水，即可预报小雨；以上条件都不满足，预报无降水。进行过滤后，不断调整以上参数，使降水预报 TS 评分达到最高为止，确定最终的相似判据。通过历史回报检验，最终确定一套单时刻最佳过滤相似方案。然后根据最佳单时刻方案进行改进的双时刻逐步过滤相似，通过预报效果检验，确定最终的最佳预报方案。

11.4　动力过程相似方法

以武汉暴雨研究所谢齐强(1996)的方法为例，说明其主要思路和做法。

武汉暴雨研究所业务运行的模式是中国科学院大气物理研究所研制的有限区域细网格数值模式，其格距为 100 km，用 08 时 115 个探空站的资料作初始场。模式输出的产品有初始场、12 小时和 24 小时预报 3 个时次 5 个层次的位势高度、温度、湿度、风、散度、涡度、垂直速度、温度平流、涡度平流、假相当位温及水汽通量散度等 144 个物理量。

输出产品作长江三峡、荆江流域 12～36 小时的暴雨落区预报，采用了逐步判别方程、逐步回归方程作动力统计预报，并用动力过程相似方法做试验。

(1)基本思路

由于暴雨预报问题的复杂性，在考虑有无暴雨过程的区别时，不应只分析一两个剖面、一两个要素，而应考虑一定范围内的整个空间，尽可能全面地分析与暴雨关系密切且能反映大气动力过程的众多物理量，如散度、涡度、垂直速度和水汽通量散度等。此外，也不能只局限于看初始场的大气物理状态特征，还要查验未来的动力过程演变特征是否符合暴雨过程的特点，即是否相似于暴雨的动力过程。如果相似，则认为相应区域内将有暴雨发生。这种着眼于动力过程相似性的预报方法，就称为动力过程相似法。

每个暴雨过程的具体细节是各不相同的。那么，在一定空间范围内，它们是否有共同点呢？它们与无暴雨的过程是否有明显的区别呢？如果有暴雨的天气过程变化有共同点，而且与无暴雨的过程有明显差别，那么这个共同的特征就可以在多次暴雨过程的平均状况下体现出来，而个别过程的特殊性则被平滑掉。因此，用多次暴雨过程的平均状况与多次无暴雨过程的平均状况作比较，就可以发现两者的总体差异了。

用上述数值模式输出的数值产品做有无暴雨过程的平均状况对比，发现两者的差异是明显的。

初始时刻，在风场上有无暴雨过程的差异最明显，有暴雨过程 850～500 hPa 位势高度总的特征是东高西低。

12 小时以后，预报区已变为上升运动和水汽通量辐合区，假相当位温高值中心也进入试验区内。无暴雨的过程则没有这些特征。

24 小时后，气旋中各层的假相当位温比四周高，比无暴雨时高 2～3℃，暖湿特性很明显。散度场上 500 hPa 为弱的辐散，以下各层为辐合。900～500 hPa 各层均为正涡度，上升运动中心正好在预报区内，整层水汽通量辐合中心也进入了预报区。无暴雨时与上述现象明显不同。

综上所述，利用数值预报产品来分析有无暴雨两类过程的特征，表明两者有显著的差异，说明两者的动力过程是不同的。两者的这些物理量的差异在初始时刻不一定大，而在预报时段内差异明显增大，因而选用过程相似比只选用初始场相似要合理些。

(2)具体做法

①计算相似的区域。以长江三峡、荆江河段为中心，包括整个湖北省。东西方向 9 个格点，南北方向 7 个格点，共计 63 个格点。

②相似因子场的选取。垂直方向选了 850 hPa、700 hPa、500 hPa 三层；对过程的描写挑选了初始时刻(0 小时)和 12、24 小时预报产品，共 3 个时次；描写动力过程变化的物理量是散度、涡度、垂直速度和整层(包括 850 hPa、700 hPa、500 hPa)水汽通量散度，考虑到整层水汽通量散度与暴雨的关系更密切，故对其乘以权重系数 3。此外，由于模式对雨带的预报效果较好，故将其 0～12 和 12～36 小时两段降水预报也作为选相似的要素。这样，就一共有 38 个场作为动力过程的相似因子场。

③相似的量度。对于一个因子场，它究竟相似于有暴雨还是相似于无暴雨的相应特征场，这里采用“域块距离”来量度

$$d_{ij} = \sum_{k=1}^{63} |x_{ik} - x_{jk}| \tag{11.2}$$

式中 k 为格点序号，x_i 为当天的因子值，x_j 为表示有、无暴雨两类过程对应时刻的平均因子值。当 $j=1$ 时，x_j 表示有暴雨过程的对应时刻因子值；当 $j=2$ 时，x_j 表示无暴雨过程的对应时刻因子值。而域块距离 d_{ij} 表示当前该因子场与有暴雨过程对应场的距离，其值越小越相似于有暴雨的过程；d_{ij} 的大小则反映了与无暴雨过程的相似程度。

④相似过程的确定。用一个因子场分别计算出 d_{i1} 和 d_{i2}，并进行比较，如果 $d_{i1} \leqslant d_{i2}$，则认为当天这个因子场相似于有暴雨过程；反之，如果 $d_{il} > d_{i2}$，则判定该场相似于无暴雨过程。

对每一个因子场逐个计算域块距离并作出是否相似于有暴雨过程的判断，然后就可对这 38 个因子场反映的相似情况进行综合。如果相似于有暴雨过程的场超过 20 个，就认为当天的过程相似于有暴雨的过程，未来将有暴雨发生。

复习题

1. 如何计算相似离度？

2. 什么叫动态相似统计方法?

3. 逐步相似过滤的主要步骤是什么?

4. 动力过程相似的基本思路是什么?

参考文献

陈静. 2000. 动态相似方法在长江上游逐日降水预报中的应用. 气象,**26**(6):40-47.

陈录元,周海,王式功,等. 2010. 逐步过滤相似法在青海 4~10 天降水预报中的应用. 兰州大学学报(自然科学版),**44**(2):34-38.

陈炎等. 1996. 暴雨业务预报方法和技术研究——利用 ECMWF 数值预报产品做 24~72 小时暴雨预报的动力相似方法. 北京:气象出版社.

冯新建. 2001. 暴雨的分型相似预报方法. 贵州气象,**25**(2):15-17.

孔玉寿,章东华. 2005. 现代天气学预报技术(第二版). 北京:气象出版社,41-74.

李开乐,1997. 多层次格点资料相似离度动态综合做广东多站点长期趋势预报. 热带气象学报,**13**(2):180-185.

李开乐. 1986. 相似离度及其技术. 气象学报,**44**(2):176-183.

李一平,康玲,宋丽英. 2004. 相似离度方法在沙尘暴预报中的应用. 内蒙古气象,**2**:5-7.

刘爱梅,王金霞,卓鸿. 2002. 相似离度法在逐日降水概率预报中的应用. 湖北气象,**3**:31-32.

罗阳,聂新旺,王广山. 2011. 几种统计相似方法的适用性比较. Meteorological Monthly, **11**:1443-1447.

明洁,张志秀,白人海. 2000. 相似方法在夏季降水预报中的应用. 黑龙江气象,**3**:20-21.

任宏利,封国林,张培群. 2007. 论动力相似预报的物理基础. 地球科学进展, **22**(10): 1027-1035.

王昌雨,纪玲玲,杨玉震,等. 2005. 基本气象要素综合预报业务系统. 解放军理工大学学报(自然科学版), **6**(2):187-192.

王遂缠,王锡稳,李栋梁,等. 2004. 相似离度在甘肃省冬春季强沙尘暴天气入型判别和预报中的应用研究. 中国沙漠,**24**(6):724-728.

谢齐强. 1996. 暴雨业务预报方法和技术研究——动力统计模型应用于三峡荆江暴雨落区的试验研究. 北京:气象出版社.

许炳南,周颖. 2003. 贵州春季冰雹短期预报的高空温压场相似法. 高原气象,**22**(4):426-430.

颜梅,范宝东,满柯等. 2004. 黄渤海大风的客观相似预报. 气象科技,**32**(6):467-470.

张丰启,张爱华,贺业坤. 2000. 相似离度在山东省冰雹预报逐级指导技术中的应用. 山东气象,**4**:11-13.

中国气象局预测减灾司. 2005. 天气预报技术文集〈2003〉. 北京:气象出版社,214-218.

钟元,余晖,滕卫平等. 2009. 热带气旋定量降水预报的动力相似方案. 应用气象学报, **20**(1):17-27.

周海. 2011. 动态相似统计方法的改进及其在温度预报中的应用. 兰州大学硕士学位论文.

周云霞,何慧. 1998. 相似离度法在低温阴雨结束期预报中的应用. 广西气象,**19**(1):13-14.

Barnett T. P. ,Preisendorfer R. W. 1978. Multifield analog prediction of short-term climate fluctuations using a climate state vector. *Journal of the Atmospheric Sciences*, **35**(10):1771-1787.

Garand L. ,Grassotti C. 1995. Toward an objective analysis of rainfall rate combining observations and short-term forecast model estimates. *J. Appl. Meteor*, **34**(9):1962-1977.

Kruizinga S. , Murphy A. H. 1983. Use of an analogue procedure to formulate objective probabilistic temperature forecasts in the Netherlands. *Monthly Weather Review*, **111** (11): 2244-2254.

Livezey R. E. , Barnston A. G. , Gruza G. V. , et al. 1994. Comparative skill of two analog seasonal temperature prediction systems: Objective selection of predictors. *Journal of Climate*, **7** (4):608-615.

Markowski P. M. , Straka J. M. 2000. Some observations of rotating updrafts in a low-buoyancy, highly sheared environment. *Monthly Weather Review*, **128**(2):449-461.

Monaghan A. J. , Bromwich D. H. , Wei H. L. , et al. 2010. Performance of weather forecast models in the rescue of Dr. Ronald Shemenski from the south pole in April 2001. *Weather & Forecasting*, **18**(2):142-160.

Singh D, Singh A, Ganju A. 2008. Site-specific analog weather-forecast system for northwest Himalaya, India. *Annals of Glaciology*, **49**(1):224-230.

Toth Z. 1989. Long-range weather forecasting using an analog approach. *Journal of Climate*, **2** (6):594-607.

Van den Dool H M. 1987. A bias in skill in forecasts based on analogues and antilogies. *Journal of Applied Meteorology*, **26**(9):1278-1281.

Van den Dool H M. 1989. A new look at weather forecasting through analogues. *Mon. Wea. Rev.*, **117**(10):2230-2247.

Van den Dool H M. 1994. Searching for analogues, how long must we wait? *Tellus*, **46**(3): 314-324.

第12章 综合集成方法

面对多种多样的数值预报产品(包括不同数值模式的产品和不同预报时效的产品),人们采用了多种多样的解释应用方法(如前面介绍的PP、MOS等)。不同数值模式或同一模式不同预报时效的产品,预报精度是不同的;各种解释应用方法也有不同的特点,作出的预报结论也不总是一致。如何充分发挥各种不同的数值预报产品的作用和各种解释应用方法的优点,使预报准确率得到最大可能的提高,是数值预报产品应用中需要解决的一个迫切问题。实践表明,综合集成是提高数值预报产品应用效能的一种较为有效的方法。

12.1 综合集成方法的基本思路

数值预报产品解释应用的综合集成针对不同的数值预报产品和不同的解释应用方法,可分为预报方法集成、预报模式集成、预报时效集成、集合预报集成以及综合预报集成。下面分别介绍它们的基本思路。

12.1.1 预报方法集成

数值预报产品的解释应用方法很多,就MOS等方法而言,也可用不同的统计方法来实现。预报人员对各种解释方法给出的可能是不一致的结果,哪种更好更可靠,常难作出判决。除了通过长期实践积累使用经验外,这一问题用预报方法集成的办法可得到较好的解决。

预报方法集成就是将多种解释方法得到的结论集中在一起,采用一定的集成技术,得出综合结论。原先各种解释方法预报效果的优劣,通过适当的权重来体现。它可以使原先的各种解释方法的不足得到互相弥补,因而其预报能力一般强于单独的一种解释方法。

12.1.2 预报模式集成

目前,世界上投入业务运行的数值预报模式非常多。日常工作中使用的数值产品来自国内外不同的数值预报模式,有差分模式、谱模式、全球模式、区域模式、中尺度模式、中期模式、短期模式等等。各种模式描述的物理过程、采用的前后处理和参数化方案以及时空分辨率等都可能不同,因而预报性能各有差异。甲模式对某类天气系统报得好,乙模式却对某些天气过程有独特的预报能力,这就给预报人员使用带来了困难。

预报模式集成也叫异模式综合集成,就是把不同的数值预报模式所做出的产品,用同一种方法得出解释结论,然后采用一定的集成技术,得出综合结论。它对不同的数值预报模式的性能起到取长补短的作用,因而其预报能力一般强于单独的一种模式预报。

12.1.3 预报时效集成

中期数值预报的预报时效通常在7天以上,短期数值预报的时效一般为36～48小时,而且一般每12小时或24小时给出一次预报产品。因此,对于像“明天”这样特定的时间,从前几天到今天,一定有许多次预报产品是预报“明天”的。显然,如果连续几天都预报“明天”有降水,则“明天”真有降水的可能性就大;有些天报“明天”有降水而有些天报没有,则“明天”降水的可能性就小。这与“阴阳历叠加”或“韵律叠加”的道理类似。

预报时效集成就是将这些不同时间用不同初值制作的关于某一时间的预报信息集中起来,采用一定的集成技术,得出综合解释结论。一般来说,数值预报的预报时效越长准确性越差,因此预报时效集成时通常给予近期的预报较大的权重。

12.1.4 集合预报集成

集合预报(Ensemble Prediction)是一种近几年来在欧洲中期天气预报中心和美国首先开展起来的数值预报新方法。它每次用十几个甚至几十个不同的扰动初值用相同的或不同的数值模式进行数值积分,可以给出很多不同的预报结果。

集合预报的集成解释就是将这些由不同初值得到的相似或相近的预报形势场,通过某种集成方法给出其综合解释结论。

12.1.5 综合预报集成

综合预报集成是指对多种数值预报产品(包括不同数值模式的产品和不同预报时效的产品)和多种解释应用方法的综合集成,也可视为是上述预报方法集成、预报模式集成、预报时效集成、集合预报集成结果的综合集成,因而是更广泛意义上的综合集成。

12.2　综合集成方法的基本技术

综合集成的具体技术方法很多，这里仅以预报方法集成为例，介绍几种比较常用的综合集成基本技术。

12.2.1　加权平均法

设有 n 种解释预报方法得出的结论为$\{Y_i\}$，每种预报方法的权重为 $\omega_i \geqslant 0(i=1,2,\cdots,n)$，则经加权平均法综合后的预报结论为

$$Y = \sum_{i=1}^{n} \omega_i Y_i \tag{12.1}$$

其中 $\sum_{i=1}^{n} \omega_i = 1$，当$\omega_i$均相等时，就成为算术平均法。有人证明，算术平均法是一种效果最差的综合集成方法。

加权平均法的关键是各预报方法权重的确定，通常有以下方法：

(1)用预报值与实况值的相关系数确定权重

一般情况下，预报值与实况值呈正相关关系(若相关系数为负，可能该预报方法效果太差，则应放弃该方法的使用；也可能因某次预报误差太大所致，则可剔除该特殊样本后重新计算相关系数)，相关系数越大，说明该预报方法的效果越好，相应的权重系数也应越大。

设第 i 种预报方法的预报值与实况值的相关系数为 $R_i(R_i \geqslant 0)$，则取式中$\omega_i = R_i/R$ 即可，其中 $R = \sum_{i=1}^{n} R_i$。

(2)用预报准确率确定权重

做法与上述相关系数的用法类似，只需将其中的 R_i 换为第 i 种预报方法的预报准确率即可。

(3)用预报相对误差确定权重

设第 i 种预报方法的预报相对误差累积量为 $E_i = \sum_{i=1}^{m} \left| \dfrac{Y_{ot} - Y_t(i)}{Y_{ot}} \right|$。

其中 Y_0 为实测值，m 为预报次数。依据误差小应权重大的原则，可确定其权重为

$$\omega_i = \frac{\sum_{j=1}^{n} E_j - E_i}{\sum_{j=1}^{n} E_j} \tag{12.2}$$

12.2.2　投票集成法

投票集成法实际上是加权平均法的一种特例。只是在权重的选择中，对每一种预报方法得出的结论 Y_i 规定一个总阈值 Y_0，当 $Y_i \geqslant Y_0$ 时取 $\omega_i = 1$，否则取 $\omega_i = 0$。若有 L 个 $\omega_i = 1$，则集成结论为

$$Y = \frac{1}{n}\sum_{i=1}^{n}\omega_i Y_i \tag{12.3}$$

12.2.3　多元决策加权法

设某预报对象划分为 m 个等级(或有 m 个预报对象，下同)，采用 n 种预报方法。记 P_{ij} 为第 i 种方法对第 j 等级的概率预报值，则有

$$P_i = (P_{i1}, P_{i2}, \cdots, P_{im}) \qquad i = 1,2,\cdots,n \tag{12.4}$$

或用矩阵表示为

$$P = \begin{bmatrix} P_1 \\ P_2 \\ \vdots \\ P_n \end{bmatrix} = \begin{bmatrix} P_{11} & P_{12} & \cdots & P_{1m} \\ P_{21} & P_{22} & \cdots & P_{2m} \\ \vdots & \vdots & \vdots & \vdots \\ P_{n1} & P_{n2} & \cdots & P_{nm} \end{bmatrix}$$

设用历史资料统计得到每种方法的预报准确率为 ω_i，其中 $i=1,2,\cdots,n$，记作

$$W = (\omega_1,\ \omega_2, \cdots,\ \omega_n)$$

作归一化处理，即使 $\sum_{i=1}^{n}\omega_i = 1$，于是按模糊变换原理，由 n 种方法作出的综合概率预报为

$$B = (b_1, b_2, \cdots,\ b_m) = W \cdot P \tag{12.5}$$

其中 b_j 为权重函数。然后，取其中最大者 $b_k = \max(b_j)$ 所对应的等级 k 作为最终的决策，即综合预报的结果(对于 m 个预报对象来说，b_j 即为第 j 个预报对象的预报结果)。

下面以安徽省气象台 85-906-05 课题组研制的对该省暴雨的集成预报方案为例加以说明。

他们先将全省预报区域(107°～121°E，25°～39°N)作出 1°×1°经纬度的网格点，采用以下四种方法(指标)按每个格点逐点作出可能出现暴雨事件的概率预报。

(1) 数值预报产品释用预报

用欧洲中期天气预报中心(ECMWF)的分析场和 24 小时、48 小时预报产品，经计算得到若干再加工产品，并采用按距离加权平均法插值到每个格点上。

对每一格点计算出下列 8 项指标，并根据历史资料给定有暴雨出现的临界值：

地面 24 小时、48 小时与 0 小时、24 小时间的平均变压≤0；

500 hPa 24 小时、48 小时与 0 小时、24 小时间的平均变高≤0；

500 hPa 地转涡度大于 15×10^{-5}/s；

500 hPa 24 小时与 0 小时地转涡度差≥10×10^{-5}/s；

850 hPa 24 小时与 48 小时平均涡度大于 5×10^{-5}/s；

850 hPa 48 小时与 24 小时涡度差≥10×10^{-5}/s；

850 hPa 24 小时与 48 小时平均散度≤-2×10^{-5}/s；

850 hPa 24 小时与 48 小时平均饱和水汽通量散度≤-2×10^{-8} g/(cm^2 · hPa · s)。

制作预报时，在每一格点上，按照每满足一条指标（等权重）累加 1/8 的几率，作出该格点的概率预报 $P1$（这样处理可以考虑到反例的情况）。

(2) 物理量诊断分析预报

通过大量的统计，找出了 7 条与暴雨密切相关的物理量及其临界值：

850 hPa 散度＜-5×10^{-5}/s；

200 hPa 散度≥3×10^{-5}/s；

700 hPa 垂直速度≤-4×10^{-3} hPa/s；

300 hPa 涡度减 850 hPa 涡度≤-5×10^{-5}/s；

850 hPa 水汽通量散度≤-3×10^{-8} g/(cm^2 · hPa · s)；

水汽辐合法可降水率≥3 mm/h；

凝结函数法可降水率≥2 mm/h。

同样按每满足一条指标累加 1/7 的概率作出每个格点的预报概率 $P2$。

(3) 卫星云图定量分析预报

选用 GMS－5 红外云图，按 0.1 经纬度间隔采集数据，再用滑动平均方法对每个格点计算出周围 $5°\times5°$（经纬度）范围内的灰度平均值（用 A 表示），和该范围内灰度值≥220 的格点数目（用 B 表示）。把二者乘积 $A\times B$ 作为暴雨云预报因子，并考虑前期若干小时的情况，定义云图的概率预报值为

$$P3=[(A_0\times B_0)+(A_0\times B_0-A_t\times B_t)]/300$$

式中下标 0 表示离预报最近的云图时间，下标 t 表示前 t 小时的云图。若 $P3>100$ 时，仍记 $P3=100$。逐个格点计算出 $P3$。

(4) 预报员经验预报

由预报员根据经验预报出暴雨和大雨的落区，取暴雨预报区的每个格点的概率预报值为 $P4=100$，大雨预报区域内各格点的 $P4=60$，此外的格点上 $P4=0$。

按上述方法和指标，对历史个例进行计算和统计分析，结果表明前两种方法预报准确率稍高于后两种方法。据此得到

W＝(75％，75％，65％，65％)对每个格点的综合预报方程即为

$$P = (75P1 + 75P2 + 65P3 + 65P4)/280$$

逐点计算出综合预报概率后，即可绘制综合概率预报图。概率预报值40%以上的区域表示预报有暴雨区，60%以上的区域预报有大暴雨。

业务使用中，每天10:50开始，用前一天20时ECMWF预报资料、当日08时常规高空观测资料、上午4:30和10:30的红外云图作为基本资料进行预报。使用结果表明，效果良好。有时尽管某一种（或几种）方法（指标）的单独预报不理想，但综合预报的效果却令人满意。

12.2.4　线性回归集成法

线性回归集成的原理和方法与一般多元线性回归方法相同。

设有 n 种预报方法对某独立样本得出的结论为 $\{Y_i\}(i:1,2,\cdots,n)$，则利用 N 个历史样本，按最小二乘法可得到回归集成的预报结论为

$$Y = b_0 + \sum_{i=1}^{n} b_i Y_i \tag{12.6}$$

其中回归系数 b_0 为预报对象的平均值，b_i 反映了各种预报方法（这里作为预报方程中的预报因子）所作预报结论 $Y_i(i=1,2,\cdots,n)$ 的相对重要性及它们的相互关系。

彭九慧等(2008)采用多元线性回归集成方法，研制了河北省承德市短期降水预报，他们用以下单项预报作为预报因子：

X_1：T213未来24小时降水量预报；

X_2：日本未来24小时降水量预报；

X_3：德国天气在线未来24小时降水量预报；

X_4：MM5未来24小时降水量预报；

X_5：国家局下发未来24小时降水量指导预报；

Y：24小时实况降水量。

预报结果与实况均进行0、1化处理。得到以下两个预报方程：

晴雨预报：$Y_{c1}=0.197x_1+0.207x_2+0.203x_3+0.195x_4+0.197x_5$

小雨预报：$Y_{c2}=0.220x_1+0.222x_2+0.137x_3+0.182x_4+0.238x_5$

回代后得到晴雨预报的准确率为0.8522，小雨预报的准确率为0.7314。经业务应用试验表明，预报准确率，较之任何一种单项预报都有所改进。

当单项预报方法或预报指标很多时，可采用逐步回归或逐步判别方法进行筛选。

近些年来随着研究的深入，在一般线性回归集成法的基础上，一些改进的线性回归集成预报方法相继开发出来。如典型相关分析、稳健回归集成法等，都在某些方面取得不同程度的进展。甚至还有非线性回归集成方法出现。这里不再一一介绍，有兴趣的读者可参阅有关文献。

12.2.5 神经网络集成法

设有 n 种预报方法对某独立样本得出的结论为$\{Yi\}(i=1,2,\cdots,n)$，则利用 N 个历史样本，按人工神经网络方法可得到集成的预报结论为

$$Y=\frac{1}{1+e^{-Y_{a0}}} \qquad Y_{a0}=a_0+\sum_{i=1}^{n}a_iY_i \tag{12.7}$$

其中 a_i 为网络权值，可通过网络学习得到。

复习题

1. 常用的综合集成基本技术有哪些？
2. 已知某区域位势高度的实际值和预报值，计算相似离度。

参考文献

包红军，赵琳娜. 2012. 基于集合预报的淮河流域洪水预报研究. 水利学报，**43**(2)：216-224.
卞赞，智协飞，李佰平. 2015. 多模式集成方法对延伸期降水预报的改进. 中国科技论文，**10**(1)：1813-1817.
蔡其发，张立风，张铭. 1999. 中期数值天气预报的集合预报试验. 气候与环境研究，**12**(4)：365-373.
曹晓钟，阂晶晶. 刘还珠，等. 2008. 分类与集成方法在降雨预报中的应用. 气象，**34**(10)：3-11.
陈丽娟，许力. 王永光. 2005. 超级集合思想在汛期降水预测集成中的应用. 气象，**31**(5)：52-54.
狄靖月，赵琳娜，张国平，等. 2013. 降水集合预报集成方法研究. 气象，**39**(6)：691-698.
黄嘉佑. 2000. 气象统计分析与预报方法. 北京：气象出版社，60-74.
孔玉寿，章东华. 2005. 现代天气学预报技术(第二版). 北京：气象出版社.
彭九慧，丁力，杨庆红. 2008. 几种降水集成预报方法的对比分析. 气象科技，**36**(5)：520-523.
张秀年，曹杰，杨素雨，等. 2011. 多模式集成 MOS 方法在精细化温度预报中的应用. 云南大学学报(自然科学版)，**33**(1)：67-71.
赵声蓉. 2006. 多模式温度集成预报. 应用气象学报，**17**(1)：52-58.
智协飞，彭婷，李刚，等. 2014. 多模式集成的概率天气预报和气候预测研究进展. 大气科学学报，**37**(2)：248-256.
周兵，赵翠光. 2006. 赵声蓉多模式集合预报技术及其分析与检验. 应用气象学报，17(增刊)：104-109.
朱乾根，林锦瑞，寿绍文，等. 1992. 天气学原理和方法. 北京：气象出版社，843-850.
85-906-05 课题组. 1996. 台风及灾害性天气业务预报方法的研究. 北京：气象出版社.
Tracton M S, Kalnay E. 1993. Operational ensemble prediction at the National Meteorological Center: Practical aspects. *Weather & Forecasting*, **8**(3)：379-400.